高等学校土建类专业规划教材

土木工程材料与实训

王柳燕　杨　佳　主编　李　赢　哈　娜　副主编

U0258842

化学工业出版社

·北京·

内容提要

《土木工程材料与实训》以"高等学校土木工程本科指导性专业规范"为依据，根据高校转型发展需要，按照新的国家标准和行业规范，结合教学实践经验，以突出重点、注重实用为原则进行编写。

全书共9章，系统介绍了土木工程材料基本性质，包括砂石材料、水泥、混凝土、砌筑材料、沥青和沥青混合料、无机结合料稳定材料以及钢材和木材，重点章节配有试验部分。

《土木工程材料与实训》可作为高等院校土建类专业的教材使用，也可作为施工单位专业技术人员的参考用书。

图书在版编目（CIP）数据

土木工程材料与实训/王柳燕，杨佳主编. —北京：
化学工业出版社，2020.7
高等学校土建类专业规划教材
ISBN 978-7-122-36698-6

Ⅰ.①土⋯　Ⅱ.①王⋯ ②杨⋯　Ⅲ.①土木工程-建筑材料-高等学校-教材　Ⅳ.①TU5

中国版本图书馆 CIP 数据核字（2020）第 082193 号

责任编辑：陶艳玲
责任校对：赵懿桐　　　　　　　　装帧设计：张　辉

出版发行：化学工业出版社（北京市东城区青年湖南街 13 号　邮政编码 100011）
印　　装：三河市双峰印刷装订有限公司
787mm×1092mm　1/16　印张 15¾　字数 338 千字　2020 年 9 月北京第 1 版第 1 次印刷

购书咨询：010-64518888　　　　　　　售后服务：010-64518899
网　　址：http://www.cip.com.cn
凡购买本书，如有缺损质量问题，本社销售中心负责调换。

定　　价：49.00 元

前言

Preface

　　本书以高等学校土木工程专业指导委员会编写的《土木工程材料教学大纲》为依据，严格采用国家现行的新标准和新规范，全书共分9章，配有试验部分，内容包括土木工程材料基本性质、砂石材料、水泥、混凝土、砌筑材料、沥青和沥青混合料、无机结合料稳定材料以及钢材和木材。其中在砂石材料、水泥、混凝土、沥青和沥青混合料以及钢材章节后配有试验部分。这样的编写方式有助于学生在学习理论知识基础上更好地开展对应的试验。通过三年的实际教学，发现此教学环节的设计能够提高学生的动手能力，增强试验效果，有助于培养应用型本科人才。

　　本书由沈阳大学建筑工程学院王柳燕、杨佳担任主编；沈阳大学李赢、辽宁省交通高等专科学校哈娜担任副主编；沈阳大学孙峰、张丽丽、钮鹏参编；由沈阳大学建筑工程学院王舜进行了审核，杨春峰进行了校对。其中第1章和第3章由杨佳编写；第2章、第8章和第9章由哈娜编写；第4章由孙峰编写；第5章和第7章由李赢编写；第6章由王柳燕编写；王柳燕负责全书的统稿工作。

　　本书以高校转型发展为需要，按照应用型本科院校土木工程专业人才培养的目标要求，侧重于实践动手能力的培养。全书通俗易懂、实用性强，可作为高等院校土木工程、建筑工程等专业的教学用书以及高职教育用书，也可供工程技术人员学习参考。

　　本书的编写参考了大量国内外学者的教材、论文和著作，吸收和借鉴了多所院校土木工程材料课程教学改革的优秀成果，在此深表感谢！本书的编写和出版，得到了沈阳市重点建设专业项目的大力支持和帮助，在此表示诚挚的谢意！

　　由于土木工程材料的研究发展迅速，新材料不断涌现，加之编者学识水平有限，本书难免有疏漏或不当之处，敬请读者批评指正！

编　者

2020 年 1 月

目 录

Contents

▶ 第3章　水泥　　　　　　　　　　　　　　　64

第4章　混凝土与砂浆 94

▶ **第 9 章　木材**　　　　　**227**

▶ **参考文献**　　　　　**240**

第1章

土木工程材料的基本性质

土木工程材料指土木工程中使用的各种材料及制品，它是一切土木工程的物质基础，在土木工程中占有极为重要的地位，在工程中用量巨大。土木工程材料所处的环境和部位不同，所起的作用也各不相同，用于受力构件的结构材料需要具有良好的力学性能；墙体、屋面材料需要具有保温、隔热、防水的功能；路面材料需要具有耐磨和防滑性能，此外还要有一定的抗冻性、耐热性和耐腐蚀性。因而材料应具有一定的物理性质、力学性质和耐久性。

1.1 材料的物理性质

1.1.1 与质量有关的性质

（1）密度

密度是指材料在绝对密实状态下单位体积的质量，按下式计算：

$$\rho = \frac{m}{V} \tag{1-1}$$

式中 ρ——密度，g/cm^3；

       m——材料在干燥状态的质量，g；

       V——干燥材料在绝对密实状态下的体积，cm^3。

材料绝对密实状态下的体积是指不包括任何孔隙在内的体积。除了钢材、玻璃等少数材料外，绝大多数材料均含有一定的孔隙，测定有孔隙材料的密度时，需将材料磨成细粉，干燥后，用李氏瓶测定其体积，材料磨得越细，测得的密度越精确。砖、石等块状材料的密度采用此法测得。对于某些结构致密而形状不规则的散粒材料（如砂、石），在测定其密度时，可以不磨成细粉，直接用排液置换法测其体积，近似作为其绝对密实状态的体积，包含闭口孔隙体积，这时所求得的密度称为近似密度。

（2）表观密度

表观密度是指材料在自然状态下，单位体积的质量，按下式计算：

$$\rho_0 = \frac{m}{V_0} \tag{1-2}$$

式中　ρ_0——表观密度，g/cm^3 或 kg/m^3；

m——材料的质量，g 或 kg；

V_0——材料在自然状态下的体积，cm^3 或 m^3。

材料在自然状态下的体积，包括材料实体体积和所含孔隙的体积。对于形状规则材料的自然状态体积，可直接测量其外观尺寸；对于形状不规则材料的自然状态体积，则需要在材料表面涂蜡，用排水置换法测定其体积。

测定材料表观密度时，需注明含水情况。当材料内部孔隙含水时，其质量和体积均将变化，一般情况下，材料表观密度指气干状态下的表观密度，而烘干状态下的表观密度称为干表观密度。

（3）堆积密度

堆积密度是指散粒状或粉状材料，在自然堆积状态下单位体积的质量，按下式计算：

$$\rho' = \frac{m}{V_0'} \tag{1-3}$$

式中　ρ'——堆积密度，kg/m^3；

m——材料的质量，kg；

V_0'——材料的堆积体积，m^3。

材料的堆积体积包括材料绝对密实体积、颗粒内部的孔隙体积和颗粒之间的空隙体积。测定散粒或粉状材料的堆积密度时，材料的质量是指填充在一定容积容器内的材料质量，其堆积体积是指所用容器的体积。常用材料的密度、表观密度和堆积密度见表 1-1。

表 1-1　常用材料的密度、表观密度、堆积密度

材料名称	密度/(g/cm^3)	表观密度/(kg/m^3)	堆积密度/(kg/m^3)
石灰岩	2.60	1800～2600	—
花岗岩	2.60～2.90	2500～2800	—
碎石	2.60～2.80	2650～2750	1400～1700
砂	2.60～2.70	2650～2700	1450～1600
硅酸盐水泥	3.10	—	1200～1250
普通水泥	3.15	—	1200～1250
粉煤灰砖	—	1800～1900	—
烧结空心砖	2.70	800～1480	—
红松木	1.55	400～800	—
钢材	7.85	7850	—
泡沫塑料	—	20～50	—

材料名称	密度/(g/cm³)	表观密度/(kg/m³)	堆积密度/(kg/m³)
玻璃	2.55	2560	—
普通混凝土	—	2100～2600	—
钢筋混凝土	—	2500	—
水泥砂浆	—	1800	—
混合砂浆	—	1700	—
石灰砂浆	—	1700	—

(4) 密实度与孔隙率

1) 密实度

密实度是指材料体积内被固体物质所充实的程度，即材料中固体物质的体积占材料总体积的百分率，按下式计算：

$$D = \frac{V}{V_0} \times 100\% = \frac{\rho_0}{\rho} \times 100\%　　　(1\text{-}4)$$

式中　D——材料的密实度。

2) 孔隙率

孔隙率是指材料内部孔隙体积占材料总体积的百分率，按下式计算：

$$P = \frac{V_0 - V}{V_0} \times 100\% = \left(1 - \frac{\rho_0}{\rho}\right) \times 100\% = 1 - D　　　(1\text{-}5)$$

式中　P——材料的孔隙率。

密实度和孔隙率是从不同的角度反映材料的疏松致密程度。材料的许多性质都与孔隙有关，如强度、热工性质、吸水性、吸湿性、抗渗性、抗冻性等。这些性质不仅与材料孔隙率大小有关，还与材料的孔隙的类型、形状、大小、分布等构造特征有关。材料内部的孔隙构造，按照连通性，可分为开口孔隙（简称开孔）和闭口孔隙（简称闭孔）两种。开孔指彼此连通，并且与外界相通的孔隙；闭孔指彼此不连通，而且与外界隔绝的孔隙。

(5) 填充率与空隙率

1) 填充率

填充率是指颗粒或粉状材料在堆积体积中，被颗粒材料表观体积所填充的程度，按下式计算：

$$D' = \frac{V_0}{V_0'} \times 100\% = \frac{\rho_0'}{\rho_0} \times 100\%　　　(1\text{-}6)$$

式中　D'——材料的填充率。

2) 空隙率

空隙率是指颗粒或粉状材料在堆积体积中，颗粒之间的空隙体积所占总体积的百分率，按下式计算：

$$P' = \frac{V'_0 - V_0}{V'_0} \times 100\% = \left(1 - \frac{\rho'_0}{\rho_0}\right) \times 100\% = 1 - D' \qquad (1\text{-}7)$$

式中 P'——材料的空隙率。

填充率和空隙率分别从不同角度反映颗粒或粉状材料堆积的紧密程度。空隙率可以作为控制混凝土集料的级配及计算砂率的依据。

1.1.2 与水有关的性质

材料在使用期间经常受到水的作用，不同材料受水作用表现出不同的性质，要正确选择、合理使用材料，必须掌握材料与水有关的性质。

(1) 亲水性与憎水性

当材料与水接触时，如果水可以在材料表面铺展开，即材料表面可以被水润湿，则称材料具有亲水性；如果水不能在材料表面铺展开，即材料表面不能被水润湿，则称材料具有憎水性。材料被水润湿的情况可用润湿边角 θ 表示。当材料与水接触时，在材料、水和空气三相的交点，沿着水滴表面作切线，此切线与材料和水接触面的夹角 θ，称为润湿边角。润湿边角 θ 越小，浸润性越好。如果润湿边角 θ 为零，则表示该材料完全被水浸润。一般认为，当 $0° < \theta \leqslant 90°$ 时，水分子之间的内聚力小于水分子与材料表面分子之间的相互吸引力，材料表面易被水润湿，称为亲水性材料；当 $\theta > 90°$ 时，水分子之间的内聚力大于水分子与材料表面分子之间的吸引力，材料表面不易被水浸润，称为憎水性材料，见图 1-1。

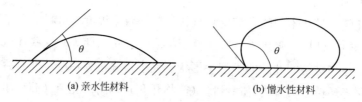

(a) 亲水性材料　　　　　　　　(b) 憎水性材料

图 1-1　材料的润湿边角

土木工程材料中大部分属于亲水性材料，如砖、木材、混凝土等；沥青、石蜡等属于憎水性材料，可以用作防水、防潮材料，也可用于亲水性材料的表面处理，以提高其耐久性。

(2) 吸水性与吸湿性

1) 吸水性

吸水性是指材料在水中吸收水分的能力，用吸水率表示，有质量吸水率和体积吸水率两种表示方法。

质量吸水率是指材料吸收水分质量与材料干燥质量之比，按下式计算：

$$W_m = \frac{m_b - m_g}{m_g} \times 100\% \qquad (1\text{-}8)$$

式中 W_m——材料的质量吸水率；

m_b——材料吸水饱和时的质量，g；

m_g——材料在干燥状态下的质量，g。

体积吸水率是指材料吸收的水分体积与材料自然体积之比，按下式计算：

$$W_V = \frac{V_w}{V_0} \times 100\% = \frac{m_b - m_g}{V_0} \times \frac{1}{\rho_w} \times 100\% \tag{1-9}$$

式中　W_V——材料的体积吸水率；

　　　V_w——材料吸水饱和时吸入水的体积，cm^3；

　　　V_0——干燥材料在自然状态下的体积，cm^3；

　　　ρ_w——水的密度，g/cm^3，常温下取 $\rho_w = 1g/cm^3$。

材料的吸水率与材料的孔隙率和孔隙特征有关。具有细微连通孔隙且孔隙率大的材料吸水率较大，若是封闭孔隙，则水分不易渗入；具有粗大孔隙的材料，虽然水分容易渗入，但仅能润湿孔壁表面而不易在孔内留存，因而含封闭或粗大孔隙的材料，吸水率较低。

2）吸湿性

吸湿性是指材料在空气中吸收水分的性质，用含水率表示。含水率是指材料含水的质量与干燥状态下材料的质量之比，按下式计算：

$$W_h = \frac{m_s - m_g}{m_g} \times 100\% \tag{1-10}$$

式中　W_h——材料的含水率；

　　　m_s——材料吸湿状态下的质量，g；

　　　m_g——材料干燥状态下的质量，g。

吸湿作用是可逆的，材料在潮湿环境下会吸收水分，反之在干燥状态会放出所含水分，称为还湿性。

材料的吸水性和吸湿性从不同角度反映了材料吸收水分的性能。通常情况下，无论是吸水或吸湿，往往会引起材料质量、形状和尺寸的变化，如自重增大、体积膨胀，会使材料的抗冻性变差，保温隔热性能下降，强度和耐久性降低。

(3) 耐水性

耐水性是指材料在长期饱和水作用下不破坏、其强度也不显著降低的性质。用软化系数表示，按下式计算：

$$K_R = \frac{f_b}{f_g} \tag{1-11}$$

式中　K_R——材料的软化系数，其值取 0～1；

　　　f_b——材料在饱和状态下的抗压强度，MPa；

　　　f_g——材料在干燥状态下的抗压强度，MPa。

材料吸水后，水分被组成材料的颗粒表面吸附，会减弱颗粒间的结合力，导致强度下降。材料的软化系数一般在 0～1 之间，软化系数越小，材料耐水性越差，其使用环境将受到很大限制。通常将软化系数大于 0.85 的材料称为耐水性材料，耐水性材料可用在水中或潮湿环境中以及重要工程中。即使用于一般受潮较轻或次要的工程部位时，材料的软化系数也不得小于 0.75。

（4）抗渗性

抗渗性是指材料抵抗压力水渗透的性质，或称不透水性。材料的抗渗性有两种表示方法。

1）渗透系数

渗透系数是指一定时间内，在一定的水压力作用下，单位厚度的材料，单位截面积上的透水量。按下式计算：

$$K = \frac{Qd}{AtH} \tag{1-12}$$

式中　K——材料的渗透系数，cm/h；

　　　Q——透水量，cm^3；

　　　d——试件厚度，cm；

　　　A——透水面积，cm^2；

　　　t——透水时间，h；

　　　H——静水压力水头，cm。

渗透系数越大，表明材料的透水性越好而抗渗透性越差。

2）抗渗等级

抗渗等级是以规定的试件，在标准试验方法下所能承受的最大水压力来确定。用 S 表示：

$$S = 10H - 1 \tag{1-13}$$

式中　S——抗渗等级；

　　　H——开始渗水前的最大水压力，MPa。

在土木工程材料中，对混凝土、砂浆，常采用抗渗等级来评价其抗渗性。抗渗等级 S 越大，说明材料的抗渗性越好。

材料的抗渗性的好坏与材料的孔隙率和孔隙特征有密切关系。材料越密实、闭口孔越多、孔径越小，越难渗水；具有较大孔隙率，且连通孔、孔径较大的材料抗渗性较差。防水材料、地下建筑及水工构筑物所用材料要求具有较高的抗渗性。

（5）抗冻性

抗冻性是指材料在吸水饱和状态下，能经受多次冻结和融化作用（冻融循环）而不破坏、强度又不显著降低的性质。抗冻性的大小用抗冻等级表示，抗冻等级是将材料吸水饱和后，按规定方法进行冻融循环试验，以质量损失不超过 5% 时，强度下降不超过 25% 所能承受的最大冻融循环次数确定，用符号 F 和最大冻融循环次数表示，如 F15、F25、F50、F100 等，F 后的数值表示材料可承受的冻融循环次数，数值越高，抗冻性越好。

材料在冻融循环过程中，表面将出现裂纹、剥落等现象，造成质量损失，强度降低。

原因一方面是材料内部孔隙中的水分结冰时体积膨胀（约 9%），对孔壁产生压力，当产生的应力超过材料的抗拉强度时，材料内部即产生微裂纹，引起强度下降；另一方面是在冻结和融化过程中，材料内外的温差引起的温度应力会导致内部微裂纹产生和加速扩展，而最终导致材料破坏。

材料的抗冻性与其强度、孔隙率及孔隙特征、含水率等因素有关。材料强度越低，开口孔隙率越大，则材料的抗冻性越差。对受冻材料最不利的状态是吸水饱和状态。对于受大气和水作用的材料，抗冻性往往决定了其耐久性，抗冻等级越高，材料的耐久性越好。

1.1.3 与热有关的性质

建筑上要求一些材料具有一定的热工性质，主要为了满足保温隔热的要求和维持室内恒温的要求，与此相关的材料的热工性质有导热性和热容量。

（1）导热性

导热性是指材料传导热量的能力，其大小用热导率表示。热导率的物理意义是指单位厚度的材料，当两侧温差为 1K 时，在单位时间内通过单位面积的热量。用公式表示为：

$$\lambda = \frac{Qd}{A(T_1 - T_2)t} \tag{1-14}$$

式中　λ——热导率，W/（m·K）；

　　　Q——传导的热量，J；

　　　d——试件厚度，m；

　　　A——热传导面积，m^2；

　　　t——热传导时间，s；

$T_1 - T_2$——材料两侧温差，K。

材料的热导率越小，隔热性能越好。各种材料的热导率差别很大，大致在 0.035～3.500W/（m·K）之间。通常将 $\lambda \leqslant 0.23$W/（m·K）的材料称为绝热材料。

（2）热容量

热容量是指材料加热时吸收热量、冷却时放出热量的性质，其大小用比热容来表示。比热容是指单位质量的材料，升高或降低单位温度时材料所吸收或放出的热量。按下式计算：

$$C = \frac{Q}{m(T_2 - T_1)} \tag{1-15}$$

式中　C——材料的比热容，J/（g·K）；

　　　Q——材料的热容量，J；

　　　m——材料的质量，g；

$T_2 - T_1$——材料受热或冷却前后的温度差，K。

比热容 C 越大，材料的吸热和放热能力越强，对保持室内温度有良好的作用。在选择建筑物围护结构（墙体、屋面）时，应选用热导率小而热容量大的建筑材料，以利于保证建筑物室内温度的稳定。

1.2 材料的力学性质

1.2.1 强度与比强度

（1）强度

强度是指材料在外力作用下抵抗破坏时所能承受的最大应力。当材料受外力作用时，其内部将产生应力，外力逐渐增大，内部应力也相应增加，直到材料内部质点间结合力不足以抵抗所受到的外力时，材料即发生破坏。此时材料所承受的极限应力值，就是材料的强度。根据外力作用方式不同，材料的强度分为抗压强度、抗拉强度、抗剪强度和抗弯强度，分别表示材料抵抗压力、拉力、剪力和弯曲破坏的能力。材料受力示意图，见图 1-2。

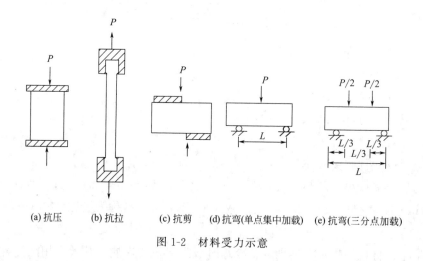

| (a) 抗压 | (b) 抗拉 | (c) 抗剪 | (d) 抗弯(单点集中加载) | (e) 抗弯(三分点加载) |

图 1-2 材料受力示意

材料的抗压、抗拉和抗剪强度，分别见图 1-2(a)、(b)、(c)。可按下式计算：

$$f = \frac{P}{A} \tag{1-16}$$

式中　　f——材料的抗压、抗拉和抗剪强度，MPa；

　　　　P——材料破坏时的最大荷载，N；

　　　　A——受力面积，mm^2。

对于材料的抗弯强度，与加载方式有关，单点集中加载 [图 1-2(d)] 和三分点加载 [图 1-2(e)] 可分别按下式计算：

$$f = \frac{3Pl}{2bh^2}（单点集中加载）\tag{1-17}$$

$$f = \frac{Pl}{bh^2}（三分点加载）\tag{1-18}$$

式中　f——材料的抗弯强度，MPa；

　　　P——材料破坏时的最大荷载，N；

　　　l——两支点的间距，mm；

　b，h——分别为试件横面的宽度与高度，mm。

材料的强度与组成、构造、试件形状、尺寸、表面状态、温湿度等因素有关。不同组成材料具有不同的抵抗外力的能力，即使相同组成的材料，由于其内部构造不同，其强度也有很大差异。孔隙率对材料强度有很大影响，一般情况下，材料孔隙率越大，强度越低。

同种材料抵抗不同类型外力作用的能力不同，如砖、石材、混凝土和铸铁等材料抗压强度较高，但抗拉及抗弯强度很低；钢材抗压、抗拉强度均较高。

（2）比强度

比强度是指按单位体积质量计算的材料强度，即材料的强度与其表观密度之比。它是反映材料轻质高强的指标。其值越大，材料越轻质高强。比如木材，木材强度值虽比混凝土强度低，但是比强度却高于混凝土，说明木材与混凝土相比较，是典型的轻质高强材料。

1.2.2　弹性与塑性

弹性是指材料在外力作用下产生变形，外力取消后，变形随即消失并能完全恢复原来形状的性质。这种可完全恢复的变形称为弹性变形，见图 1-3。明显具有弹性变形特征的材料称为弹性材料。在弹性范围内，应力和应变成正比，比例系数称为弹性模量。在弹性范围内，弹性模量是一不变的常数，按下式计算：

$$E = \frac{\sigma}{\varepsilon}\tag{1-19}$$

式中　E——弹性模量，MPa；

　　　σ——材料所受的应力，MPa；

　　　ε——材料在应力 σ 作用下产生的应变。

弹性模量是衡量材料抵抗变形的能力指标之一。弹性模量越大，在荷载作用下越不易变形。

塑性是指材料在外力作用下产生变形，外力取消后，仍保持变形后的形状和尺寸，并且不产生裂缝的性质。这种不能消失的变形称为塑性变形，见图 1-4。明显具有塑性变形特征的材料称为塑性材料。实际上完全弹性或完全塑性材料是不存在的。有的材料在低应力作用下，主要发生弹性变形，而在应力接近或高于其屈服强度时，则产生塑性变形，如钢材。有的材料在受力时，弹性变形和塑性变形同时发生，在外力取消后，弹性变形部分可以恢复，而塑性变形部分则不能恢复，如混凝土，见图 1-5。

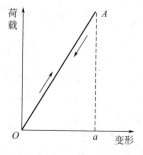

图 1-3　材料的弹性变形曲线

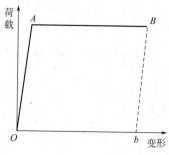

图 1-4　材料的塑性变形曲线

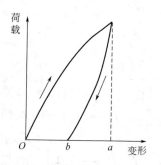

图 1-5　材料的弹塑性变形曲线

1.2.3　脆性与韧性

脆性是指材料在外力作用下，当外力达到一定的限度后，材料突然破坏而又无明显的塑性变形的性质。具有脆性破坏特征的材料称为脆性材料。脆性材料的抗压强度比抗拉强度高得多，其抵抗冲击荷载或震动能力很差，如玻璃、砖、石材、陶瓷、混凝土、铸铁等。

韧性是指材料在冲击或振动荷载作用下，能吸收较大的能量，产生一定的变形而不破坏的性能。具有这种性质的材料称为韧性材料。材料的韧性是由冲击试验来检验的，因此又称为冲击韧性。韧性材料的特点是塑性变形大，抗拉强度接近或高于抗压强度，破坏前有明显征兆，如钢材、木材等是典型的韧性材料。

土木工程中，对要求承受冲击荷载的结构，如桥梁、吊车梁、路面以及有抗震要求的结构，选材时要考虑材料的韧性。

1.2.4　硬度与耐磨性

硬度是指材料表面抵抗其他物体压入或刻划的能力。常用刻划法和压入法测定材料的硬度。刻划法常用于测定天然矿物的硬度。压入法是以一定的压力将一定规格的钢球或金刚石制成尖端压入试样表面，根据压痕面积或深度来计算材料的硬度。钢材、木材及混凝土等材料的硬度常用压入法测定。

材料的硬度与强度存在一定关系，一般来说，硬度大的材料，其强度较大，耐磨性较好，但不易加工。

耐磨性是指材料表面抵抗磨损的能力，用磨损前后单位表面的质量损失来表示。按下式计算：

$$N = \frac{m_1 - m_2}{A}$$

(1-20)

式中　N——材料的磨损率，g/cm^2；

m_1，m_2——材料磨损前、后的质量，g；

A——试件受磨面积，cm^2。

质量损失越多，材料耐磨性越差。材料的耐磨性与其组成、结构、强度、硬度等因素有关。材料越致密，硬度越高，耐磨性越好。在土木工程中，对于地面、路面和楼梯踏步等较易磨损的部位应选用具有较高耐磨性的材料。

1.3　材料的耐久性

材料的耐久性是指材料在使用过程中，经受各种内在及外部因素作用，保持其原有性能而不破坏、不变质的能力。土木工程材料在使用过程中，除内在原因使其组成、结构和性能发生变化以外，还要受到环境中各种因素的破坏作用，从而影响材料及工程的正常使用和耐久性。这些破坏作用有物理作用、化学作用、生物作用和机械作用等。

物理作用主要有干湿交替、温度变化、冻融循环等，这些变化会使材料体积产生膨胀或收缩，或导致内部裂缝的扩展，长期或反复作用后会使材料逐渐破坏。

化学作用主要是指材料受到大气或环境中的酸、碱、盐等物质的水溶液或其他有害物质的侵蚀作用，使材料的组成成分发生质的变化，而引起材料的破坏，如钢材的锈蚀、沥青的老化等。

生物作用主要是指材料受到虫蛀或菌类的腐朽作用而产生的破坏，如木材等一类的有机质材料，常会受到这种破坏作用的影响。

机械作用包括荷载的持续作用和交变荷载对材料引起的疲劳、冲击、磨损、磨耗等。

材料在长期使用过程中的破坏作用是多方面因素共同作用的结果，可见，耐久性是一项综合技术性质，包括抗渗性、抗冻性、抗风化性、抗老化性、耐化学腐蚀性等，但不同的材料其侧重方面不同。如寒冷地区室外工程的混凝土应考虑其抗冻性，水工工程及地下工程所用混凝土应有抗渗性要求。要根据材料所处的结构部位和使用环境等因素，综合考虑其耐久性，合理选择材料。

材料的耐久性是土木工程耐久性的基础，提高材料的耐久性对改善土木工程的技术经济效果具有重大意义。影响耐久性的因素除了材料本身的组成结构、强度等因素外，材料的致密程度、表面状态和孔隙特征对耐久性影响很大。一般来说，材料的内在结构密实、强度高、孔隙率小、连通孔隙少、表面致密，则抵抗环境破坏能力强，材料的耐久性好。

提高耐久性的措施主要有：设法减轻大气或其他介质对材料的破坏作用，如降低温度、排除侵蚀性物质等；提高材料本身的密实度，改变材料的孔隙构造；适当改变成分，进行憎水处理及防腐处理；在材料表面设置保护层，如抹灰、做饰面、刷涂料等。

小　　结

本章介绍了土木工程材料的基本性质，主要包括物理性质、力学性质和耐久性，阐明了材料的各种基本性质的概念含义、公式表达及影响因素、各性质之间的区别与联系。

1. 物理性质主要如下。

①与质量有关的性质，包括密度、表观密度、堆积密度、密实度、孔隙率、填充率和空隙率的含义及表征，它们之间的区别与联系。

②与水有关的性质，包括亲水性与憎水性、吸水性与吸湿性、耐水性、抗渗性和抗冻性的概念与区别。

③与热有关的性质，包括导热性和热容量。

2. 力学性质主要包括材料的强度与比强度、弹性与塑性、脆性与韧性、硬度与耐磨性的概念与计算方法。

3. 材料的耐久性是一项综合性质，包括抗渗性、抗冻性、耐侵蚀性、抗老化性等多方面的内容。

复习思考题

1-1. 什么是材料的密度、表观密度和堆积密度？三者有何区别？材料含水后对三者有何影响？

1-2. 材料的孔隙率和孔隙构造如何影响材料的性质？

1-3. 亲水性材料和憎水性材料有何不同？

1-4. 材料的吸水性、吸湿性、耐水性及抗渗性分别用什么指标表示？各指标的具体含义是什么？

1-5. 什么叫材料的耐久性？主要包含哪些内容？在工程结构设计时如何考虑材料的耐久性？

第 2 章

砂石材料

砂石材料是道路与桥梁建筑中应用最广泛、用量最大的一种建筑材料，具有较高的抗压强度和耐久性，抗拉强度较低。砂石材料是用于砌筑各种工程结构的石材和用于水泥混凝土、沥青混合料等的集料（又称骨料）的总称。砂石材料根据用途不同，可分为石料、集料和矿物混合料。掌握石料与集料的技术性质，选择合理的砂石材料，对于保证道路建筑工程质量具有非常重要的意义。

2.1 石料与集料

2.1.1 石料

石料通常是由天然岩石经机械加工制成，或由直接开采得到的具有一定形状和尺寸的石料制品。石料是一种最古老、最原始的筑路架桥材料，即使今日石料仍是特殊路段的铺路材料。石料泛指所有的能作为材料的石头，如花岗岩、页岩、泥板岩等。堆石、砌石、石渣也是石料。

道路与石料生产线中桥梁建筑物使用的石料，既受到车辆荷载的复杂力系作用，又受到各种复杂的自然因素的恶劣影响，所以，用于修建桥梁的材料，不仅要具备有一定的力学性能，同时，还要有在恶劣的自然因素的作用下，不产生明显强度下降的耐久性。这就要求道路材料应具备以下几方面性质。

① 力学性质　指材料抵抗车辆荷载复杂力系综合作用的能力。除了通过静态的拉、压、弯、剪等试验来反映材料的力学性质外，还采用磨耗、磨光、冲击等试验来反映其性能等。

② 物理性质　通常通过测定材料的物理常数，如真密度、毛体积密度、空隙率、含水量等来了解材料的内部组成结构，并且由于物理常数与力学性能之间有一定的相关性，可以用来推断材料的力学性能。

影响材料性质的主要因素是温度和湿度。一般材料随温度的升高、湿度的加大，则强度降低。因此，测定材料的温度稳定性、水稳定性是某些材料性能的主要指标之一。

③ 化学性质　是材料抵抗各种周围环境对其化学作用的性能。道路与桥梁用材料在受到周围介质（如桥墩在工业污水中）的侵蚀下，会导致强度降低；在受到大气因素（如气温的交替变化，日光中的紫外线，空气中的氧、水等）的综合作用，会引起材料的老化，特别是各种有机材料（如沥青材料等）更为显著。

④ 工艺性质　是指材料适合于按一定工艺要求加工的性能。例如，水泥混凝土拌合物需要一定的和易性，以便浇筑。石料生产线材料工艺性质是通过一定的试验方法和指标进行控制。

建筑中常用的石料包括以下几个方面。

① 道路路面建筑用石料制品：高级铺砌用整齐块石，路面铺砌用半整齐块石，铺砌用不整齐块石，锥形块石。

② 桥梁建筑用主要石料制品：片石、块石、方块石、粗料石、镶面石等。

③ 土石坝建设可能使用到的堆石、砌石、石渣。

④ 建筑雕塑方面的，例如石雕，砂岩雕塑采岩艺术，文化石，砂制品等，都可以统称石料。雕塑，主要是针对较大块的石头，进行人工雕琢、修饰，甚至上色等。

岩石是组成地壳及地幔的主要物质，是指在各种地质作用下按一定方式组合而成的矿物集合体。由单一矿物组成的岩石称为单矿岩，如石灰岩等；由多种矿物组成的岩石称为复矿岩，如花岗岩等。

岩石由于形成条件不同可分为，岩浆岩（火成岩）、沉积岩（水成岩）、变质岩。

（1）岩浆岩

岩浆岩分为喷出岩、深成岩和火山岩三种。喷出岩的物理力学性质介于深成岩与火山岩之间。

（2）沉积岩

沉积岩是由母岩（主要是岩浆岩、变质岩等）在地表风化剥蚀产生的物质，经地质搬运、沉积，再经硬结成岩作用后，最终形成岩石。因一些沉积岩具有层理结构而各向异性，所以其性能表现具有方向性。沉积岩密度相对较小，力学性能相对于深成岩较差。

典型沉积岩代表包括石灰岩、砂岩、页岩等。

1）石灰岩

石灰岩是以方解石矿物为主要成分的碳酸盐岩，有时含有白云石、黏土矿物和碎屑矿物。石灰岩结构有散粒、多孔和致密等类型。其硬度一般，与稀盐酸反应剧烈。强度较小的石灰岩主要用作石灰、水泥的生产原料，而致密型硅质石灰岩由于有一定的硬度和强度，可用于结构体。

2）砂岩

砂岩由石英颗粒和黏土（沙粒含量超过 50%）组成，结构稳定，通常呈淡褐色或红色，主要含硅、钙、黏土和氧化铁。砂岩的性能很大程度上取决于胶结物种类，硅质砂岩致密，坚硬耐久，耐酸，性能接近于花岗岩，可用于各种构造物；钙质砂岩质地较软，易于加工，常用于石雕制品；而黏土类砂岩性能较差，易风化。

3）页岩

页岩是一种典型的沉积岩，成分复杂，呈现薄页状或片层状节理，主要是由黏土沉积经压力和温度形成的岩石，其中混杂有石英、长石的碎屑以及其他化学物质。由于易形成层间解离，硬度低，抗风化能力弱，一般不用于承重结构，而作为生产陶粒的原料。

（3）变质岩

变质岩是岩浆岩和沉积岩经过地质上的变质作用（地壳内部高温、高压、炽热气体渗入等）而形成的岩石。变质岩不仅受原生岩石的影响，更与变质条件和变质程度有关。如由石灰岩受到高压和重结晶作用而形成的大理岩、由砂岩变质形成的石英岩等，都较原有岩石更加坚固耐久；而由花岗岩变质形成的片麻岩因形成片状层理结构而性能变差。

典型变质岩代表：石英岩、片麻岩、大理岩等。

1）石英岩

石英岩的主要矿物为石英，通常还含有云母类矿物及赤铁矿、针铁矿等。石英岩是一种主要由石英组成的变质岩（石英含量大于85%），是石英砂岩及硅质岩经变质作用形成。石英岩结构均匀致密，强度较高，十分耐久，但因硬度大，加工困难。

2）片麻岩

片麻岩是一种深程度变质岩，具有片麻状构造或条带状构造，有鳞片粒状变晶，主要由长石、石英、云母等组成，其中长石和石英含量大于50%，长石多于石英（如果石英多于长石，就叫做"片岩"而不再是片麻岩）。其结构致密坚固，是良好的建筑石材。

3）大理岩

大理岩又称大理石，因中国云南省大理县盛产这种岩石而得名。大理岩由碳酸盐岩经区域变质作用或接触变质作用形成，主要由方解石和白云石组成，此外含有硅灰石、滑石、透闪石、透辉石、斜长石、石英、方镁石等，具粒状变晶结构，块状（有时为条带状）构造。大理岩颜色丰富，白色（汉白玉）和灰色居多，是良好的建筑装饰材料。

2.1.2　集料

集料又称骨料，是混凝土的主要组成材料之一，主要起骨架作用和减小由于胶凝材料在凝结硬化过程中干缩湿胀所引起的体积变化，同时还作为胶凝材料的廉价填充料。根据形成过程，集料可分为天然集料和人造集料，前者如碎石、卵石、浮石、天然砂等；后者如煤渣、矿渣、陶粒、膨胀珍珠岩等。密度小于 $1700kg/m^3$ 的集料称轻集料，用于制造普通混凝土；特别重的集料，用于制造重混凝土，如防辐射混凝土。

集料按颗粒大小分为粗集料和细集料，一般规定粒径大于4.75mm者为粗集料，如碎石和卵石，粒径小于4.75mm者为细集料，如天然砂。

粗集料统称石子；细集料统称砂子。按其来源及表面状态，石子可分为碎石、卵石及碎卵石；砂子则分为河砂、山砂及海砂。各类集料又均以其粒径或粗细程度分级。

根据化学成分不同，集料又分为酸性集料、碱性集料，一般根据 SiO_2 的含量判断集料的酸碱性，碱性集料中最常见的是石灰石，酸性集料的代表是花岗岩和石英。

集料常有的几种含水状态包括干燥状态、气干状态、饱和面干状态和湿润。

普通集料大部分是天然集料，也有一部分是工业废渣集料（如冶金渣等）。集料的质量对所制成混凝土的性能影响很大。其中如粗、细集料的级配不良会使混凝土拌合物的和易性下降，水泥用量显著增加；粗集料中针、片状颗粒含量过多同样会影响混凝土拌合物的和易性，并导致高标号混凝土强度降低；集料含泥过高会使混凝土的强度、抗冻及抗渗性能明显下降；海砂中的氯盐含量过多会引起混凝土中钢筋锈蚀。使用前除要求对上述指标检验外，其他如碱-集料反应、坚固性、有机质及有害物质含量、强度等也应按需要进行检验。

集料的使用量很大，尤其是制作普通混凝土用的砂、石，全世界每年耗用数十亿立方米，不少地区的集料已经面临资源枯竭。因此，开发各种新的天然集料资源，研制各种人造集料和寻找合适的代用材料，已成为目前混凝土集料发展的重要任务。其中，如海砂及海卵石、工业废渣、二次集料等的应用已取得较好效果。

2.2 石料的技术性质与技术标准

石料的技术性质包括物理性质、力学性质、化学性质和工艺性质四个方面。

2.2.1 物理性质

石料的物理性质主要包括物理常数、吸水性、耐候性和膨胀性。

2.2.1.1 物理常数

石料的物理常数主要指石料的密度和孔隙率，反映石料矿物的组成结构状态，直接影响到石料的物理力学性质，也是将石料用于混合料配合比设计的参数之一。

（1）密度

石料的密度是指在规定条件下（大多指规定的温度），石料矿质实体单位体积的质量，按式(2-1) 计算。

$$\rho = \frac{m}{V_T} \tag{2-1}$$

密度的常用单位有 g/cm^3、g/mL、kg/L，以及 kg/m^3，其中 kg/m^3 与前三者相差 1000 倍。

石料在组成结构上或多或少存在着孔隙，这些孔隙还分为封闭在内部与外界不连通的闭口孔隙和与外部相连通的开口孔隙（图 2-1）。考虑孔隙的范围不同，石料的密度存在数种不同形式，这里重点介绍真实密度、表观密度和毛体积密度三种形式。

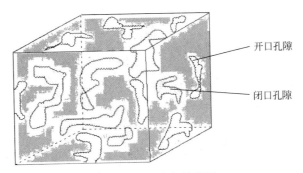

图 2-1　石料内部结构图

真实密度是指在规定条件（105℃±5℃烘干至恒重）下，烘干石料矿质实体单位真实体积（不包括孔隙体积）的质量（图 2-2），按式(2-2)计算。

$$\rho_t = \frac{m_s}{V_s} \tag{2-2}$$

式中　ρ_t——石料的真实密度，g/cm^3；

　　　m_s——石料矿质实体的质量，g；

　　　V_s——石料矿质实体的体积，cm^3。

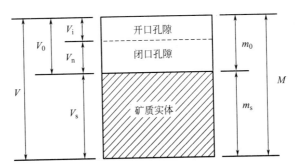

图 2-2　石料的真实体积与质量的关系

当在空气中称重时，$m_0 = 0$，$m_s = M$，故

$$\rho_t = \frac{M}{V_s} \tag{2-3}$$

表观密度是指在规定条件下，烘干石料矿质实体包括闭口孔隙在内的单位表观体积的质量，由式(2-4)计算。

$$\rho_a = \frac{m_s}{V_s + V_n} \tag{2-4}$$

式中　ρ_a——石料的表观密度，g/cm^3；

　　　V_n——石料矿质实体中闭口孔隙的体积，cm^3。

毛体积密度是指在规定条件下，烘干石料矿质实体包括孔隙（闭口、开口孔隙）体积在内的单位毛体积的质量，由式(2-5)计算。

$$\rho_h = \frac{m_s}{V_s + V_i + V_n} = \frac{M}{V} \tag{2-5}$$

式中 ρ_h ——石料的毛体积密度，g/cm^3；

V_i ——石料矿质实体中开口孔隙的体积，cm^3；

V ——石料矿质实体的毛体积，cm^3。

（2）孔隙率

石料内部除了孔隙的多少以外，孔隙的特征状态也是影响其性质的重要因素之一。石料的孔隙特征表现为两种情况，即孔隙是在石料内部被封闭的，还是在石料的表面与外界连通。前者为闭口孔隙，后者为开口孔隙。有的孔隙在石料内部被分割为独立的，还有的孔隙在石料内部相互连通。此外，孔隙尺寸的大小、孔隙在石料内部的分布均匀程度等都是孔隙在石料内部的特征表现。

石料的孔隙率是指开口孔隙和闭口孔隙的体积之和占石料试样总体积的百分比，由公式(2-6) 计算。

$$n = \frac{V_i + V_n}{V} \times 100\% = \frac{V_0}{V} \times 100\% = \left(1 - \frac{\rho_h}{\rho_t}\right) \times 100\% \tag{2-6}$$

式中 V_0 ——石料矿质实体中孔隙的体积，cm^3。

与石料孔隙率相对应的另一个概念，是石料密实度。密实度表示石料内被固体所填充的程度，它在量上反映了石料内部固体的含量，对于石料性质的影响正好与孔隙率的影响相反。

孔隙率可分为两种，一种是多孔介质内相互连通的微小孔隙的总体积与该多孔介质的外表体积的比值称为有效孔隙率；另一种是多孔介质内相通的和不相通的所有微小孔隙的总体积与该多孔介质的外表体积的比值称为绝对孔隙率或总孔隙率。所谓孔隙率通常是指有效孔隙率。孔隙率与多孔介质固体颗粒的形状、结构和排列有关。煤、混凝土、石灰石和白云石等的孔隙率最小可低至 2%～4%，地下砂岩的孔隙率大多为 12%～34%，土壤的孔隙率为 43%～54%，砖的孔隙率为 12%～34%，均属中等数值。

孔隙特性是影响土体渗透性能的重要因素。土体中的孔隙有有效孔隙与无效孔隙之分，只有有效孔隙才能产生渗流，而无效孔隙对渗流的大小无影响。所谓无效孔隙主要分为三类：不连通孔隙、半连通孔隙和连通但渗透水流不能穿过的孔隙。其中第三类孔隙主要指土颗粒周围结合水膜所占的孔隙。对于粗粒土来说，无效孔隙以不连通和半连通孔隙为主，结合水膜所占孔隙的份额非常小。但对黏性土而言，由于颗粒很细小，不连通和半连通孔隙所占比例很少，而结合水膜占据的孔隙份额则很大。

通常认为，粗粒土的渗透系数远远大于黏性土，是因为粗粒土的孔隙比远远大于黏性土，这其实是一个错误的认识。事实上，土颗粒的相对密度是几乎相同的，粗粒土的容重远远大于黏性土，说明粗粒土的孔隙比远远小于黏性土。渗透系数公式直接与孔隙比相关，以上分析说明黏性土的孔隙比大，而其渗透系数反而小，因此，很有必要从解析理论角度探讨粗粒土与黏性土渗透系数差异的原因。

在 $1m^2$ 的正方形区域内，土颗粒的总面积和总孔隙面积为定值，不随粒径变化而变化；但结合水膜所占据的孔隙面积随着粒径的减小而增大。黏性土中无效孔隙几乎占到了总孔隙的 85% 以上，而在粒径最大的漂石中只占了不到 0.18%。这就充分印证了：与粗粒土相比，黏性土中绝大多数的孔隙被结合水膜所占据，这部分无效孔隙的大量存在才是黏性土的孔隙比大而其渗透系数反而小的根本原因。

【例 2-1】 经试验测得某石料试样在空气中重 80g，封蜡后在空气中重 86g，在水中重 48g，孔隙率为 11%。试计算该试样的真实密度是多少？毛体积密度是多少？（蜡的密度为 $0.93g/cm^3$）

【解】 根据已知条件可知，$M = m_s = 80(g)$

石料的体积 $V = (86-48)/1 - (86-80)/0.93 = 38 - 6/0.93 = 31.55(cm^3)$

石料实体的体积 $V_s = (1-n) \times V = 0.89 \times 31.55 = 28.1(cm^3)$

根据式(2-2)，石料的真实密度 $\rho_t = 80/28.1 = 2.84(g/cm^3)$

根据式(2-5)，石料的毛体积密度 $\rho_h = 80/31.55 = 2.54(g/cm^3)$

2.2.1.2 吸水性

石料的吸水性是指在规定条件下石料吸入水分的能力，该能力可采用石料的吸水率和饱水率来表示，吸水性能有效反映石料微裂缝的发育程度，可用来判断石料的抗冻和抗风化等性能。

（1）吸水率

吸水率指常温（20℃±2℃）、常压（101.325kPa）条件下石料最大吸水质量与干燥试样质量的百分率。测定石料的吸水率是将已知质量的干燥规则试件逐层加水至浸没，用自由吸水法测定其吸水后质量，按式(2-7)计算。

$$w_a = \frac{m_1 - m}{m} \times 100\% \tag{2-7}$$

式中　w_a——石料试样的吸水率；

　　　m_1——石料吸水至恒重时的试样质量，g；

　　　m——石料烘干至恒重时试样质量，g。

吸水率的测定方法是直接浸水法。

（2）饱水率

饱水率是指在强制条件（一定真空 2.67kPa）下，石料试件的最大吸水质量与烘干试件质量之比。测定石料的饱和吸水率是将已知质量的干燥规则试件用煮沸法或真空抽气法强制饱水，测定其饱水后的质量，按式(2-8)计算。

$$w_{sa} = \frac{m_2 - m}{m} \times 100\% \tag{2-8}$$

式中　w_{sa}——石料试样的饱水率；

m_2——石料经强制饱水后的试样质量，g。

饱水率的测定方法可采用直接浸水法、真空抽气法两种形式。

（3）饱水系数

饱水系数是指岩石吸水率与饱水率之比，它是评价岩石抗冻性的一种指标，按式(2-9)计算。

$$K_w = \frac{w_a}{w_{sa}}$$ (2-9)

式中　K_w——饱水系数，其他符号含义同前。

一般来说，石料的饱水系数小于1。饱水系数越大，说明常压下吸水后留余的空间有限，岩石越容易被冻胀破坏，因而岩石的抗冻性就差。

2.2.1.3　耐候性

石料的耐候性是在使用过程中抵抗大自然因素作用的能力。在道路与桥梁工程中使用的石料大多都是处于暴露于大自然中无遮盖的情况，长期受到各种自然因素的作用，如温度变化、干湿循环作用、冻融循环的破坏作用等，其耐候性能会逐渐退化。通常用于评价石料耐候性的指标是抗冻性和坚固性。

（1）抗冻性

石料的抗冻性是指石料在吸水饱和状态下，抵抗多次冻结和融化作用而不破坏，同时也不严重降低强度的性质。

在负温条件下，石料孔隙内的水分会因结冰而产生体积膨胀，导致石料破坏。水在结冰时，体积会增大约9%。当温度在0℃以下时，若石料孔隙中充满水，就会因结冰体积膨胀，从而对石料孔壁产生很大的张应力（可达到100MPa）使孔壁开裂。冰在融化时，先从表面开始，逐渐向内层进行，是结冰的反向过程。因此，不管是结冰还是融化，都会在石料的内外层产生明显的应力差和温度差，如果冻融循环的次数越多，则这种破坏作用也就越严重。石料受冻破坏的程度与水分在孔隙中充满的程度有关。如果孔隙内吸水后还留有一定的空间，就可以缓和冰冻膨胀的破坏作用，这对石料的抗冻性是有利的。

抗冻性试验是指试件在浸水条件下，经多次冻结与融化作用后测定试件的质量损失以及单轴饱水抗压强度的变化。石料的抗冻性用两个直接指标表示，一是耐冻系数，二是质量损失率。

1）耐冻系数

耐冻系数为冻融循环前后饱水抗压强度比，可按式(2-10)计算。

$$K_f = \frac{R_f}{R_s}$$ (2-10)

式中　K_f——试件的耐冻系数；

　　　R_s——试验前岩石试件饱水抗压强度，MPa；

R_f——经冻融循环试验后岩石试件饱水抗压强度，MPa。

2）质量损失率

质量损失率也称为抗冻质量损失率，可按式(2-11)计算：

$$K_m = \frac{m_s - m_f}{m_s} \times 100\%$$ (2-11)

式中　K_m——抗冻质量损失率；

m_s——试验前烘干试件质量，g；

m_f——试验后烘干试件质量，g。

对于一般道路工程，抗冻性好的石料耐冻系数大于 75%，质量损失率小于 5%，同时石料所配制的试件无明显剥落、裂缝和边角损坏等缺损的状况。而对于吸水率小于 0.5%、软化系数大于 0.75 以及饱水系数小于 0.8 的石料，则具有足够的抗冻性。

桥梁工程的石料，对一月份平均气温低于 -10℃ 的地区，要进行抗冻性试验指标以石料经受规定的冻融循环次数后，检查无明显的缺陷（裂缝、缺角、掉边、表面松散等），同时强度降低不超过 25% 为合格。以如此检验的冻融循环次数来划分抗冻性标号，如 M_{15}、M_{25}、M_{50} 等。桥涵用石料抗冻性指标见表 2-1。

表 2-1　桥涵用石料抗冻性指标

结构物部位	大、中桥	小桥及涵洞
	冻融循环次数	
镶面的或表面层的石料	50	25

(2) 坚固性

石料的坚固性是指石料在自然风化和其他外界物理化学因素作用下抵抗破裂的能力。坚固性也用质量损失率来表示，应用式(2-11)进行计算。

坚固性是测定石料耐候性的一种简易、快速的方法。其测定方法是使用硫酸钠溶液浸泡法。将硫酸钠饱和溶液浸入石料孔隙后，经烘干，硫酸钠结晶，体积膨胀，产生有如水结冻相似的作用，使石料孔隙周壁受到张应力，经过多次循环，引起石料的破坏。有条件者也可采用直接冻融法。

上述物理性质的具体表现，在一定程度上都与石料的孔隙率有相应的关系。当孔隙率高，特别是与外界相通且较粗大的开口孔隙发达时，石料的表观密度和毛体积密度减小，相应的吸水性加大，抗冻性能变差。

因此通过石料物理指标的了解，可以在一定程度上预测石料一些工程性质的好坏，认知石料力学性质的表现。

2.2.2　力学性质

石料的力学性质指的是在工程应用中，石料所表现出的抗拉、抗压、抗弯、抗剪强度的能力以及抵抗荷载冲击、剪切和摩擦作用的能力。石料的这一性质常用抗压强度和磨耗率两项指标来表示。

（1）抗压强度

石料的工程用途不同，其抗压强度的测试方法也不相同。道路工程、建筑工程所用石料的抗压强度是以单轴抗压强度来进行表示。具体是以标准试件在 20℃±3℃时吸水饱和后，以单轴受压并在规定的加荷条件下，达到极限破坏时单位承压面积所受的力表示。用式（2-12）表示：

$$R = \frac{P}{A} \tag{2-12}$$

式中　R——石料的抗压强度，MPa；

　　　P——破坏荷载，N；

　　　A——试件截面积，mm^2。

道路工程试验所用标准试件的尺寸如下。

① 道路用石料　边长为 50mm 的正方体或直径高度均为 50mm 的圆柱体。

② 桥梁用石料　边长为 20cm 的正方体，当试件为非标准试件时，其强度结果由于试件尺寸大小，明显影响测定结果，换算为标准试件强度时，应乘以表 2-2 所列的换算系数。

表 2-2　石料标号的换算系数

试件尺寸/cm	20×20×20	15×15×15	10×10×10	7.07×7.07×7.07	5×5×5
换算系数 k_a	1.0	0.9	0.8	0.7	0.6

石料单轴抗压强度值取决于内因和外因两方面因素。内因主要指石料的组成结构，如矿物组成、岩石的结构及孔隙构造、裂隙的分布；外因主要指试验条件，如试件几何尺寸、加载速率、温度和湿度等。如石料结构疏松及孔隙率较大，其质点间的联系较弱，有效面积较小，故强度值较低；试件尺寸较小时，由于高度小，承压板与试件端面之间的摩擦较大，使得试件内应力分布极不均匀，试验结果的真实性受到影响；当岩石的孔隙裂隙较大、含较多亲水矿物或较多可溶矿物时，饱水时的抗压强度会有明显的降低。通过上述分析，将影响石料强度测试结果的主要因素总结如下。

① 试件尺寸　影响的原因主要有两个方面。一方面是大试件存在引发破坏的内部缺陷的概率较大；另一方面是压力机上下压板与试件的接触面之间的摩擦力，对试件的破坏产生约束力，大试件的这种作用比小试件小。所以尺寸相对较小的试件，测定结果相应偏高，其强度较高。

② 加荷速度　加荷速度越大，测定的结果就越高。

③ 石料解理面　石料的解理面是指矿物晶体在外力作用下严格沿着一定结晶方向破裂，并且能裂出光滑平面的平面。解理面一般光滑平整，平行于面间距最大、面网密度最大的晶面，因为面间距大，面间的引力小，这样就造成解理面一般的晶面指数较低。石料的解理面是垂直于加荷方向，因此强度测定的结果较高。

（2）磨耗率

石料的磨耗率是表征石料抵抗冲击、边缘剪力和摩擦等联合作用能力的指标。石料磨耗率的测定有双筒法（狄法尔法）和搁板式法（洛杉矶法）两种方法。

1）双筒法（狄法尔法）

双筒法是选取一定块数（50 块±2 块）、一定质量（约 5kg）的单粒径（50～75mm）试样两份，在双筒式磨耗机中旋转 10000r 后，以通过 2mm 筛孔的质量损失百分率表示。计算公式如下：

$$Q = \frac{G_1 - G_2}{G_1} \times 100\%$$ （2-13）

式中　Q ——石料的磨耗率；

G_1 ——试验前烘干试样的质量，g；

G_2 ——试验后存留在 2mm 筛孔上洗净烘干的试样质量，g。

由于这种试验方法耗时较长，且对石料的考验程度不如搁板式磨耗机试验，目前采用不多。

2）搁板式法（洛杉矶法）

搁板式法是采用不同粒径的石料试样与 12 个直径为 48mm 的钢球同时装入磨耗机中，转动 500r 后，以通过 2mm 筛孔的质量损失百分率表示，计算方法同双筒法。两种试验方法以搁板式磨耗机试验方法作为标准方法，只有在缺乏搁板式磨耗机时，才允许采用双筒式磨耗机试验法。

通过对比两种试验方法发现，双筒法采用单一粒径，而搁板式法采用不同的级配，由此可见搁板式法更能反映实际情况，对于磨耗率的确定一般都以搁板式试验法为准。

2.2.3　化学性质

石料的化学性质是指石料的化学成分（如矿物组成）与周围物质进行化学反应或在外界物质影响下保持其组成结构稳定的能力。

道路与桥梁用材料在受到周围介质（如桥墩在工业污水中）的侵蚀下，会导致强度降低，见表 2-3；在受到大气因素（如气温的交替变化，日光中的紫外线，空气中的氧、水等）的综合作用下，会引起材料的老化，特别是各种有机材料（如沥青材料等）更为显著。

表 2-3　石料的化学性质对路用性能的影响

矿质混合料名称	干燥抗压强度（20℃）/kPa	浸水后抗压强度（浸水 72h，20℃）/kPa	浸水后强度降低/%
石灰石矿质混合料	2058	1893	8.01
花岗岩矿质混合料	1372	1166	15.01

矿质混合料名称	干燥抗压强度（20℃)/kPa	浸水后抗压强度（浸水 72h,20℃)/kPa	浸水后强度降低/%
石英石矿质混合料	1176	917	22.08

由表 2-3 可见，矿质混合料浸水后强度明显降低，石灰石强度降低最小，石英石强度降低得最为显著，这是因为石料吸水后，由于水分子的作用，削弱了矿物颗粒之间的结合，甚至使某些矿物软化，导致石料强度降低。因而采用饱水试件，使石料的强度处于最不利状态。另外含水试件，也最接近于工程情况。

一般来说，石料的化学性质主要体现为酸碱性和黏附性。

（1）酸碱性

二氧化硅（SiO_2）和氧化钙（CaO）是岩石组成最主要的两种化学成分，两者的比例决定了石料的酸碱性。石料的化学性质对其路用性能影响较大，通常按 SiO_2 的含量进行划分。SiO_2 含量＞65％，如花岗岩、流纹岩、石英岩等为酸性岩类；SiO_2 含量 52％～65％，如闪长岩、辉绿岩等为中性岩类；SiO_2 含量 45％～52％，如辉长岩、玄武岩等为碱性岩类；SiO_2 含量＜45％，如橄榄岩等为超碱性岩类，见图 2-3。在选择石料时应考虑岩石的酸碱性对沥青与岩石黏结性的影响。石料难溶于水，而且组成复杂，又不能像测定易溶物那样，通过测定水溶液的 pH 值的方法来确定其酸碱性，文献提出用相对比较的方法来确定石料的酸碱性强弱，即用分析纯的碳酸钙作为标准，其他石料的酸碱性强弱都与碳酸钙比较，这样就可得到各种石料的酸碱性相对强弱。该方法的理论依据是酸碱质子理论："凡能与质子（H^+）结合的物质都是碱。"测定方法是采用一定浓度的酸对一定粒径的石料进行侵蚀，然后测定溶液中消耗掉的 H^+ 浓度，进行比较，并定义二者的比值为该石料的"碱值"。原理就是依靠各种石料接受质子的能力不同，消耗掉的 H^+ 浓度也不相同，故碱值的大小不一样，因此，可以根据石料的碱值大小，确定其酸碱性的相对强弱。

一般情况下，酸性石料强度高、耐磨性好，但与沥青黏附性差；碱性石料强度低、耐磨性差，但与沥青黏附性较好。由于造岩矿物种类繁多，同类或同种石料的酸碱性也无统一的标准，因此通常在初步确定石料的酸碱性后，需要进行相关试验，以检验石料与沥青的吸附能力。

（2）黏附性

黏附性主要体现在石料与沥青的黏结上，由于使用过程中黏结性能不良会导致沥青混合料剥离而发生破坏。石料与沥青组成混合料，铺筑碾压后形成路面结构。石料与沥青在混合料中起着复杂的物理化学作用，石料的化学性质在很大程度上影响路面的物理力学性质，石料的酸碱性决定着石料与沥青的黏附性。不同酸碱性的石料与沥青之间的黏附性有较大差别，其中碱性石料与沥青之间有较好的黏附效果，而酸性石料的黏附性相对较差，用于拌合沥青混合料铺筑的沥青路面易造成水损害。为保证道路工程材料应用的强度要

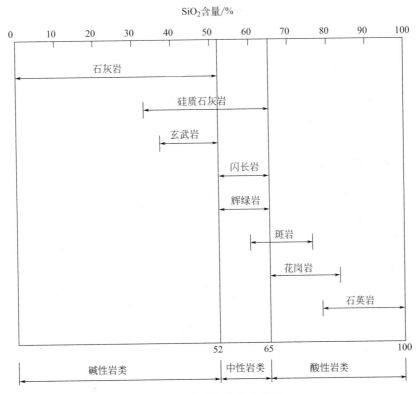

图 2-3　岩石的酸碱性分类

求，应优先考虑采用碱性岩石，当必须使用酸性岩石时，可掺加抗剥剂以提高材料的黏附性，黏附性将直接影响道路工程中石料与沥青黏结性能的好坏。

按照我国现行标准，黏附性可采用水煮法和水浸法。前者适用于最大粒径大于 13.2mm 的集料，后者适用于粒径小于或等于 13.2mm 的集料。对于同一种料源最大粒径既有大于又有小于 13.2mm 的集料时，应取大于 13.2mm 的集料以水煮法试验为标准，对细粒式沥青混合料应以水浸法试验为标准。

2.2.4　工艺性质

一般材料的工艺性质是指材料适合于按一定工艺要求加工的性能。例如，水泥混凝土拌合物需要一定的和易性，以便浇筑。石料生产线材料工艺性质是通过一定的试验方法和指标进行控制。石料的工艺性质，主要指其开采和加工过程的难易程度及可能性，包括加工性、磨光性与抗钻性等。

（1）加工性

石料的加工性，主要是指对岩石开采、锯解、切割、凿琢、磨光和抛光等加工工艺的难易程度。凡强度、硬度、韧性较高的石材，不易加工；质脆而粗糙、有颗粒交错结构、含有层状或片状构造，以及业已风化的岩石，都难以满足加工要求。

（2）磨光性

磨光性是指石料能否磨成平整光滑表面的性质。致密、均匀、细粒的岩石，一般都有良好的磨光性，可以磨成光滑亮洁的表面。疏松多孔、有鳞片状构造的岩石，磨光性不好。

（3）抗钻性

抗钻性是指石料钻孔时，其难易程度的性质。影响抗钻性的因素很复杂，一般石料的强度越高、硬度越大，越不易钻孔。

2.2.5 技术标准

工程实际中所采用的石料必须满足一定的技术要求，该要求就是石料的技术标准。该技术标准制定思路是：首先根据石料所属岩石类型，将石料分成四大类——岩浆岩、石灰岩、砂岩与片岩以及砾石，见表2-4；再依据《公路工程石料试验规程》JTJ 054—1994将每种类型岩石划分成四个等级并增加洛杉矶磨耗率试验标准。其中：1级——最坚强的岩石；2级——坚强的岩石；3级——中等强度岩石；4级——较软的岩石。

表 2-4 石料的岩石类型

类别	名称	内容
一	岩浆岩类	如花岗岩、正长岩、辉长岩、辉绿岩、闪长岩、橄榄岩、玄武岩、安山岩、流纹岩等
二	石灰岩类	如石灰岩、白云岩、泥灰岩、凝灰岩等
三	砂岩与片岩类	如石英岩、砂岩、片麻岩、石英片麻岩等
四	砾石类	无

根据上述分类和分级方法，道路建筑用天然石料的等级和技术标准要求，见表2-5。

表 2-5 道路建筑用天然石料等级和技术标准要求

岩石类别	石料等级	技术标准	
		饱水状态极限抗压强度/MPa	洛杉矶磨耗试值/%
岩浆岩类	1	>120	<25
	2	100～200	25～30
	3	80～100	30～45
	4	—	45～60
石灰岩类	1	>100	<30
	2	80～100	30～35
	3	60～80	35～50
	4	30～60	50～60

续表

岩石类别	石料等级	技术标准	
		饱水状态极限抗压强度/MPa	洛杉矶磨耗试值/%
砂岩与片岩类	1	>100	<30
	2	80~100	30~35
	3	50~80	35~45
	4	30~50	45~60
砾石类	1	—	<20
	2	—	30~50
	3	—	50~60
	4	—	50~60

2.3　集料的技术性质与技术要求

　　笼统地说集料就是粒状石质材料，包括天然岩石经风化或人工轧制而成的不同粒径状石料的集合体。集料根据粒径大小的不同，可分为粗集料和细集料。粗集料是指粒径大于 2.36mm（沥青混合料）或 4.75mm（水泥混凝土）的集料；细集料是指粒径小于 2.36mm（沥青混合料）或 4.75mm（水泥混凝土）的集料。小于 0.16mm 的称为矿粉，矿粉也称填料，是指由石灰岩或岩浆岩等憎水性碱类石料经磨细加工得到的以小于 0.075mm 颗粒为主的矿质粉末。

　　集料按成因及加工方式，可分为天然砂、卵石、人工砂、碎石，另有工业冶金矿渣。天然砂是由自然风化、水流冲刷或自然堆积形成的且粒径小于 4.75mm 的岩石颗粒，包括河砂、海砂和山砂等。卵石又称砾石，是由自然风化、水流搬运和分选、堆积形成的粒径大于 4.75mm 的岩石颗粒。人工砂是经人为加工处理得到的符合规格要求的细集料，通常是对石料采取真空抽吸法除去大部分土和细粉或将石屑水洗得到的。从广义上分类，机制砂、矿渣砂和煅烧砂都属于人工砂。其中，机制砂是指由碎石及砾石经制砂机反复破碎加工至粒径小于 2.36mm 的人工砂，亦称破碎砂。碎石是将天然岩石或砾石经机械破碎、筛分制成的粒径大于 4.75mm 的岩石颗粒。矿渣即为碎石加工时通过最小筛孔（通常为 2.36mm 或 4.75mm）的筛下部分，也称筛屑。

　　这里有必要介绍一下最大粒径的概念，这是一个较为重要但又容易引起混淆的概念，集料的最大粒径这一概念由两个不同定义构成，即集料最大粒径和集料公称最大粒径。集料最大粒径是指集料 100% 都要求通过的最小标准筛筛孔尺寸；集料公称最大粒径是指集料可能全部通过或允许有少量不通过（一般容许筛余不超过 10%）的最小标准筛筛孔尺寸。这两个定义涉及的粒径有着明显区别，通常集料公称最大粒径比最大粒径要小一个粒级。实际上工程中所指的最大粒径往往是指公称最大粒径，这一点在今后的应用中要加以区分。标准筛是统一规定筛孔规格及筛孔大小变化要求的套筛，由一组多个不同大小孔径的套筛组成。对集料颗粒大小的划分和相应筛分试验都要依靠标准筛来进行，以方孔筛为准，相应的筛孔尺寸依次为 75mm、63mm、53mm、37.5mm、31.5mm、26.5mm、19mm、16mm、13.2mm、9.5mm、4.75mm、2.36mm、1.18mm、0.6mm、0.3mm、0.15mm、0.075mm，见图2-4。

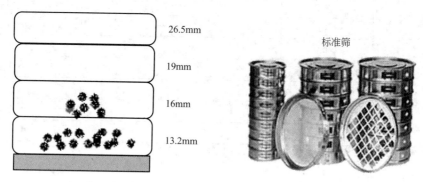

图 2-4　试验用标准筛及其筛孔尺寸

水泥混凝土路面使用的是圆孔筛（相应筛孔尺寸依次为 100mm、80mm、63mm、50mm、40mm、31.5mm、25mm、20mm、16mm、10mm、5mm、2.5mm、1.25mm、0.63mm、0.315mm、0.16mm、0.075mm），原规程保留了方孔筛和圆孔筛两种筛孔，但在实际使用过程中两套筛孔易使试验人员在操作上引起混乱。目前，所有试验规程中的集料全部统一为方孔筛规格。

由于粗、细集料在结构中起骨架作用，因而，有时也将集料称为骨料，其主要技术性质有物理性质、力学性质和化学性质。

2.3.1　物理性质

集料物理性质包括物理常数、级配、颗粒形状与表面特征及含泥量和泥块含量四个方面。

2.3.1.1　物理常数

物理常数包括密度、空隙率、粗集料骨架间隙率、含水率、细集料的棱角性五个方面。

（1）密度

集料的密度要考虑到集料颗粒中的孔隙（开口孔隙或闭口孔隙），以及颗粒间的空隙。同石料的密度类似，结合石料密度计算方法和内容，对集料密度计算方法和主要用途，见表2-6。

表 2-6　石料和集料密度计算方法和主要用途

密度	定义	主要用途	计算方法
真实密度	石料矿质实体单位真实体积的质量	确定石料、水泥及矿粉的密度，计算石料的孔隙率和混合料的配合比	$\rho_{t} = \dfrac{m_{s}}{V_{s}}$

密度	定义	主要用途	计算方法
表观密度	石料矿质实体包括闭口孔隙在内的单位表观体积的质量	确定粗细集料的密度,用于混合料的配合比和空隙率的计算	$\rho_n = \dfrac{m_s}{V_s + V_n}$
毛体积密度	石料矿质实体包括孔隙(闭口、开口孔隙)体积在内的单位毛体积的质量	计算石料的孔隙率和集料的骨架间隙率	$\rho_h = \dfrac{m_s}{V_s + V_n + V_i}$
表干密度	单位毛体积(包括集料矿质实体体积及全部孔隙体积)的饱和面干质量	可用于集料磨耗值计算	$\rho_s = \dfrac{m_a}{V_s + V_n + V_i}$
装填密度	集料颗粒矿质实体的单位装填体积(包括集料颗粒间空隙体积、集料矿质实体及全部孔隙体积)的质量	集料实体体积、闭口和开口孔隙体积以及颗粒之间的空隙体积之和	$\rho = \dfrac{m_s}{V_s + V_n + V_i + V_v}$

注:m_s—集料颗粒矿质实体的质量,g;V_s—集料颗粒矿质实体的体积,cm^3;V_n、V_i—集料颗粒矿质实体中闭口孔隙和开口孔隙的体积,cm^3;V_v—集料颗粒间的空隙体积,cm^3。

装填密度根据装样方法的不同可为自然堆积密度、振实密度和捣实密度,该密度是指烘干集料颗粒矿质实体的单位装填体积(包括集料颗粒间空隙体积,集料矿质实体及其闭口、开口孔隙体积)的质量。

集料的堆积密度分为自然堆积密度、振实密度和捣实密度。

① 自然堆积密度是指以自由落入方式装填集料,所测的密度又称为松装密度;

② 振实密度是将集料分三层装入容器筒中,在容器底部放置一根直径 25mm 的圆钢筋,每装一层集料后,将容器筒左右交替颠击地面 25 次;

③ 捣实密度是将集料分三层装入容器中,每层用捣棒捣实 25 次。

(2) 空隙率

空隙率反映了集料的颗粒间相互填充的致密程度,是指集料在某种堆积状态下的空隙体积(含开口孔隙)占堆积体积的百分率,按式(2-14)进行计算。

$$n = \frac{V_v + V_i}{V_f} \times 100\% \tag{2-14}$$

式中　n——集料的空隙率;

V_f——集料颗粒的堆积体积,$V_f = V_s + V_n + V_i + V_v$,$cm^3$;

V_n、V_i——集料颗粒矿质实体中闭口孔隙和开口孔隙的体积,cm^3。

空隙率也可以用堆积密度与表观密度表示,按式(2-15)计算。

$$n = \left(1 - \frac{\rho}{\rho_a}\right) \times 100\% \tag{2-15}$$

式中　ρ——集料的堆积密度,g/cm^3;

ρ_a——集料的表观密度,g/cm^3。

在松装和紧装状态下,粗集料的空隙率分别为 43%～48% 和 37%～42%,细集料空隙率分别为 35%～50% 和 30%～40%。

（3）粗集料骨架间隙率

骨架间隙率通常指 4.75mm 以上粗集料在捣实状态下颗粒间空隙体积的百分含量。沥青混合料用粗集料捣实状态下的间隙率进行计算，由式（2-16）计算。粗集料骨架间隙率的大小用于确定混合料中细集料和结合料的数量，并评价集料的骨架结构。

$$VCA = \left(1 - \frac{\rho_c}{\rho_b}\right) \times 100\% \tag{2-16}$$

式中　VCA ——粗集料骨架间隙率；

　　　ρ_c ——粗集料的装填密度，g/cm^3；

　　　ρ_b ——粗集料的表观密度或毛体积密度，g/cm^3。

（4）含水率

集料从干到湿，可分为四种状态，见图 2-5。

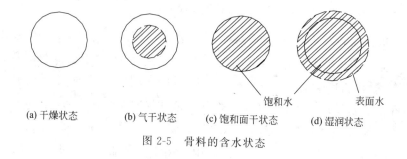

|(a) 干燥状态|(b) 气干状态|(c) 饱和面干状态|(d) 湿润状态|

图 2-5　骨料的含水状态

如将集料放置在 105～110℃ 的烘箱中烘至恒重，使颗粒表面和内部都不含有水分称为全干状态。在自然条件下使它吸收一部分水分，而后又在空气中任其风干一些时间，此时外面一层干燥而内部仍含有水分称为气干状态。如集料内部孔隙吸水饱和而表面干燥时称为饱和面干状态。如集料内部吸水饱和且表面吸附一层水膜时，称为湿润状态。

自然含水率是指集料在自然状态下所含水分的质量占干燥集料质量的百分率，由式（2-17）进行计算。

$$w = \frac{m_1 - m_2}{m_2 - m_0} \times 100\% \tag{2-17}$$

式中　w ——集料自然含水率；

　　　m_1 ——未烘干的试样与容器的总质量，g；

　　　m_2 ——烘干后的试样与容器的总质量，g；

　　　m_0 ——容器的质量，g。

饱和面干含水率是指集料内部孔隙吸饱水分而表面呈干燥状态时所含水分的质量占干燥集料质量百分率。

（5）细集料的棱角性

细集料的棱角性由在一定条件下测定的间隙率表征，按式（2-18）计算。天然砂、人工砂和石屑等细集料的棱角性对沥青混合料的内摩擦角和抗流动性变形能力及对水泥混凝土的和易性有着显著的影响。当间隙率较大时，意味着细集料有着较大的内摩阻角。细集料的棱角性对沥青混合料和水泥混凝土的施工性能和使用性能有重要的影响，尤其是对沥青混合料的抗流动变形能力以及水泥混凝土的和易性更为显著。

$$U=\left(1-\frac{\gamma_{fa}}{\gamma_{b}}\right)\times100\%$$ (2-18)

式中　U ——细集料的间隙率，即棱角性；

　　　γ_{fa} ——细集料的松装相对密度，g/cm^3；

　　　γ_{b} ——细集料的毛体积相对密度。

细集料的棱角性试验可采用间隙率法和流动时间法测定。棱角性试验的间隙率法采用细集料棱角性测定仪，测定一定量的细集料通过标准漏斗装入标准容器中的间隙率来表征细集料的棱角性。流动时间法采用细集料流动时间测定仪，通过测定一定体积的细集料（机制砂、石屑、天然砂）全部通过标准漏斗所需要的流动时间来表征细集料的棱角性。

2.3.1.2　级配

集料的级配是指散粒石料中不同颗粒质量的分配比例。级配对水泥混凝土及沥青混合料的强度、稳定性及施工和易性有着显著的影响，级配设计也是水泥混凝土和沥青混合料配合比设计的重要组成部分。

级配的确定是采用一系列规定孔径的标准筛逐级过筛，分别求出各筛上的筛余质量，然后计算其级配的有关参数。

级配的参数有三个，分别是分计筛余百分率、累计筛余百分率和通过百分率。

（1）分计筛余百分率

分计筛余百分率指某号筛上的筛余质量占试样总质量的百分率。用式(2-19)进行计算。

$$a_i=\frac{m_i}{M}\times100\%$$ (2-19)

式中　a_i ——某号筛的分计筛余百分率；

　　　m_i ——存留在某号筛的筛余量，g；

　　　M ——试样总质量，g；

（2）累计筛余百分率

累计筛余百分率指某号筛的分计筛余百分率和大于该号筛的各分计筛余百分率之和，用式(2-20)进行计算。

$$A_i=a_1+a_2+\cdots+a_i$$ (2-20)

式中　A_i ——某号筛的累计筛余百分率；

　　　a_i ——某号筛的分计筛余百分率；

a_1，$a_2\cdots$ ——分别为筛孔孔径大于某号筛孔孔径的各筛的分计筛余。

（3）通过百分率

通过百分率指通过某号筛的质量占试样总质量的百分率，用式(2-21)进行计算。

$$P_i = 100 - A_i \qquad\qquad (2\text{-}21)$$

式中 P_i ——某号筛的通过百分率；

A_i ——某号筛的累计筛余百分率。

一般用于测定粗集料级配的标准筛孔孔径依次为 100mm、80mm、60mm、50mm、40mm、30mm、25mm、15mm、10mm。用于测定细集料的标准筛孔孔径依次为 5mm、2.5mm、1.25mm、0.63mm、0.315mm、0.16mm、0.08mm。其中 10mm、5mm、2.5mm 筛根据需要粗细集料都可选用。

2.3.1.3 颗粒形状与表面特征

集料的物理性质除了与形成集料的岩石特征和孔隙结构等有直接关系之外，还与集料的颗粒形状和表面特征有一定的关系。因为集料的形状和表面特征都将影响集料颗粒间的内摩阻力、集料颗粒与结合料黏结性及吸附性等方面。

① 理想的集料颗粒形状是球状或立方体，而扁平、薄片、细长状的颗粒不仅增加集料的空隙率，还对施工的和易性和混凝土强度造成不利影响；针片状颗粒的定义是最大长度与厚度之比大于 3 的颗粒。常见的集料中的颗粒形状有四种类型，见表 2-7。

表 2-7 集料颗粒形状的基本类型

类型	颗粒形状的特点	集料品种
蛋圆形	具有较光滑的表面,无明显棱角,颗粒浑圆	天然砂及各种砾石、陶粒
棱角形	具有粗糙的表面及明显的棱边	碎石、石屑、破碎矿渣
针状	长度方向尺寸远小于其他方向尺寸而呈薄片形	砾石、碎石中均存在
片状	厚度方向尺寸远小于其他方向尺寸而呈薄片形	砾石、碎石中均存在

《公路工程集料试验规程》（JTG E42—2005）中对水泥混凝土用集料定义其针状颗粒为长度大于平均粒径的 2.4 倍，片状颗粒为厚度小于平均粒径的 0.4 倍；用于沥青混合料的细长扁平颗粒是指颗粒最大尺寸与最小尺寸之比大于 3 的颗粒。

② 集料表面特征指集料的粗糙程度和孔隙特征，与集料的材质、岩石结构、矿物组成及其受冲刷、腐蚀程度有关。一般来说，集料的表面特征主要影响集料与结合料之间的黏结性能，从而影响到混合料的强度，尤其是抗折强度。表面粗糙的集料颗粒有较显著的摩阻力，集料颗粒间的位移较困难，同时也会影响集料的施工和易性；粗糙且有吸收水泥浆和沥青轻组分的孔隙特征的集料与结合料的黏结能力较强。

2.3.1.4 含泥量和泥块含量

泥是指砂中粒径小于 0.075mm 的颗粒，泥块是指粗集料原尺寸大于 4.75mm（或细集料大于 1.18mm），但经水浸洗、手捏后小于 2.36mm（细集料小于 0.6mm）的颗粒含量。

集料中的泥块主要以三种形式存在：由纯泥组成的团块，由砂、石屑与泥组成的团块，包裹在集料颗粒表面的泥土。

(1) 含泥量与石粉含量

含泥量是指集料中粒径小于 0.075mm 的颗粒含量，其中人工砂中小于 0.075mm 的颗粒含量又称为石粉含量。可按式(2-22)进行计算。

$$Q_a = \frac{m_0 - m_1}{m_0} \times 100\%$$ (2-22)

式中　Q_a——集料的含泥量或石粉含量；

m_0——试验前烘干集料试样的质量，g；

m_1——经筛洗后，0.075mm 筛上烘干试样的质量，g。

严格地讲，含泥量应是集料中的泥土含量，而采用筛洗法得到的粒径小于 0.075mm 的颗粒中实际包含了矿粉、细砂与黏土成分，而筛洗法很难将这些成分加以区别。将粒径小于 0.075mm 的颗粒部分全都当作"泥土"的做法欠妥，因此，在《公路沥青路面施工技术规范》(JTG F40—2004) 中规定：细集料的洁净程度，天然砂以小于 0.075mm 含量的百分数表示，石屑和机制砂以砂当量（适用于 0～4.75mm）或亚甲蓝值（适用于 0～2.36mm 或 0～0.15mm）表示。

1）砂当量 SE

砂当量用于测定细集料中所含黏性土和杂质含量，判定集料的洁净程度，对集料中小于 0.075mm 的矿粉、细砂与泥土加以区别，砂当量值越大表明在小于 0.075mm 部分所含的矿粉和细砂比例越高。

2）亚甲蓝值 MB

亚甲蓝值 MB 用于判别人工砂中<0.075mm 颗粒含量主要是泥土还是与被加工母岩化学成分相同的石粉。

$$MB = \frac{V}{G} \times 10$$ (2-23)

式中　MB——亚甲蓝值，表示 1kg 人工砂试样所消耗的亚甲蓝克数，g/kg；

G——试样质量，g；

V——所加入的亚甲蓝溶液的总量，mL。

亚甲基蓝值 MB 较小时表明粒径≤0.075mm 颗粒主要是与被加工母岩化学成分相同的石粉。

（2）泥块含量

泥块含量是指粗集料中原尺寸大于 4.75mm（细集料为 1.18mm），但经水浸洗、手捏后小于 2.36mm（细集料为 0.6mm）的颗粒含量。集料中的泥块主要以三种形式存在：由纯泥组成的团块，由砂、石屑与泥组成的团块，包裹在集料颗粒表面的泥土。

$$Q_b = \frac{G_1 - G_2}{G_1} \times 100\%$$ (2-24)

式中　Q_b——集料的泥块含量；

G_1——粗集料为 4.75mm（细集料为 1.18mm）筛上试样的质量，g；

G_2——粗集料为 4.75mm（细集料为 1.18mm）筛上试样经水洗后，粗集料

2.36mm（细集料为 0.6mm）筛上烘干试样的质量，g。

【**例 2-2**】一种集料由 40%（质量分数）的砂和 60%的砾石混合，其单位容重为 1920kg/m³，砂子的表观密度为 2.6g/cm³，砾石的表观密度为 2.7g/cm³，计算混合料空隙体积的百分率是多少？

【**解**】每立方米混合料，砂子质量为：$1\,920 \times 0.4 = 768$（kg）

每立方米混合料，砾石质量为：

$$1\,920 \times 0.6 = 1\,152\text{（kg）}$$

则每立方米混合料中，砂子所占体积为：

$$\frac{768}{2.6} \times 1000 = 0.295\text{（m}^3\text{）}$$

砾石所占体积为：$\qquad \dfrac{1152}{2.7} \times 1000 = 0.427\text{（m}^3\text{）}$

所以，每立方米混合料中，砂子、砾石占总体积为：$0.295 + 0.427 = 0.722$（m³）

空隙体积为：$\qquad 1 - 0.722 = 0.278$（m³）

亦即空隙体积百分率为：$\qquad 0.278 \times 100\% = 27.8\%$

2.3.2 力学性质

路用粗集料的力学性质主要指抗压碎能力和抗磨耗性两大指标，当粗集料用于表层路面时，还涉及磨光值、磨耗值和冲击值等指标。

（1）压碎值

集料压碎值是集料在连续增加的荷载下抵抗压碎的能力，是衡量集料强度的一个相对指标，用以鉴定集料品质。

压碎值的确定应分为粗集料和细集料两种情况。

1）粗集料的压碎值

9.5～13.2mm 的颗粒 3kg 装入压碎筒中，置于压力机上，10min 加荷至 400kN，取出试样，过 2.36mm 筛，称量，按式(2-25) 计算。

$$Q_\text{a}' = \frac{m_1}{m_0} \times 100\% \tag{2-25}$$

式中　Q_a'——粗集料压碎值；

$\quad m_0$——试验前试样质量，g；

$\quad m_1$——试验后通过 2.36mm 筛孔的集料质量，g。

压碎值越小，表明粗集料抵抗压碎能力越好。

2）细集料的压碎值

细集料压碎值按单粒级进行试验。试验方法是取 0.3～0.6mm、0.6～1.18mm、1.18～2.36mm、2.36～4.75mm 试样 330g 装入试模中，以 500N/s 的加荷速度加压到 25kN，稳压 5s，以同样的速度卸荷，过下限筛，称量，按式(2-26) 进行计算。

$$Y_i = \frac{m_1}{m_1 + m_2} \times 100\% \qquad (2\text{-}26)$$

式中　Y_i——第 i 粒级细集料压碎值；

　　　m_1——试验的筛余量，g；

　　　m_2——试样的通过量，g。

取最大单粒级压碎值为该细集料的压碎指标值。

（2）磨光值

磨光值是反映集料抵抗轮胎磨光作用能力的指标，它是采用加速磨光机磨光石料，并用摆式摩擦系数测定仪测得的磨光后集料的摩擦系数。使用高磨光值的集料（如玄武岩、安山岩、砂岩和花岗岩等）铺筑道路表层路面，可提高路表的抗滑能力，保障车辆的安全行驶。集料的磨光值是将 9.5～13.2mm 并剔除针片状颗粒的集料制成的干净石料单层紧密排列试件，在道路轮上，先后用 30 号、280 号金刚砂磨蚀，加速磨光后测定磨光后集料的摩擦系数 PSV_{ra}，可按式（2-27）求得。

$$PSV = PSV_{ra} + 49 - PSV_{b\,ra} \qquad (2\text{-}27)$$

式中　$PSV_{b\,ra}$——标准试件的摩擦系数。

磨光值 PSV 越大，表明集料的抗磨光性能越好。

（3）冲击值

冲击值反映了集料抵抗多次连续重复冲击荷载作用的能力。对于路面表层，冲击值是一项重要的检测指标，对道路表层用集料非常重要。集料的冲击值试验是按规定方法称取 9.5～13.2mm 干燥集料试样，并将其装入钢筒中捣实 25 次，然后用质量为 13.75kg 的冲击锤沿导杆自 380mm±5mm 处高度自由下落按规定连续锤击集料 15 次，测试试验后集料从 2.36mm 标准筛上通过的质量百分率，按式（2-28）计算冲击值。

$$AIV = \frac{m_2}{m} \times 100\% \qquad (2\text{-}28)$$

式中　AIV——集料的冲击值；

　　　m——试样总质量，g；

　　　m_2——冲击破碎后通过 2.36mm 筛的试样质量，g。

AIV 越小，表明集料的抗冲击能力越好。

（4）磨耗值

磨耗值反映了集料抵抗车轮撞击及磨耗的能力。一般磨耗损失小的集料坚硬、耐磨并且耐久性好，适用于对路面抗滑表层，抵抗车轮磨耗。沥青混合料和基层所用集料的磨耗值一般采用洛杉矶试验，沥青混合料抗滑表层所用集料的磨耗值通常采用道瑞试验，用道瑞磨耗值进行评价。

试验方法是将 9.5～13.2mm 的石料颗粒单层排列试件，固定于道瑞机的圆平板上，按 28～30r/min 旋转 100 转，停机观察，再磨 400 转，停机后称取试件质量，计算磨耗值，可按式（2-29）计算。

$$AAV = \frac{3(m_1 - m_2)}{\rho_s} \times 100\%$$

(2-29)

式中 AAV——集料的道瑞磨耗值；

m_1——磨耗前试件的质量，g；

m_2——磨耗后试件的质量，g；

ρ_s——集料的表干密度，g/cm^3。

AAV 越小，表明集料的抗磨耗能力越好；反之，AAV 越大，集料耐磨性越差。

不同道路等级对抗滑表层集料的磨光值、道瑞磨耗值和冲击值的技术要求，见表 2-8。

表 2-8 抗滑表层用集料技术要求

指标	高速公路、一级公路/%	其他公路/%
石料磨光值	≥42	≥35
道瑞磨耗值	≤14	≤16
冲击值	≤28	≤30

（5）磨耗率

粗集料的磨耗率测定方法为洛杉矶磨耗试验法。粗集料的洛杉矶磨耗率是集料使用性能的重要指标，尤其是沥青混合料和基层集料，它与沥青路面的抗车辙能力、耐磨性、耐久性密切相关，一般磨耗损失小的集料，集料坚硬，耐磨、耐久性好。

2.3.3 化学性质

集料的化学性质主要是指集料本身的化学组成及其与混凝土其他组分、侵蚀性介质的化学反应活性。

有的集料中含有活性的含硅矿物，如蛋白石、玉髓和鳞石英等，这些物质在特定条件下有可能与碱发生碱硅酸盐反应，生成碱的硅酸盐凝胶吸水而产生膨胀，使混凝土发生破坏。而碱与集料中的碳酸盐在一定条件下也有可能发生碱碳酸盐反应，产生的凝胶吸水膨胀，也有可能导致混凝土的破坏。例如，骨料中的活性氧化硅会与水泥中的碱分（K_2O 及 Na_2O）作用，产生碱骨料反应，从而使混凝土发生膨胀开裂。所以当集料用于水泥混凝土时，要注意集料中是否存在具有活性的氧化硅和碳酸盐成分（碱硅酸反应，碱碳酸反应）。

由于碱集料反应的潜伏期较长，因此需要在集料中含有的活性硅等物质含量较高时进行集料的碱活性检验。

碱活性检验的方法有很多，包括岩相法、砂浆棒法、化学法、快速砂浆棒法和混凝土棱柱体法以及压蒸法等，若单独使用难以准确判断集料的碱活性，通常需要几种方法联合使用，以获得更加准确的检验结果，具体方法及检测内容见表 2-9。

表 2-9　碱活性检验方法及内容

检验方法	检验条件	判断内容
岩相法	—	分析集料岩石矿物种类、组成及比例
砂浆棒法	集料与高碱水泥成型砂浆棒	碱集料反应产生的膨胀率大小
化学法	粉碎至一定粒度的集料	与 NaOH 溶液在一定条件下的反应量
快速砂浆棒法	高温高碱	砂浆棒膨胀率大小
混凝土棱柱体法	—	混凝土棱柱体碱集料反应的膨胀率大小
压蒸法	高温高压	砂浆棒膨胀率或混凝土试件表面裂纹、超声脉冲速度和动弹模的变化

2.3.4　技术要求

考虑不同出发点，集料的技术标准要求需有针对性地设置。

① 针对不同集料类型（粗、细集料，矿粉等）分别设置相关技术要求，见表 2-10～表 2-12；

② 针对不同工程（道路、桥梁）设置相应技术要求，见表 2-13～表 2-16；

③ 针对不同用途（水泥混凝土、沥青混合料、半刚性基层）设置相应技术要求。

表 2-10　沥青混合料用粗集料技术要求

技术指标		高速公路及一级公路		其他等级公路
		表面层	其他层次	
表观相对密度		≥2.60	≥2.50	≥2.45
石料压碎值/%		≤26	≤28	≤30
洛杉矶磨耗损失/%		≤28	≤30	≤35
吸水率/%		≤2.0	≤3.0	≤3.0
坚固性/%		≤12	≤12	—
针片状颗粒含量（混合料）/%		≤15	≤18	≤20
其中粒径大于 9.5mm/%		≤12	≤15	—
其中粒径小于 9.5mm/%		≤18	≤20	—
水洗法＜0.075mm 颗粒含量/%		≤1	≤1	≤1
软石含量/%		≤3	≤5	≤5
表面层所用粗集料： 不同年降雨量（mm）磨光值 PSV	＞1000	≥42	—	—
	1000～500	≥40	—	—
	500～250	≥38	—	—
	＜250	≥36	—	—
表面层所用粗集料： 不同年降雨量（mm）粗集料的黏附性	＞1000	≥5	≥4	≥4
	1000～500	≥4	≥4	≥4
	500～250	≥4	≥3	≥3
	＜250	≥3	≥3	≥3

注：1. 用于高速公路、一级公路时，多孔玄武岩的视密度可放宽至 2.45t/m³，吸水率可放宽至 3%，但必须得到建设单位批准，且不得用于 SMA 路面。

　　2. 对 S14 即 3～5 规格粗集料，针片状含量可不予要求，＜0.075mm 颗粒含量可放宽到 3%。

表 2-11 沥青混合料用细集料技术要求

技术指标	高速公路及一级公路	其他等级公路
表观相对密度	≥2.50	≥2.45
坚固性（>0.3mm 部分）/%	≥12	—
含泥量（<0.075mm 的含量）/%	≤3	≤5
砂当量/%	≥60	≥50
亚甲蓝值/(g/kg)	≤25	
棱角性（流动时间）/s	≥30	—

表 2-12 矿粉技术要求

技术指标		高速公路及一级公路	其他等级公路
表观密度/(t/m³)		≥2.50	≥2.45
含水量/%		≤1	≤1
粒度范围	<0.6mm/%	100	100
	<0.15mm/%	90~100	90~100
	<0.075mm/%	75~100	70~100
外观		无团块结粒	
亲水系数		<1	
塑性指数		<4	
加热安定性		实测记录	

表 2-13 路面水泥混凝土用粗集料技术要求

技术指标	技术要求		
	Ⅰ级	Ⅱ级	Ⅲ级
碎石压碎指标/%	<10	<15	<20(用做路面时) <25(用做下面层或基层时)
卵石压碎指标/%	<12	<14	<16
坚固性（按质量损失计）/%	<5	<8	<12
针片状颗粒含量（按质量计）/%	<5	<15	<20(用做路面时) <25(用做下面层或基层时)
含泥量（按质量计）/%	<0.5	<1.0	<1.5
泥块含量（按质量计）/%	0	<0.2	<0.5
有机物含量（比色法）	合格	合格	合格
硫化物及硫酸盐（按 SO₃ 质量计）/%	<0.5	<1.0	<1.0
岩石抗压强度/MPa	火成岩≥100MPa；变质岩≥80MPa；水成岩≥60MPa		
表观密度/(kg/m³)	>2500		
松散堆积密度/(kg/m³)	>1350		
空隙率/%	<47		

续表

技术指标	技术要求		
	Ⅰ级	Ⅱ级	Ⅲ级
碱集料反应	经碱集料反应试验后,试件无裂缝、酥裂、胶体外溢等现象,在规定试验龄期的膨胀率应小于0.10%		

表 2-14 路面水泥混凝土用细集料技术要求

技术指标	技术要求		
	Ⅰ级	Ⅱ级	Ⅲ级
机制砂单粒级最大压碎指标/%	<20	<25	<30
氯化物(氯离子质量计)/%	<0.01	<0.02	<0.06
坚固性(按质量损失计)/%	<6	<8	<10
云母(按质量计)/%	<1.0	<2.0	<2.0
天然砂、机制砂含泥量(按质量计)/%	<1.0	<2.0	<3.0[①]
天然砂、机制泥块含泥量(按质量计)/%	0	<1.0	<2.0
机制砂 MB 值<1.4或合格石粉含量(按质量计)/%	<3.0	<5.0	<7.0
机制砂 MB 值≥1.4或合格石粉含量(按质量计)/%	<1.0	<3.0	<5.0
有机物含量(比色法)	合格	合格	合格
硫化物及硫酸盐(按 SO$_3$ 质量计)/%	<0.5	<0.5	<0.5
轻物质(按质量计)/%	<1.0	<1.0	<1.0
机制砂母岩抗压强度	火成岩≥100MPa;变质岩≥80MPa;水成岩≥60MPa		
表观密度	>2500kg/m³		
松散堆积密度	>1350kg/m³		
空隙率	<47%		
碱集料反应	经碱集料反应试验后,试件无裂缝、酥裂、胶体外溢等现象,在规定试验龄期的膨胀率应小于0.10%		

注: 天然Ⅲ级砂用做路面时,含泥量应小于3%;用做贫混凝土基层时,可小于5%。

表 2-15 桥梁粗集料技术要求

技术指标	技术要求		
	Ⅰ	Ⅱ	Ⅲ
碎石压碎值指标/%	<18	<20	<30
卵石压碎值指标/%	<20	<25	<25
坚固性/%	<5	<8	<12
吸水率/%	<1.0	<2.0	<2.5
含泥量/%	<0.5	<1.0	<1.5
泥块含量/%	0	<0.5	<0.7
有机物含量(比色法)	合格	合格	合格
硫化物及硫酸盐/%	<0.5	<1.0	<1.0
岩石抗压强度/MPa	火成岩>80;变质岩>60;水成岩>30		

续表

技术指标	技术要求		
	Ⅰ	Ⅱ	Ⅲ
表观密度/(kg/m³)	>2500		
松散堆积密度/(kg/m³)	>1350		
孔隙率/%	<47		
碱集料反应	经碱集料反应试验后,试件无裂缝、酥裂、胶体外溢等现象,在规定试验龄期的膨胀率应小于0.10%		

表 2-16 桥梁细集料技术要求

技术指标	技术要求			备注
	Ⅰ	Ⅱ	Ⅲ	
云母/%	≤1.0	≤2.0	≤2.0	
轻物质	≤1.0	≤1.0	≤1.0	
有机物	合格	合格	合格	
硫化物及硫酸盐/%	≤1.0	≤1.0	≤1.0	
氯化物	<0.01	<0.02	<0.06	
天然砂含泥量	≤2.0	≤3.0	≤5.0	
泥块含量/%	≤0.5	≤1.0	≤2.0	
亚甲蓝 $MB<1.4$ 或合格	≤5.0	≤7.0	≤10.0	人工砂
亚甲蓝 $MB≥1.4$ 或不合格	≤2.0	≤3.0	≤5.0	人工砂
坚固性(天然砂)硫酸钠溶液法经5次循环后的质量损失/%	≤8.0	≤8.0	≤10.0	
坚固性(人工砂)	<20	<25	<30	人工砂
表观密度/(kg/m³)	>2500			
松散堆积密度/(kg/m³)	>1350			
孔隙率/%	<47			
碱集料反应	经碱集料反应试验后,由砂配制的试件无裂缝、酥裂、胶体外溢等现象,在规定试验龄期的膨胀率应小于0.10%			

2.4 砂石材料试验

2.4.1 石料密度试验

2.4.1.1 试验一 真实密度试验——李氏比重瓶法

(1) 试验目的与适用范围

石料的密度是指在100~110℃下烘至石料矿质单位体积(不包括开口与闭口孔隙体积)的质量。

本方法适用于测定含有水溶性矿物成分岩石的真实密度。

（2）试验步骤

① 粉碎岩石试样成能通过 0.25mm 筛的石粉，过 0.25 筛，收集备用。

② 取大约 100g 的石粉在 105℃±5℃烘箱中加热 6～12h，冷却至室温待用。

③ 煤油注入李氏比重瓶至刻度线内（瓶颈凸包下部），在恒温水浴中保持恒温半小时后，取出比重瓶，以弯液面下沿为准，读取煤油所处刻度 V_1，准确至 0.05mL（下同）。

④ 从干燥器中取出备用粉状石料样品，在天平上准确称出盛样器皿和样品总质量 m_1，精确至 0.001g（下同）。

⑤ 用牛角勺仔细地把石粉样品通过长颈漏斗装入比重瓶中，装填过程中避免石粉粘在瓶颈处。当煤油液面厂升至接近最大刻度处，装填过程结束。先小心晃动比重瓶，将少量黏附在瓶颈上的样品带入瓶中，再挥动比重瓶排出瓶中带进的空气。然后再一次将比重瓶置于恒温水浴中保持恒温半小时，取出读取煤油第二次所处刻度，记作 V_2。

⑥ 将剩余样品连同盛样皿一起在天平上称出质量，记作 m_2：

⑦ 试验结果计算 $\rho_t = \dfrac{m_1 - m_2}{V_1 - V_2}$。计算结果精确至 0.01g/cm³，以两次平行试验结果的算术平均值作为测定值；两次试验结果相差大于 0.02g/cm³ 时，应重新取样试验。

⑧ 注意：装填结束要注意彻底排出瓶中空气，如需要可通过减压抽真空的方式排气。

2.4.1.2　试验二　真实密度试验——比重瓶法

（1）试验目的与适用范围

石料的密度是指在 100～110℃下烘至石料矿质单位体积（不包括开口与闭口孔隙体积）的质量。

本方法适用于不含水溶性矿物成分的石料的密度测定。

（2）试验步骤

① 粉碎岩石试样，获得 0.25mm 的石粉。

② 用四分法取烘干的石粉 m_1 倒入比重瓶（称取时精确至 0.0001g，本试验精度均同），煮沸比重瓶里的悬液。恒温后加入蒸馏水置于恒温水槽中，温度稳定后称其质量 m_2。

③ 倒出悬液，注入蒸馏水，到恒温水箱恒温。温度稳定后，称取其质量 m_3。

④ 试验结果计算 $\rho_t = \dfrac{m_1 \rho_{wt}}{m_1 + m_2 - m_3}$（$\rho_{wt}$ 为 t℃时蒸馏水的密度，g/cm³）。计算结果精确至 0.01g/cm³，以两次平行试验结果的算术平均值作为测定值；两次试验结果相差大于 0.02g/cm³ 时，应重新取样试验。

2.4.1.3　试验三　毛体积密度试验——静水称重法

（1）试验目的与适用范围

试验目的是测定石料在干燥状态下包括孔隙在内的单位体积固体材料的质量。

对于遇水崩解、易溶和有干缩湿胀性的松软石料不宜用静水称量法测定溶液。

（2）试验步骤

① 将待测石料通过切石机或钻石机制成边长 50mm 的立方体试件或直径和高均为 50mm 的圆柱体试件，并用磨平机加工磨平。也可用小锤将石料打成粒径约 50mm 的不规则形状的试件至少 3 块，洗净编号备用。

② 试件在烘箱中加热烘至恒重，经干燥器中冷却至室温后，在天平上称出待测试件在空气中的质量，精确至 0.01g。

③ 将试件放入盛水容器中，通过逐步加水的过程浸泡试件，时间持续约 6h，并维持浸泡状态 48h，确保试件达到充分吸水程度。

④ 采用静水天平称出试件吸饱水后在水中质量 m_1。然后取出已吸饱水的试件，用毛巾擦干试件表面水分后，立即称出饱水状态时的质量 m_2。

⑤ 试验结果计算 $\rho_h = \dfrac{m}{V}$，$V = \dfrac{m_1 - m_2}{\rho_w}$（$\rho_w$ 为水的密度，g/cm^3）。计算结果对于材质均匀的石料，取 3 个试件测试结果的平均值；不均匀的石料分别记录最大和最小值。结果计算精确至 0.01 g/m^3。

2.4.1.4　试验四　毛体积密度试验——蜡封法

（1）试验目的与适用范围

测定石料在干燥状态下包括孔隙在内的单位体积固体材料的质量。

遇水崩解、易溶和有干缩湿胀性的松软石料不宜用静水称量法测定溶液。

（2）试验步骤

① 将试件放入烘箱，在 105℃±5℃ 下烘至恒量，烘干时间一般为 12～24h，取出试件置于干燥器内冷却至室温。

② 从干燥器内取出试件，放在天平上称量试件质量 m，精确至 0.01g。

③ 将石蜡加热熔化，至稍高于熔点，用软毛刷在石料试件表面涂上一层厚度不大于 1mm 的石蜡层，冷却后准确称出涂有石蜡试件的质量 m_1。

④ 将涂有石蜡的试件系于天平上，称出其在水中的质量 m_2。

⑤ 擦干试件表面的水分，在空气中重新称取蜡封试件的质量，检查此时蜡封试件的质量是否大于浸水前的质量 m_1。如超过 0.05g 时，说明试件蜡封不好，水已浸入试件，应取试件重新测定。

⑥ 试验结果计算 $\rho_h = \dfrac{m}{V}$，$V = \dfrac{m_1 - m_2}{\rho_w} - \dfrac{m_1 - m_2}{\rho_p}$（$\rho_p$ 为石蜡的密度，g/cm^3）。取 3 个试件测试结果的平均值，结果计算精确至 0.01 g/m^3。

2.4.2　石料含水率、吸水率及饱水率试验

2.4.2.1　试验一　含水率试验

（1）试验目的与适用范围

测定石料含水率。石料含水率是试件在 105℃±5℃ 下烘干至恒量时所失去水的质量与试件干质量的比值，以百分率表示，含水率试验适用于不含结晶水矿物的石料。

(2) 试验步骤

① 制备好的试件（不宜少于 5 个，质量不少于 40g）称量 m_1，精确至 0.01g。

② 将试件 105℃±5℃ 下烘干至恒量。烘干时间一般为 12～24h。

③ 烘干冷却后的试件称量 m_2，精确至 0.01g。

④ 计算石料含水率 $w = \dfrac{m_1 - m_2}{m_2} \times 100$，精度精确至 0.1%。

2.4.2.2　试验二　吸水率试验

(1) 试验目的与适用范围

测定石料吸水率。吸水率是指在室内常温（20℃±2℃）和大气压下石料的吸水率。

(2) 试验步骤

① 将制备好的试件在 105℃±5℃ 下烘干至恒量，烘干时间一般为 12～24h。

② 烘干冷却后的试件称量 m_1，精确至 0.01g。

② 将称量后的试件置于盛水容器内，先注水至试件高度的 1/4 处，以后每隔 2h 注水至试件高度的 1/2 处和 3/4 处，6h 后将水加至高出试件顶面 20mm 以上，试件全部浸水后自由吸水 48h。

③ 浸水 48h 后的试件用拧干的湿毛巾轻轻擦去试件表面水（不得吸走空隙内的水），立即称量 m_2。

④ 计算石料吸水率 $w_x = \dfrac{m_2 - m_1}{m_1} \times 100$，精度精确至 0.1%。

2.4.2.3　试验三　饱水率试验

(1) 试验目的与适用范围

测定石料饱水率。饱水率是指在常温（20℃±2℃）和真空（真空度为 20mmHg）条件下的最大吸水质量占烘干石料试件质量的百分率。

(2) 试验步骤

① 将制备好的试件在 105℃±5℃ 下烘干至恒量，烘干时间一般为 12～24h。

② 烘干冷却后的试件称量 m_1，精确至 0.01g。

③ 将称量后的试件置于真空干燥器中，注入清水（水面高出试件表面 20mm 以上），在 20mmHg 的真空下保持至无气泡发生为止（不少于 4h），之后关闭抽气机，在水中保持 2h。取出试件用拧干湿毛巾轻轻擦去试件表面水（不得吸走空隙内的水），立即称量质量 m_2，见图 2-6。

④ 计算石料饱水率 $w_y = \dfrac{m_2 - m_1}{m_1} \times 100$，精度精确至 0.1%。

 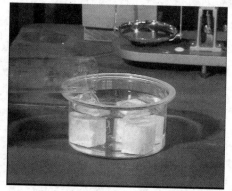

(a) 试件饱水　　　　　　　　　　　(b) 试件饱水24h

图 2-6　直接浸水试验

2.4.3　石料耐候性试验

2.4.3.1　试验一　抗冻性试验

（1）试验目的与适用范围

抗冻性是用来评估岩石在饱和状态下经受规定次数的冻融循环后抵抗破坏的能力。岩石抗冻性对于不同的工程环境气候有不同的要求。冻融次数规定：在严寒地区（最冷月的月平均气温低于−15℃）为 25 次；在寒冷地区（最冷月的月平均气温低于−15～−5℃）为 15 次。寒冷地区也可采用本法进行岩石的抗冻性试验。

（2）试验步骤

① 将试件编号，用放大镜详细检查，并作外观描述。然后量出每个试件的尺寸，计算受压面积。将试件放入烘箱，在 105～110℃下烘至恒量，烘干时间一般为 12～24h，待在干燥器内冷却至室温后取出，立即称其质量 m_s，精确至 0.01g（以下皆同此）。

② 按吸水率试验方法，让试件自由吸水饱和，然后取出擦去表面水分，放在铁盘中，试件与试件之间应留有一定间距。

③ 待冰箱温度下降到−15℃以下时，将铁盘连同试件一起放入冰箱，并立即开始记时。冻结 4h 后取出试件，放入 20℃±5℃的水中融解 4h，如此反复冻融至规定次数为止。

④ 每隔一定的冻融循环次数（如 10 次、15 次、25 次等）详细检查各试件有无剥落、裂缝、分层及掉角等现象，并记录检查情况。

⑤ 称量冻融试验后的试件饱水质量，再将其烘干至恒量，称其质量。并按本规程抗压强度试验方法测定冻融试验后的试件饱水抗压强度，另取 3 个未经冻融试验的试件测定其饱水抗压强度。

（3）试验结果整理

① 按式(2-11)计算石料冻融后的质量损失率，冻融后的质量损失率取 3 个试件试验结果的算术平均值。

② 按式(2-30) 计算岩石冻融后的吸水率，试验结果精确至 0.1%。

$$w'_{sa} = \frac{m'_f - m_f}{m_f} \times 100 \tag{2-30}$$

式中　w'_{sa}——石料冻融后的吸水率，%；

　　　m'_f——冻融试验后的试件饱水质量，g；

　　　m_f——试验后烘干试件的质量，g。

③ 按式(2-10) 计算石料的耐冻系数，试验结果精确至 0.01。

④ 抗冻性记录应包括石料名称、试验编号、试件编号、试件描述、冻融循环次数、冻融试验前后的烘干质量、冻融试验后的试件饱水抗压强度、未经冻融试验的试件饱水抗压强度。

2.4.3.2　试验二　坚固性试验

(1) 试验目的与适用范围

坚固性试验是确定石料试样经饱和硫酸盐溶液多次浸泡与烘干循环后而不发生显著破坏或强度降低的性能，适用于石料坚固性检验。

(2) 试验步骤

① 饱和硫酸盐溶液的配制。约 400g 的无水硫酸钠（或 800g 的结晶硫酸钠）溶解于温度为 30~50℃ 的 1000mL 纯净水中配制而成，搅拌过程中溶液密度在 1151~1174kg/m³。

② 将烘干并已称量过的规则试件 m_s，浸入饱和的硫酸钠溶液中经 20h，取出置于 105℃±5℃ 的烘箱中烘 4h。

③ 然后取出冷却至室温，作为一个循环。从第 2 个循环起，浸泡和烘烤时间均为 4h。

④ 如此重复 5 个循环后，最后用蒸馏水沸煮洗净，烘干至恒重称量其质量 m_f，利用式(2-11) 计算质量损失率，取 3 个试件试验结果的算术平均值，试验结果精确至 0.1%。

2.4.4　石料力学及化学性质试验

2.4.4.1　试验一　单轴抗压强度试验

(1) 试验目的与适用范围

单轴抗压强度试验是测定规则形状石料试件单轴抗压强度的方法，主要用于石料的强度分级和岩性描述。

本法采用饱和状态下的石料立方体（或圆柱体）试件的抗压强度来评定石料强度（包括碎石或卵石的原始石料强度）。

在某些情况下，试件含水状态还可根据需要选择天然状态、烘干状态或冻融循环后状态。试件的含水状态要在试验报告中注明。

(2) 试件制备

① 路面工程用的石料试验，采用圆柱体或立方体试件，其直径或边长和高均为

$50mm\pm2mm$。每组试件共 6 个。

② 桥梁工程用的石料试验，采用立方体试件，边长为 $70mm\pm2mm$。每组试件共 6 个。

（3）试验步骤

① 用游标卡尺量取试件尺寸（精确至 0.1mm），对立方体试件，在顶面和底面上各量取其边长，以各个面上相互平行的两个边长的算术平均值计算其承压面积；对于圆柱体试件，在顶面和底面分别测量两个相互正交的直径，并以其各自的算术平均值分别计算底面和顶面的面积，取其顶面和底面面积的算术平均值作为计算抗压强度所用的截面积。

② 将试件编号后放入盛水容器中进行饱水处理，即三次分步加水，每次间隔 2h，直至高出试件 20nm，浸泡时间不少于 48h。

③ 取出试件，擦干表面水分，观察有无表面缺陷。在压力机上按 $0.5\sim1MPa/s$ 的速率均匀加载。

④ 应用式(2-12)计算单轴抗压强度值，取 6 个试件计算平均值作为抗压强度测定值，如 6 个试件中 2 个与其他 4 个试件平均值相关 3 倍以上时，则取相近的 4 个试件的算术平均值作为抗压强度测定值。

2.4.4.2　试验二　磨耗率试验

（1）洛杉矶法

1）试验目的与适用范围

应用洛杉矶法测定石料的磨耗率，确定石料抵抗冲击、边缘剪力和摩擦的联合作用的性质，用磨耗率来定量描述它，以洛杉矶试验法为标准方法。

2）试验设备

洛杉矶磨耗试验又称搁板式磨耗试验，该试验机是由一个直径为 711mm、长为 508mm 的圆鼓和鼓中一个搁板所组成，见图 2-7。

3）试验步骤

① 将试样用水冲洗干净，置于温度为 $105℃\pm5℃$ 的烘箱中，烘至恒量 G_1，按规定称取试件，装入磨耗机的圆筒中，并加直径为 48mm 的钢球 12 个，每个质量为 $405\sim450g$，总质量为 $5000g\pm50g$，盖好筒盖，将计数器调整至零位。

② 开动磨耗机，以 $30\sim33r/min$ 的转速转动 500r 后停止，取出试样。

图 2-7　洛杉矶磨耗试验机

③ 用直径 2mm 的圆孔筛或边长 1.6mm 的方孔筛，筛去试样中的石屑，用水洗净留在筛上的试样，烘至恒量，并准确称出其质量 G_2。

④ 应用式(2-13)计算磨耗率，取二次平行试验结果的算术平均值为测定值，两次试

验的差值应大于 2%，否则须重做试验。

（2）狄法尔法

1）试验目的与适用范围

适用于无洛杉矶试验设备情况。

2）试验设备

狄法尔磨耗试验机，包括 1～4 个一端封口的空心圆筒，对于粒度介于 4～14mm 之间的粒料，圆筒内直径为 200mm±1mm，有效长度为 154mm±1mm；对于粒度介于 25～50mm 之间的粒料，圆筒内直径为 400mm±2mm，每个圆筒可以用于一个试验，见图 2-8。

图 2-8　狄法尔磨耗试验机

3）试验步骤

① 将称量好的两份试样（每份试样质量 G_1），分别放入磨耗机的两圆筒中，调整计数器到零位。

② 开动磨耗试验机，以 30～33r/min 转速旋转至 10000r 止，取出试样。

③ 用直径 2mm 的圆孔筛或边长 1.6mm 的方孔筛，筛去试样中的石屑，用水冲洗留在筛上的试样，烘至恒量，准确称出其质量 G_2。

2.4.4.3　试验三　酸碱性试验

（1）试验目的与适用范围

用分析纯的碳酸钙作为标准，测定溶液中消耗掉的 H^+ 浓度，石料的酸碱性强弱都与碳酸钙比较，确定石料的酸碱性强弱，适用于石料与沥青组成混合料中石料酸碱性的确定。

（2）试验步骤

① 选择有代表性的石料，清洗后烘干，粉碎过筛，取粒径 0.074mm 过筛后的石料 0.0002g。

② 同时称取同样质量的碳酸钙，分别放入两只烧瓶内，用移液管各加入 0.25mol/L

硫酸溶液 1000mL，随后放入 130℃ 油浴锅中回流煮沸 30min 至完全反应后，冷却至室温。

③ 取出烧瓶中的上层清液，用精密酸度计测定清液中 H^+ 浓度。

④ 根据石料和碳酸钙消耗掉的 H^+ 浓度，计算石料的碱值。

2.4.5 集料密度及吸水率试验

2.4.5.1 试验一 粗集料密度及吸水率试验

（1）试验目的

测定碎石、砾石等多种形式粗集料的密度，包括表观（相对）密度、表干（相对）密度、毛体积（相对）密度等，为计算空隙率和混合料配合比设计提供依据。

（2）试验步骤

① 将待测试样用 4.75mm 的方孔筛或 5mm 的圆孔筛过筛，然后用四分法分成所需的质量，留两份待用。针对沥青路面用粗集料，应对不同规格的集料分别测定，并要求每份试样保持原有的级配。

② 将待测试样浸泡水中一段时间后，小心漂洗干净，漂洗时防止颗粒损失。

③ 取一份试样放入盛水器皿中，注入清水，高出试样至少 20mm，搅动石料，排除其上的气泡。在室温下保持浸水 24h。

④ 将吊篮浸入溢流水槽中，控制水温在 15～25℃。水槽的水面高度由溢流口调节，试验过程始终保持在同一位置。天平调零。

⑤ 将试样转入吊篮，在水面维持不变的状态下，称取集料在水中的质量（m_w）。

⑥ 提起吊篮稍加滴水后，将试样全部倒入瓷盘或直接倒在拧干的湿毛巾上。用拧干的湿毛巾轻轻擦拭集料颗粒表面的水，直到表面看不到发亮的水迹，使石料处在饱和面干状态；当集料颗粒较大时，也可逐颗擦干。整个过程不得有试样颗粒丢失。

⑦ 立即在天平上称出集料在饱和面干时的质量（m_f）。

⑧ 将称重后的试样转入瓷盘中，放入 105℃±5℃ 的烘箱中烘干至恒温，取出在干燥器中冷却至室温，称取试样的烘干质量（m_a）。

⑨ 每个试样平行试验两次，取平均值作为试验的结果。

（3）试验结果

表观相对密度 $\gamma_a = m_a/(m_a - m_w)$，无量纲；

表干相对密度 $\gamma_s = m_f/(m_s - m_w)$，无量纲；

毛体积相对密度 $\gamma_b = m_a/(m_f - m_w)$，无量纲；

集料的吸水率 $w_x = [(m_f - m_a)/m_a] \times 100\%$，准确至 0.01%；

粗集料的表观密度 $\rho_a = \gamma_a \rho_t$ 或 $\rho_a = (\gamma_a - \alpha_T)\rho_w$；

粗集料的表干密度 $\rho_s = \gamma_s \rho_t$ 或 $\rho_s = (\gamma_s - \alpha_T)\rho_w$；

粗集料的毛体积密度 $\rho_{bs} = \gamma_b \rho_t$ 或 $\rho_b = (\gamma_b - \alpha_T)\rho_w$。

其中，m_a 为集料烘干质量；m_w 为集料水中质量；m_f 为集料饱和面干质量；ρ_t 为试

验温度为 $T℃$ 时水的密度，g/cm^3；ρ_w 为水在 4℃时的密度（1.000g/cm^3）；α_T 为试验温度为 $T℃$ 时的水温修正系数，见表 2-17。

表 2-17　不同水温时水的密度及水温修正系数关系表

水温/℃	水的密度 $\rho_t/(g/cm^3)$	水温修正系数 α_T
15	0.99913	0.002
16	0.99897	0.003
17	0.99880	0.003
18	0.99862	0.004
19	0.99843	0.004
20	0.99822	0.005
21	0.99802	0.005
22	0.99779	0.006
23	0.99756	0.006
24	0.99733	0.007
25	0.99702	0.007

试验精度：各种密度试验的重复性精度为两次结果相差不超过 0.02，吸水率不超过 0.2%。

2.4.5.2　试验二　细集料密度及吸水率试验

（1）试验目的与适用范围

测定天然砂、机制砂、石屑等细集料毛体积相对密度与毛体积密度、表观相对密度与表观密度、表干相对密度（饱和面干相对密度）与表干密度及饱和面干状态时的吸水率。

适用于小于 2.36mm 以下的细集料。当含有大于 2.36mm 的成分时，如 0～4.75mm 石屑，宜采用 2.36mm 的标准筛进行筛分，小于 2.36mm 的部分用本方法测定。

（2）试样制备

① 准备试样在湿度为 105℃±5℃的烘箱中烘干至恒重，并在干燥内冷却至室温，分成每份约 1000g 两份备用。

② 称取烘干的试样约 300g(m_0)，装入盛有半瓶蒸馏水的容量瓶中，用做表观密度等试验。

③ 称取烘干的试样约 300g 用做制作饱和面干状态试样约 300g(m_3)。具体制作方法是将细集料装入容器中，注入洁净水，使水面高出试样表面 20mm 左右（测量水温并控制在 23℃±1.7℃），用玻璃棒连续搅拌 5min，以排除气泡，静置 24h，倒去试样上部的水，但不得将细粉部分倒走，并用吸管吸去余水。将试样在盘中摊开，用手提吹风机缓缓吹入暖风，并不断翻拌试样，使集料表面的水在各部位均匀蒸发，达到估计的饱和面干状态。注意吹风过程中不得使细粉损失。然后将试样松散地一次装入饱和面干试模中，用振

捣棒轻捣 25 次，振捣棒端面距试样表面距离不超过 10mm，使之自由落下，捣完后刮平模口，如留有空隙亦不必再装满，从垂直方向徐徐提起试模，如试样保留锥形没有坍落，则说明集料中尚含有表面水，应继续按上述方法用暖风干燥、试验，直至试模提起后试样开始出现坍落为止。如试模提起后试样坍落过多，则说明试样已干燥过分，此时应将试样均匀洒水约 5mL，经充分拌匀，并静置于加盖容器中 30min 后，再按上述方法进行试验，至达到饱和面干状态为止。判断饱和面干状态的标准，对天然砂，宜以"在试样中心部分上部成为 2/3 左右的圆锥体，即大致坍塌 1/3 左右"作为标准状态；对机制砂和石屑，宜以"当移去坍落筒第一次出现坍落时的含水率，即最大含水率作为试样的饱和面干状态"。

(3) 试验步骤

① 取两种制备好的试样。

② 摇转容量瓶，使试样在水中充分搅动以排除气泡，塞紧瓶塞，静置 24h 左右，然后用滴管添水，使水面与瓶颈刻度线平齐，再塞紧瓶塞，擦干瓶外水分，称其总质量 (m_1)。

③ 倒出瓶中的水和试样，将瓶的内外表面洗净，再向瓶内注入与以上水温相差不超过 2℃ 的蒸馏水至瓶颈刻度线，塞紧瓶塞，擦干瓶外水分，称其总质量 (m_2)。

注：在集料的表观密度试验过程中应测量并控制水的温度，试验的各项称量可以在 15～25℃ 的温度范围内进行。但从试样加水静置的最后 2h 起直至试验结束，其温度相差不应超过 2℃。

(4) 试验结果

细集料的表观相对密度 $\gamma_a = m_0/(m_0 + m_1 - m_2)$，无量纲。

细集料的表干相对密度 $\gamma_s = m_3/(m_3 + m_1 - m_2)$，无量纲。

细集料的毛体积相对密度 $\gamma_b = m_0/(m_3 + m_1 - m_2)$，无量纲。

细集料的表观密度、表干密度及毛体积密度计算公式同粗集料试验相关密度计算公式。

细集料的吸水率 $w_x = [(m_3 - m_0)/m_3] \times 100\%$，准确至 0.01%。

毛体积密度及饱和面干密度以两次平行试验结果的算术平均值为测定值，如两次结果与平均值之差大于 0.01g/cm³ 时，应重新取样进行试验。

吸水率以两次平行试验结果的算术平均值作为测定值，如两次结果与平均值之差大于 0.02%，应重新取样进行试验。

2.4.6　集料级配、针片状及含泥量试验

2.4.6.1　试验一　颗粒级配试验

(1) 试验目的

通过筛分试验测定集料的颗粒级配，以便于选择优质骨料，达到节约水泥和改善混凝土性能的目的，并作为混凝土配合比设计和一般使用的依据。

（2）试验步骤

①按规定取样，将试样缩分到略大于表 2-18 规定的质量，烘干或风干后备用。

表 2-18 颗粒级配所需试样质量

最大粒径/mm	9.5	16.0	19.0	26.5	31.5	37.5	63.0	75.0
最少试样质量/kg	1.9	3.2	3.8	5.0	6.3	7.5	12.6	16.0

②按表 2-18 规定数量称取试样一份，精确至 1g。将试样倒入按筛孔大小从上到下组合的套筛（附筛底）上。

③将套筛在摇筛机上筛 10min，取下套筛，按筛孔大小顺序再逐个用手筛，筛至每分钟通过量小于试样总量的 0.1% 为止。通过的颗粒并入下一号筛中，并和下一号筛中的试样一起过筛，直至各号筛全部筛完为止。对大于 19.0mm 的颗粒，筛分时允许用手拨动。

④称出各筛的筛余量，精确至 1g。筛分后，若各筛的筛余量与筛底试样之和超过原试样质量的 1% 时，须重新试验。

（3）试验结果

① 计算各筛的分计筛余百分率（各号筛的筛余量与试样总质量之比），精确至 0.1%。

② 计算各筛的累计筛余百分率（该号筛的分计筛余百分率加上该号筛以上各分计筛余百分率之和），精确至 0.1%。

③ 根据各号筛的累计筛余百分率，评定该试样的颗粒级配。

2.4.6.2 试验二 针、片状颗粒含量试验

（1）试验目的

测定集料的针、片状颗粒含量，评定集料的品质。

（2）主要仪器设备

① 针状规准仪、片状规准仪：见图 2-9 和图 2-10；

② 方孔筛：孔径为 4.75mm、9.50mm、16.0mm、19.0mm、26.5mm、31.5mm 及 37.5mm 的筛各一个；

③ 台秤：称量 10kg，感量 1g。

（3）试验步骤

① 按规定取样，将试样缩分至略大于表 2-19 规定的质量，烘干或风干后备用。

② 按表 2-19 的规定称取试样一份（精确至 1g），然后按表 2-20 所规定的粒级对石子进行筛分。

表 2-19 针、片状颗粒含量试验所需试样质量

最大粒径/mm	9.5	16.0	19.0	26.5	31.5	37.5	63.0	75.0
最少试样质量/kg	0.3	1.0	2.0	3.0	5.0	10.0	10.0	10.0

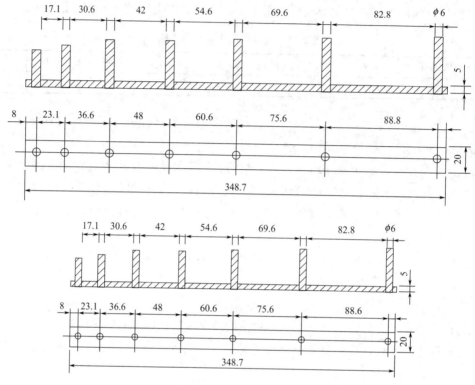

图 2-9　针状规准仪

③ 按表 2-20 规定的粒级分别用规准仪逐粒检验，凡长度大于针状规准仪上相应间距者，为针状颗粒；厚度小于片状规准仪上相应孔宽者，为片状颗粒。称量由各粒级挑出的针、片状颗粒的总量，精确至 1g。

表 2-20　粒级划分及其相应的规准仪孔宽或间距

粒级/mm	4.75～9.50	9.50～16.0	16.0～19.0	19.0～26.5	26.5～31.5	31.5～37.5
片状规准仪相应孔宽/mm	2.8	5.1	7.0	9.1	11.6	13.8
针状规准仪相应间距/mm	17.1	30.6	42.0	54.6	69.6	82.8

（4）试验结果

针、片状颗粒含量按下式计算，精确至 1%。

$$Q_c = (G_2/G_1) \times 100\%$$

式中　Q_c——针、片状颗粒含量，%；

　　　G_1——试样总质量，g；

　　　G_2——针、片状颗粒总质量，g。

2.4.6.3　试验三　含泥量试验

含泥量试验的测定过程分为粗、细集料两种类型。

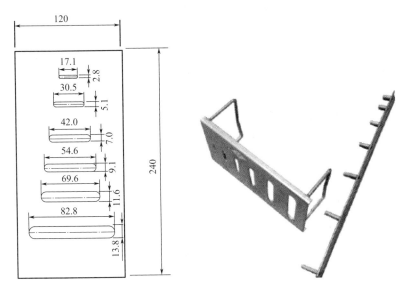

图 2-10　片状规准仪及实物

（1）试验步骤

1）粗集料

① 称取试样一份装入容器内，加水，浸泡 24h，用手在水中淘洗颗粒（或用毛刷洗刷），使尘屑、黏土与较粗颗粒分开，并使之悬浮于水中；缓缓地将浑浊液倒入 1.18mm 及 0.075mm 的套筛上，滤去小于 0.075mm 的颗粒。试验前筛子的两面应先用水湿润。在整个试验过程中，应注意避免大于 0.075mm 的颗粒丢失。

② 再次加水于容器中，重复上述步骤直到洗出的水清澈为止。

③ 用水冲洗余留在筛上的细粒，并将 0.075mm 筛放在水中（使水面略高于筛内颗粒）来回摇动，以充分洗除小于 0.075mm 的颗粒，而后将两只筛上余留的颗粒和容器中已经洗净的试样一并装入浅盘，置于温度为 105℃±5℃ 的烘箱中烘干至恒重，取出冷却至室温，称取试样的质量。

2）细集料

① 将待测砂样品通过四分法缩分至约 1000g，在 105℃烘箱中烘干至恒重，冷却至室温后，称取约 400g 的试样两份备用。

② 取一份试样置于筒中，注入洁净的水，要求水面高出砂样 200mm。充分搅拌均匀，静止 24h。

③ 然后用水充分淘洗砂样，使尘屑、淤泥和黏土与砂粒分离后，小心将浑浊液倒入 1.18mm 和 0.075mm 的套筛上，滤去小于 0.075mm 的部分。重复上述过程直至筒内砂样洗出的水清澈为止。操作过程中要避免砂粒丢失。

④ 用水冲洗留存于筛上的细颗粒，并通过 0.075mm 的筛在水中来回摇动，以保证充分洗除小于 0.075mm 的颗粒。

⑤ 将 1.18mm 和 0.075mm 筛上的存留颗粒和筒中已洗净的试样一同转移到浅盘中，置于 105℃±5℃ 的烘箱中烘干恒重，冷却至室温称重。

（2）试验结果

按公式（2-22）计算含泥量，取两次试验结果的算术平均值，精确至 0.1%。

2.4.7　集料力学性质试验

2.4.7.1　试验一　压碎值试验

（1）粗集料

粗集料压碎值分为水泥混凝土压碎值试验和沥青混凝土压碎值试验两种情况，采用压碎指标测定仪进行测定，见图 2-11。

1）水泥混凝土

① 用 10mm 和 20mm 圆孔标准筛，剔除 10mm 和 20mm 以上的颗粒并用针、片状规准仪挑出针状和片状颗粒。然后准备三份，每份各 3kg 待用。

② 将圆筒置于底盘上，取一份试样分两层装入筒中，每装完一层，在底盘下垫一根 10mm 圆钢筋，按住圆筒左右交替颠击各 25 下。在第二层填好后，要求试样装填高度从底盘量起在 100mm 左右。

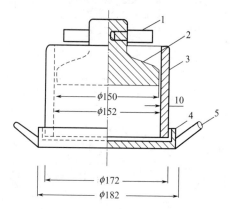

1—把手；2—加压头；3—圆模；4—底盘；5—手把

图 2-11　压碎指标测定仪（单位：mm）

③ 将试样底面整平，压上加压盖，放到压力机上施加荷载，要求在 3～5min 内均匀加荷到 200kN，稳压 5s 后卸载。

④ 倒出筒中试样，称出试验时的总质量。然后用 2.5mm 圆孔筛过筛，筛除被压碎的颗粒，再称出存留在筛上的质量。

2）沥青混凝土

① 风干试样用 13.2mm 和 16mm 标准筛过筛，取 13.2～16mm 的试样 3kg 待用。

② 按大致相同的数量将试样分三层装入金属量筒中，每层用金属棒从集料表面约 50mm 的高度处自由落下，在整个层面均匀夯击 25 次。最后用金属棒将多出部分刮平，称取量筒中试样质量。以此质量作为每次压碎试验所需的试样用量。

③ 试筒安放在底板上，将确定好的试样分三层倒入压碎值试模（每层数量大致相同），并按同样方法捣实，最后将顶层试样整平。

④ 将承压柱压在试样上，注意摆平，勿挤压筒壁。随后放在压力机上。

⑤ 控制压力机操作，均匀地施加荷载，在 10min 时加荷到 400kN。达到要求荷载后，立即卸荷。

⑥ 将筒内试样倒出，全部过 2.36mm 筛，称取通过 2.36mm 筛孔的颗粒质量。

（2）细集料

1）试验目的与适用范围

用于衡量细集料在逐渐增加荷载下抵抗压碎的能力，是衡量细集料力学性质的指标，以评定其在公路工程中的适用性。

2）试验准备

① 风干细集料用 13.2mm 和 9.5mm 标准筛过筛，取 9.5～13.2mm 的试样三级各 3000g，供试验用。如过于潮湿需加热烘干时，烘箱温度不得超过 100℃，烘干时间不超过 4h。试验前，集料应冷却至室温。

② 每次试验的细集料数量应满足按下述方法：夯击后石料在试筒内的深度为 100mm。在金属筒中确定细集料数量的方法如下：将试样分三次（每次数量大体相同）均匀装入试模中，每次均将试样表面整平，用金属棒的半球面端从石料表面上均匀捣实 25 次。最后用金属棒作为直刮刀将表面仔细整平，称取量筒中试样质量。以相同质量的试样进行压碎值的平行试验。

3）试验步骤

① 将试筒安放在底板上。

② 将要求质量的试样分三次（每次数量大体相同）均匀装入试模中，每次均将试样表面整平，用金属棒的半球面端从石料表面上均匀捣实 25 次。最后用金属棒作为直刮刀将表面仔细整平。

③ 将装有试样的试模放到压力机上，同时加压头放入试筒同集料面上，注意使压头摆平勿楔挤试模侧壁。

④ 开动压机，均匀地施加荷载，在 10min 左右的时间内达到总荷载 400kN，稳压 5s 然后卸荷。

⑤ 将试模从压力机上取下，取出试样。

⑥ 用 2.36mm 的标准筛筛分经压碎的全部试样，可分几次筛分，均需筛到在 1min 内无明显的筛出物为止。

⑦ 称取通过 2.36mm 筛孔的全部细集料质量，准确至 1g。以 3 个试样平行试验结果的算术平均值作为压碎值的测定值。

2.4.7.2　试验二　磨光值试验

（1）试验目的与适用范围

利用加速磨光机磨光集料，用摆式摩擦系数测定仪测定集料经磨光后的摩擦系数值，以 PSV 表示，适用于各种粗集料的磨光值测定。

（2）试验准备

① 试验前应按相关试验规程对摆式仪进行检查或标定。

② 将集料过筛，剔除针片状颗粒，取 9.5～13.2mm 的集料颗粒用水洗净后置于温度

105℃±5℃的烘箱中烘干。

③ 将试模拼装并涂上脱模剂（或肥皂水）后烘干。安装试模端板时要注意使端板与磨体齐平（使弧线平滑）。

④ 用清水淘洗小于0.3mm的砂，置于0.5℃±5℃的烘箱中烘干成为干砂。

⑤ 预磨新橡胶轮：新橡胶轮正式使用前要在安装好试件的道路轮上进行预磨，C轮用粗金刚砂预磨6h，然后方能投入正常试验。

（3）试件制备

① 排料。每种集料宜制备6～10块试件，从中挑选4块试件供两次平行试验用。将9.5～13.2mm集料颗粒尽量紧密地排列于试模中（大面、平面向下）。排料时应除去高度大于试模的不合格颗粒。采用4.75～9.5mm的粗集料进行磨光试验时，各道工序需更加仔细。

② 吹砂。用小勺将干砂填入已排妥的集料间隙中，并用洗耳球轻轻吹动干砂，使之填充密实。然后再吹去多余的砂，使砂与试模台阶大致齐平，但台阶上不得有砂。用洗耳球吹动干砂时不得碰动集料，且不使集料试样表面附有砂粒。

③ 配置环氧树脂砂浆。将固化剂与环氧树脂按一定比例（如使用6101环氧树脂时为1∶4）配料、拌匀制成黏结剂，再与干砂按1∶4～1∶4.5的质量比拌匀制成环氧树脂砂浆。

④ 填充环氧树脂砂浆。用小油灰刀将拌好的环氧树脂砂浆填入试模中，并尽量填充密实，但不得碰动集料。然后用热油灰刀在试模上刮去多余的填料，并将表面反复抹平，使填充的环氧树脂砂浆与试模顶部齐平。

⑤ 养护。通常在40℃烘箱中养护3h，再自然冷却9h拆模；如在室温下养护，时间应更长，使试件达到足够强度。有集料颗粒松动脱落，或有环氧树脂砂浆渗出表面时，试件应予废弃。

（4）磨光试验准备

① 试件分组。每轮1次磨14块试件，每种集料为2块试件，包括6种试验用集料和1种标准集料。

② 试件编号。在试件的环氧树脂砂浆衬背和弧形侧边上用记号笔对6种集料编号为1～12，1种集料赋以相邻两个编号，标准试件为13号、14号。

③ 试件安装。将试件排列在道路轮上，其中1号位和8号位为标准试件。试件应将有标记的一侧统一朝外（靠活动盖板一侧），每两块试件间加垫一片或数片1mm厚的橡胶石棉板垫片，垫片与试件端部断面相仿，但略低于试件高度2～3mm，然后盖上道路轮外侧板，边拧螺钉边用橡胶锤敲打外侧板，确保试件与道路轮紧密配合，以避免磨光过程中试件断裂或松动。随后将道路轮安装到轮轴上。

（5）磨光过程

试件的加速磨光应在室温20℃±5℃的房间内进行，分为粗砂磨光和细砂磨光两种情况。

1）粗砂磨光

① 把标记 C 的橡胶轮发装在调整臂上，盖上道路累罩，下面置一积砂盘，给贮水支架上的贮水罐加满水，调节流量阀，使水流暂时中断。

② 准备好 30 号金刚砂粗砂，装入专用贮砂斗，将贮砂斗安装在橡胶轮侧上方的位置上并接上微型电机电源。转动荷载调整手轮，使凸轮转动放下橡胶轮，将橡胶轮的轮辐完全压着道路轮上的集料试件表面。

③ 调节溜砂量：用专用接料斗在出料口接住溜出的金刚砂，同时开始计时，1min 后移出料斗，用天平称出溜砂量，使流量为 $27g \cdot min^{-1} \pm 7g \cdot min^{-1}$，如不满足要求，应用调速按钮或调节贮料斗控制闸板的方法调整。

④ 在控制面板上设定转数为 57600r，按下电源开关启动磨光机开始运转，同时按动粗砂调速按钮，打弄贮砂斗控制闸板，使金刚砂溜砂量控制为 $27g \cdot min^{-1} \pm 7g \cdot min^{-1}$。此时立即调节流量计，使水的流量达 60mL/min。

⑤ 在试验进行 1h 和 2h 时磨光机自动停机（注意不要按下面板上复零按钮和电源开关），用毛刷和小铲清除箱体上和沉在机器底部积砂盘中的金刚砂，检查并拧紧道路轮上有可能松动的螺母，再启动磨光机，至转数显示屏上显示 57600r 时磨光机自动停止，所需的磨光时间约为 3h。

⑥ 转动荷载调整手轮使凸轮托起调整臂，清洗道路轮和试件，除去所有残留的金刚砂。

2）细砂磨光

① 卸下 C 标记橡胶轮，更换为 X 标记橡胶轮，按粗砂磨光①的方法安装。

② 准备好 280 号金刚砂细砂，按粗砂磨光②的方法装入专用贮砂斗。

③ 重复粗砂磨光③的步骤，调节溜砂量使流量为 $3g \cdot min^{-1} \pm 1g \cdot min^{-1}$。

④ 按上述粗砂磨光④的步骤设定转数为 57600 转，开始磨光操作，控制金刚砂溜砂量为 $3g \cdot min^{-1} \pm 1g \cdot min^{-1}$，水的流量达 $60mL \cdot min^{-1}$。

⑤ 将试件磨 2h 后停机和适当清洁，按粗砂磨光⑤的方法检查并拧紧道路轮螺母，然后再启动磨光机至 57600r 时自动停机。

⑥ 按粗砂磨光⑥的方法清理试件及磨光机。

（6）磨光值测定

① 在试验前 2h 和试验过程中应控制室温为 20℃±2℃。

② 将试件从道路轮上卸下并清洗试件，用毛刷清洗集料颗粒的间隙，去除所有残留的金刚砂。

③ 将试件表面向下放在 18～20℃的水中 2h，然后取出试件，按下列步骤用摆式摩擦系数测定仪测定磨光值。

④ 调零。将摆式仪固定在测试平台上，松开固定把手，转动升降把手使摆升高并能自由摆动，然后锁紧固定把手，转动调平旋钮，使水准泡居中。当摆从右边水平位置落下并拨动指针后，指针应指零。若指针不指零，应拧紧或放松指针调节螺母，直至空摆时指

针指零。

⑤ 固定试件。将试件放在测试平台的固定槽内，使摆可在其上面摆过，并使滑溜块居于试件轨迹中心。应使摆工仪摆头滑溜块在试件上的滑动方向与试件在磨光机上橡胶轮的运行方向一致，即测试时试件上做标记的弧形边背向测试者。

⑥ 测试。调节摆的高度，使滑溜块在试件上的滑动长度为 76mm，用喷水壶喷洒清水润湿试件表面（注意：在试验中的任何时刻，试件都应保持湿润）。将摆向右提起挂在悬臂上，同时用左手拨动指针使之与摆杆轴线平行。按下释放开关使摆回落向左运动，当摆达到最高位置后下落时，用左手将摆杆接住，读取指针所指（小度盘）位置上的值，记录测试结果，准确到 0.1。

⑦ 一块试件重复测试 5 次，5 次读数的最大值和最小值之差不得大于 3。取 5 次读数的平均值作为该试件的磨光值读数。

⑧ 1 种集料重复测试 2 次，每次都需同时对标准集料试件进行测试。

2.4.7.3　试验三　冲击值试验

（1）试验目的与适用范围

粗集料冲击试验用以测定路面用粗集料抗冲击的性能，以击碎后小于 2.36mm 部分的质量百分率表示。

（2）试验准备

① 将集料通过 13.2mm 及 9.5mm 的筛，取粒径为 9.5～13.2mm 的部分作为试样。

② 将试样在空气中风干或在温度为 105℃±5℃ 的烘箱中烘干后冷却至室温，试样应不少于 1kg。

（3）试验步骤

① 用铲将集料的 1/3 从量筒上方不超过 50mm 处装入量筒，用捣棒半球形端将集料捣实 25 次，每次捣实应自量筒上方不超过 50mm 处自由落下，落点应在集料表面均匀分布。用同样方法，再装入 1/3 集料并捣实，然后再装入另 1/3 集料并捣实。3 次盛料完成后，用捣棒在容器顶滚动，除去多余的集料，对阻碍捣棒滚动的集料用手除去，并外加集料填满空隙。

② 将量筒中盛满的集料倒入天平中，称取集料质量（准确至 0.1g），以此进行试验。

③ 将冲击试验仪置于试验室坚硬地面上并在仪器底座下放置铸铁垫块，见图 2-12。

④ 将称好的集料倒入仪器底座上的金属冲击杯中，并用捣杆单独捣实 25 次，以便压实。

⑤ 调整锤击高度，使冲击锤在集料表面以上 380mm±5mm。

⑥ 使锤自由落下连续锤击集料 15 次，每次锤击间隔不少于 1s。第一次锤击后对落高不再调整。

⑦ 筛分和称量。将杯中击碎的集料倒置清洁的浅盘上，并用橡胶锤锤击金属杯外面，用硬毛刷刷内表面，直至集料细颗粒全部落在浅盘上为止。将冲击试验后的集料用

图 2-12　冲击试验仪

2.36mm 筛筛分，分别称取保留在 2.36mm 筛上及筛下的石屑质量，准确至 0.1g。若筛上、筛下质量之和与试样质量之差超过 1g，试验无效。

⑧ 用相同质量的试样，进行第二次平等试验。

2.4.7.4　试验四　磨耗值试验

(1) 试验目的与适用范围

测定标准条件下粗集料抵抗摩擦、撞击的能力，以磨耗损失（%）表示，适用于各种等级规格集料的磨耗值试验。

(2) 试验步骤

① 将不同规格的集料用水冲洗干净，置烘箱中烘干至恒重。

② 对所使用的集料，根据实际情况选择最接近的粒级类别，确定相应的试验条件。按规定的粒级组成备料、筛分。其中水泥混凝土用集料宜采用 A 级粒度；沥青路面及各种基层、底基层的粗集料，16mm 筛孔也可以用 13.2mm 筛孔代替。对非规格材料，应根据材料的实际粒度，选择最接近的粒级类别及试验条件，见表 2-21。

表 2-21　粗集料洛杉矶法测定磨耗值试验条件

粒度类别	粒集组成（方孔筛）/mm	试样质量/g	试样总质量/g	钢球数量	钢球总质量/g	转动次数/转	适用的粗集料	
							规格	公称粒径/mm
A	26.5～37.5 19.0～26.5 16.0～19.0 9.5～16.0	1250±25 1250±25 1250±10 1250±10	5000±10	12	5000±25	500		
B	19.0～26.5 16.0～19.0	2500±10 2500±10	5000±10	11	4580±25	500	S_6 S_7 S_8	15～30 10～30 15～25

续表

粒度类别	粒集组成（方孔筛）/mm	试样质量/g	试样总质量/g	钢球数量	钢球总质量/g	转动次数/转	适用的粗集料	
							规格	公称粒径/mm
C	4.75～9.5 9.5～16.0	2500±10 2500±10	5000±10	8	3330±20	500	S_9 S_{10} S_{11} S_{12}	10～20 10～15 5～15 5～10
D	2.36～4.75	5000±10	5000±10	6	2500±15	500	S_{13} S_{14}	3～10 3～5
E	63～75 53～63 37.5～53	2500±50 2500±50 5000±50	10000±100	12	5000±25	1000	S_1 S_2	40～75 40～60
F	37.5～53 26.5～37.5	5000±50 5000±25	10000±75	12	5000±25	1000	S_3 S_4	30～60 25～50
G	26.5～37.5 19～26.5	5000±25 5000±25	10000±50	12	5000±25	1000	S_5	20～40

③ 分级称量（准确至 5g），称取总质量，装入道瑞磨耗试验机圆筒中，见图 2-13。

④ 选择钢球，使钢球的数量及总质量符合规定。将钢球加入钢筒中，盖好筒盖，紧固密封。

⑤ 将计数器调整到零位，设定要求的回转次数，对水泥混凝土集料，回转次数为 500r，对沥青混合料集料，回转次数应符合要求。开动磨耗机，以 30～33r/min 转速转动至要求的回转次数为止。

⑥ 取出钢球，将经过磨耗后的试样从投料口倒入接受容器（搪瓷盘）中。

⑦ 将试样用 1.7mm 的方孔筛过筛，筛去试样中被撞击磨碎的细屑。

⑧ 用水冲干净留在筛上的碎石，置于 105℃±5℃烘箱中烘干至恒重（通常不少于 4h）准确称量。

图 2-13 道瑞磨耗试验机

2.4.8 集料化学性质试验

集料的化学性质试验主要介绍碱骨料反应的试验方法，检测骨料碱活性的方法有岩相法、化学法和砂浆长度法，随后又制订了快速法和岩石圆柱体法等标准方法。

(1) 岩相法

岩相法的基本理论是基于光性矿物学。具体操作是把骨料磨制成薄片，在偏光显微镜下鉴定矿物成分及其含量，以及矿物结晶程度和结构。如显微镜分辨有一定困难时，还可借助于扫描电镜、X 衍射分析、差热分析、红外光谱分析等手段，对矿物作出判断。如鉴定不含有碱活性的岩石或矿物，可判为非活性；如鉴定含有碱活性的矿物成分，则必须用其他试验方法来进一步论证。岩相法是最基本的方法，能够判断骨料中是否含有碱活性的岩石矿物。但这个方法只能定性而不能定量地评估含碱活性的骨料在混凝土中引起破坏的程度。

(2) 化学法

化学法仅仅是反映骨料与碱发生化学反应的能力。由于其反应时间短 (24h)，这种方法对评价高活性的骨料是合适的。但应注意某些矿物如碳酸盐等的干扰，使试验结果产生较大的偏差，特别是对缓慢反应的岩石或者活性微弱的骨料，往往会作出非碱活性的错误结论。

(3) 砂浆长度法

砂浆长度法一直是作为碱活性鉴定的经典方法，1951 年由美国提出并制定了试验标准，并列入许多国家的标准中。此方法使用的水泥，含碱量应大于 0.8%，骨料的级配见表 2-22。水泥与骨料的质量比为 1:2.25。

表 2-22 砂浆长度法骨料级配表

筛孔尺寸/mm	质量百分比/%
5~2.5	10
2.5~1.25	25
1.25~0.63	25
0.63~0.315	25
0.315~0.16	15

1 组为 3 条试件。用水量以测定砂浆流动度 105~120mm 来控制，试件尺寸为 25mm×25mm×285mm。试件在温度 (38±2)℃与相对湿度为 95% 以上的条件下贮存，砂浆棒发生碱-骨料反应膨胀，如试件半年的膨胀率等于或超过 0.1%，则为有危害性的活性骨料，小于 0.1% 为非活性骨料。砂浆长度法作为一个传统的方法，已使用了 40 余年。这种方法对活性较高、反应较快的骨料的检验是适用的，可以判定骨料的碱活性。但对于反应较慢的活性骨料或活性较低的骨料，这种方法往往不能在指定时间内作出准确的判断，因而对这种方法国际上一些专家提出了质疑，特别是英国和日本由于使用该方法所造成的误判，给工程带来了巨大的损失。现在有的国家甚至在本国标准中取消化学法和砂浆长度法。砂浆长度法是膨胀反应的直接观测，有其可取之处，作为碱-骨料反应的试验方法来说，该方法仍是有用的。问题在于反应时间限定在半年期内，往往误导，有必要延长观测时间，作为参考值。

（4）快速法

我国南京化工学院（现南京工业大学）唐明述教授等人在 1983 年提出了小砂浆棒快速法，法国将此方法改进后列入了该国的国家标准 NF P18-588。日本等国也在使用。另一种方法是以南非建筑研究所的（NBRI）R. E. Oberholster 和 G. Davies 在 1986 年首先提出的砂浆棒快速法，美国 ASTM 在 1994 年已将其列为正式标准，日本、加拿大等也将其列入了该国的标准，印度、澳大利亚等一些国家也在使用。下面分别介绍这两种方法。

1）小棒快速法

小棒快速法见中国工程建设标准化协会推荐的《砂、石碱活性快速试验方法》（CECS48：93）。试样粒径为 0.63～0.16mm，与通过外加碱含量达到 1.5% 的硅酸盐水泥混合骨料，水泥与骨料的质量比为 10：1；5：1；2：1，水灰比为 0.3，试件尺寸为 40mm×10mm×10mm。试件成型一天后脱模，并测量基准长度，然后在 100℃ 下蒸养 4h，再浸泡在 150℃，10%KOH 溶液中压蒸 6h，测量其最终长度。试验结果评定在 3 个配比中，用膨胀值最大的一组来评定骨料的活性，如膨胀率大于或等于 0.1%，则为活性骨料，小于 0.1%，则为非活性骨料，试验一次的周期为 3d。

小棒快速法的特点，一是工作量小，操作简便，试验周期短，能够很快对骨料的活性作出判断，可以广泛用来筛选骨料。二是该方法用碱量（超高碱水泥和浸高碱液中反应）超常规的增大，又采取高温-高压的非常态反应路线，它与实际混凝土工程的关系尚缺乏论证。如果用快速法评定的骨料是非活性的，那骨料绝对是安全的，不会产生碱-骨料反应。但国内有些研究者认为，小棒快速法虽不会漏判，却有可能错判。另外这种方法只能测定单一岩石，对天然砂砾石料场中的多种活性骨料的混合料，由于试件太小，测定起来就比较困难。

2）砂浆棒快速法

水灰比为 0.47，养护 24h 后脱模，试件浸水放入密封的塑料筒中，然后放入 80℃ 的恒温水浴箱中。24h 后，在 20℃ 恒温室中测量砂浆棒的基准长度，然后把试件仅浸泡在 1N 的 NaOH 溶液中，放入 80℃ 恒温水浴箱中，观测 3d、7d 和 14d 的砂浆膨胀率。试验的评定标准为，砂浆棒膨胀率小于 0.1%，则骨料是无害的；膨胀率大于 0.2%，则具有潜在有害碱活性；膨胀率在 0.1% 和 0.2% 之间为可疑骨料，需进行其他辅助试验，也可以把试件延至 28d 观测来评估。砂浆棒快速法不仅可以作单一种活性骨料，而且还可以作活性骨料混合料的碱活性评定。

（5）岩石圆柱体法

这种方法是将碳酸盐骨料制成直径 9mm×35mm 的圆柱体，在蒸馏水中浸泡后在 20℃ 恒温室测量初始长度，然后浸泡在 1N 的 NaOH 溶液中，定期测量试件的膨胀率，若 84d 膨胀率大于 0.1%，则骨料具有危害活性，不宜作为混凝土骨料，必要时应从混凝土试验结果作出最后评定。

小　结

1. 介绍石料的岩石学特征，阐述石料与集料的主要技术性能及主要技术标准与要求。

2. 掌握砂石材料的相关试验操作流程及计算方法，介绍石料相关的密度、含水率、吸水率、饱水率、耐候性、力学及化学性质试验，以及集料相关的密度、吸水率、级配、针片状、含泥量、力学及化学性质试验，为后续混凝土配合比设计奠定良好的理论基础。

复习思考题

2-1. 道路工程中哪些工程部位可用石料来修筑？

2-2. 现有两种天然石材，其各自性能检测结果列于下表。是否可根据这些结果，判断哪种石料孔隙率更大？

石材	A	B
真实密度/(g/cm³)	2.8	2.9
毛体积密度/(g/cm³)	2.5	2.6

2-3. 石料毛体积密度的概念及检测的原理是什么？

2-4. 简述石料饱水率与吸水率的区别。

2-5. 石料的抗冻性是什么？如何进行检验？

2-6. 简述石料抗压强度概念及影响因素。

2-7. 简述集料的含水状态。

2-8. 简述粗集料压碎值试验步骤。

2-9. 简述集料的力学性质及试验方法。

2-10. 简述集料级配的定义及确定级配的方法。

第 3 章

水泥

　　土木工程材料中，在一定条件下经过一系列物理化学作用后，能将散粒材料或块状材料黏结成为具有一定强度的整体的材料，统称为胶凝材料。根据胶凝材料的化学组成，可将其分为有机胶凝材料和无机胶凝材料两大类。有机胶凝材料是以天然的或合成的有机高分子化合物为基本成分的胶凝材料，常用的有沥青、各种合成树脂等。无机胶凝材料是以无机化合物为基本成分的胶凝材料，常用的有石灰、石膏、各种水泥等。无机胶凝材料按其硬化时的条件不同，又分为气硬性胶凝材料和水硬性胶凝材料两类。

　　气硬性胶凝材料只能在空气中凝结硬化，也只能在空气中保持和发展其强度，如遇水或潮湿状态下，其强度迅速下降，甚至溃散，常用的有石灰、石膏和水玻璃。气硬性胶凝材料一般只适用于干燥环境，不宜用于潮湿环境与水中。水硬性胶凝材料既能在空气中硬化，又能更好地在水中硬化，保持并继续发展其强度，如遇水或在潮湿状态下，其强度不但不下降，而且还有所上升，例如各种水泥。水硬性胶凝材料既适用于干燥环境，又适用于潮湿环境或水中工程。

3.1　硅酸盐水泥

　　水泥是指加水拌合成塑性浆体后，能胶结砂、石等适当材料并能在空气和水中硬化的粉状水硬性胶凝材料，是土木工程中最常用的矿物胶凝材料。粉末状的水泥加水拌合形成的浆体，不仅能够在干燥环境中凝结硬化，而且能更好地在水中硬化，保持或发展其强度，形成具有堆聚结构的人造石材，故称为水硬性胶凝材料。

　　水泥是目前土木工程建设中最重要的材料之一，它在各种工业与民用建筑、道路与桥梁、水利与水电、海洋与港口、矿山及国防等工程中广泛应用，可用来制作各种混凝土建筑物和构造物，并可用来配置砂浆及其他各种胶结材料。土木工程中应用的水泥品种很多，按化学成分可划分为硅酸盐系水泥、铝酸盐系水泥、硫铝酸盐系水泥和铁铝酸盐系水泥等不同系列。其中，以硅酸盐系水泥的应用最为广泛，常用的水泥主要是通用硅酸盐水泥。通用硅酸盐水泥包括硅酸盐水泥、普通硅酸盐水泥、矿渣硅酸盐水泥、火山灰质硅酸盐水泥、粉煤灰硅酸盐水泥和复合硅酸盐水泥六大品种。其中硅酸盐水泥是最基本的，本节详细介绍硅酸盐水泥。

凡由硅酸盐水泥熟料、0～5%的石灰石或粒化高炉矿渣、适量石膏磨细制成的水硬性胶凝材料，称为硅酸盐水泥。不掺加混合材料的硅酸盐水泥称为Ⅰ型硅酸盐水泥，代号为 P·Ⅰ；掺加不超过水泥质量5%的石灰石或粒化高炉矿渣混合材料的硅酸盐水泥称为Ⅱ型硅酸盐水泥，代号为 P·Ⅱ。

3.1.1　硅酸盐水泥的生产

生产硅酸盐水泥的原料主要是石灰质原料和黏土质原料两大类。石灰质原料主要提供 CaO，有石灰石、凝灰岩、贝壳等。黏土质原料主要提供 SiO_2、Al_2O_3 和少量 Fe_2O_3，有黏土、黄土、页岩、泥岩、粉砂岩、河泥等。如果选用的石灰质原料和黏土质原料按一定比例配合不能满足化学组成要求时，应根据所缺少的组分，掺加相应的校正原料。校正原料有铁质校正原料和硅质校正原料。铁质校正原料有铁矿粉、黄铁矿渣等，主要补充 Fe_2O_3；硅质校正原料有砂岩、粉砂岩等，主要补充 SiO_2。另外还有少量的矿化剂（如萤石）改善煅烧条件。

硅酸盐水泥的生产工艺可分为生料配制、熟料煅烧和成品磨制，简称"两磨一烧"。生料配制主要是把几种原材料按适当比例配合后，在磨机中磨细到规定的细度，并混合均匀，这个过程称为生料配制。熟料煅烧是将配好的生料入窑煅烧，至规定温度生成以硅酸钙为主要成分的硅酸盐水泥熟料。成品磨制是将水泥熟料配以适量石膏（和混合材料），共同在磨机中磨细，即得到水泥。

3.1.2　硅酸盐水泥的矿物组成

硅酸盐水泥的主要熟料矿物组成，见表3-1。

表 3-1　硅酸盐水泥主要熟料矿物组成

矿物成分	化学式	简写	含量/%
硅酸三钙	$3CaO \cdot SiO_2$	C_3S	37～60
硅酸二钙	$2CaO \cdot SiO_2$	C_2S	15～37
铝酸三钙	$3CaO \cdot Al_2O_3$	C_3A	7～15
铁铝酸四钙	$4CaO \cdot Al_2O_3 \cdot Fe_2O_3$	C_4AF	10～18

在以上的主要熟料矿物中，硅酸三钙和硅酸二钙的总含量在70%以上，铝酸三钙与铁铝酸四钙的含量在25%左右，故称为硅酸盐水泥。水泥熟料中除了四种主要矿物成分外，还含有少量游离氧化钙、游离氧化镁和碱类物质，但其总含量一般不超过水泥量的10%。

3.1.3　硅酸盐水泥的水化及凝结硬化

水泥和水拌合后，水泥颗粒表面的矿物成分与水发生化学反应，即水泥的水化，形成具有可塑性的水泥净浆。随着水化反应的进行，水泥浆体逐渐变稠失去塑性，但尚不具有强度，这个过程称为水泥的凝结。随着水化反应的继续进行，凝结的水泥浆开始产生强度并逐渐发展成为坚硬的水泥石固体，这一过程称为水泥的硬化。水泥的凝结和硬化是一个连续的复杂的物理化学变化过程。

（1）硅酸盐水泥的水化

1）硅酸三钙

水泥熟料矿物中，硅酸三钙含量最高，硅酸三钙遇水后能很快与水产生水化反应，水化放热量大，生成水化硅酸钙和氢氧化钙。

$$2(3CaO \cdot SiO_2) + 6H_2O = 3CaO \cdot 2SiO_2 \cdot 3H_2O + 3Ca(OH)_2$$

水化硅酸钙几乎不溶于水，以胶体微粒析出，并逐渐凝聚成为凝胶，具有很高的强度。生成的氢氧化钙在溶液中很快达到饱和，呈六方晶体析出。硅酸三钙的迅速水化，使得水泥的强度很快增长，因此，硅酸三钙通常是决定水泥强度等级高低的最主要矿物。

2）硅酸二钙

硅酸二钙遇水反应较慢，水化放热小，生成水化硅酸钙和氢氧化钙。

$$2(2CaO \cdot SiO_2) + 4H_2O = 3CaO \cdot 2SiO_2 \cdot H_2O + Ca(OH)_2$$

硅酸二钙的水化速度最慢，水化热最小，它对水泥早期强度贡献很小，但对后期强度起主要作用，它是决定水泥后期强度的主要矿物。此外，硅酸二钙耐化学侵蚀性好，干缩小。

3）铝酸三钙

铝酸三钙遇水后反应极快，放热量大而且很集中，生成水化铝酸钙。

$$3CaO \cdot Al_2O_3 + 6H_2O = 3CaO \cdot Al_2O_3 \cdot 6H_2O$$

水化铝酸钙是立方体晶体。铝酸三钙对水泥的凝结起主导作用，其水化产物强度增长很快，一天内就具有强度，三天就能大部分发挥出来，但强度不高，以后几乎不再增长，甚至倒缩。它是决定水泥凝结速度的主要矿物。但铝酸三钙耐化学侵蚀性差，特别是抗硫酸盐性能差，干缩性大。

有石膏存在时，水化铝酸钙会与石膏反应，生成高硫型水化硫铝酸钙针状晶体，也称钙矾石。当石膏消耗完后，部分钙矾石将转变为单硫型水化硫铝酸钙晶体。

4）铁铝酸四钙

铁铝酸四钙遇水时，水化反应也很快，仅次于铝酸三钙，水化放热中等，生成水化硅酸钙及水化铁酸钙。

$$4CaO \cdot Al_2O_3 \cdot Fe_2O_3 + 7H_2O = 3CaO \cdot Al_2O_3 \cdot 6H_2O + CaO \cdot Fe_2O_3 \cdot H_2O$$

其水化产物对抗压强度贡献不大，但抗折强度相对较高，对水泥的抗折强度和耐磨性起重要作用，且耐化学侵蚀性好、干缩性小。

硅酸盐水泥水化后生成的主要水化产物有：水化硅酸钙和水化铁酸钙凝胶、氢氧化钙、水化铝酸钙和水化硫铝酸钙晶体。在完全水化的水泥石中，水化硅酸钙凝胶约占70%，氢氧化钙晶体约占20%，钙矾石和单硫型水化硫铝酸钙晶体约占7%。

四种熟料矿物水化特性各不相同，对水泥的强度、凝结硬化速度及水化热等影响也不同，对各种水泥熟料矿物水化特性进行比较，见表3-2。水泥熟料各种矿物的强度增长曲线，见图3-1。

表 3-2　各种水泥熟料矿物的水化特征

名称	硅酸三钙	硅酸二钙	铝酸三钙	铁铝酸四钙
凝结硬化速度	快	慢	最快	快
28d 水化放热量	大	小	最大	中等
早期强度	高	低	低	低
后期强度	高	高	低	低

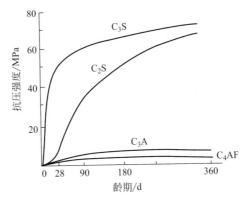

图 3-1　水泥熟料各种矿物的强度增长曲线

（2）硅酸盐水泥的凝结硬化

硅酸盐水泥的凝结硬化实际上是一个连续、复杂的物理化学变化过程。硅酸盐水泥的凝结和硬化过程一般按水化反应速度和物理化学的主要变化，分为四个阶段，见表3-3。

表 3-3　水泥凝结硬化时的几个划分阶段

凝结硬化阶段	一般的放热反应速度	一般的持续时间	主要的物理化学变化
初始反应期	168J/(g·h)	5～10min	初始溶解和水化
潜伏期	4.2J/(g·h)	1h	凝胶体膜层围绕水泥颗粒成长
凝结期	在 6h 内逐渐增加到 21 J/(g·h)	6h	膜层增厚，水泥颗粒进一步水化
硬化期	在 24h 内逐渐增加至降低到 4.2J/(g·h)	6h 至若干年	凝胶体填充毛细孔

1）初始反应期

水泥加水拌合后，水泥颗粒分散在水中，成为水泥浆体。水化反应在水泥颗粒表面剧烈进行，生成的水化物溶于水中。

2）潜伏期

随着水化反应进行，水泥颗粒周围的溶液很快成为水化产物的饱和和过饱和溶液。若水化反应继续进行，水化产物从溶液中析出，附在水泥颗粒表面，形成凝胶膜包裹层，膜层逐渐增厚，阻碍了水泥颗粒与水接触，使水化反应速度减慢。由于水化产物不多，水泥颗粒表面被水化物膜层包裹着，彼此还是互相分离着，此时水泥浆具有可塑性。

3）凝结期

水泥颗粒不断水化，水化物增多，包在水泥颗粒表面的水化物膜层增厚，膜层内部的水化物不断向外突出，导致膜层破裂，水化又重新加速，水泥颗粒间的空隙逐渐缩小，包裹凝胶体的水泥颗粒逐渐接近，在接触点借助范德华力凝结成多孔的空间网络，形成凝聚结构。这种结构不具有强度，在振动作用下会破坏。随着凝聚结构的形成，水泥浆开始失去可塑性，表现为初凝。

4）硬化期

随着水化产物不断增多，凝胶和晶体互相贯穿形成的网状结构不断加强，固相颗粒之间的空隙（毛细孔）不断减少，结构逐渐紧密，使水泥浆体完全失去可塑性，并产生强度，进入硬化期。进入硬化期后，水化速度减慢，水化物随时间增长而逐渐增加，扩展到毛细孔中，结构更加致密，强度相应提高。水泥的硬化期可以延续很长时间，但硅酸盐水泥28d基本表现出大部分强度。

水泥的水化和凝结硬化是从水泥颗粒表面开始，逐渐往水泥颗粒的内核深入进行。开始时水化速度较快，水泥强度增长快；但是由于水化不断进行，堆积在水泥颗粒周围的水化物不断增多，阻碍水和水泥未水化部分的接触，水化减慢，强度增长也逐渐减慢。但无论多久，即使经过几个月甚至几年时间的水化，水泥颗粒内核也很难完全水化。因此，水泥浆体硬化后，形成坚硬的石状物。构成水泥石的结构组分包括：胶体粒子、晶体粒子、凝胶孔、毛细孔、水及未水化的水泥颗粒所组成。水泥水化产物越多，毛细孔越少，则水泥石的强度越高。水泥水化、凝结硬化过程示意图，见图3-2。

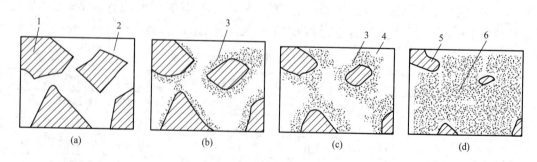

图 3-2 水泥水化、凝结硬化过程示意

（a）分散在水中未水化的水泥颗粒；（b）水泥颗粒表面形成水化物膜层；

（c）膜层长大并互相连接（凝结）；（d）水化物进一步发展，填充毛细孔（硬化）

1—水泥颗粒；2—水分；3—凝胶；4—晶体；5—水泥颗粒的未水化内核；6—毛细孔

（3）影响硅酸盐水泥凝结硬化的因素

硅酸盐水泥的凝结硬化除了与熟料矿物组成、颗粒细度等内在因素有关以外，还与石膏掺量、养护条件、龄期有关。

1）熟料矿物组成

水泥熟料矿物组成是影响水泥凝结硬化的主要内因。一般来讲，熟料中水化速度快的组分含量越多，水泥的水化速度也越快。水泥熟料单矿物的水化速度由快到慢的顺序依次为 $C_3A>C_4AF>C_3S>C_2S$。例如，增加熟料中硅酸三钙和铝酸三钙的相对含量，硅酸盐水泥的凝结硬化速度加快。

2）水泥细度

水泥颗粒的粗细程度将直接影响水泥凝结硬化速度，水泥细度愈细，与水接触时水化反应表面积愈大，水化反应产物增长较快，水化热较多，凝结硬化加速。

3）石膏掺量

水泥中掺入适量石膏，可调节水泥的凝结硬化速度。若不掺石膏，或石膏掺量不足时，凝结硬化速度很快，凝结时间很短，不便使用。加入石膏后，石膏与反应最快的 C_3A 的水化产物——水化铝酸钙作用生成难溶的水化硫铝酸钙，覆盖于未水化的 C_3A 周围，阻止其继续水化，从而延缓水泥的凝结时间，而且还能提高水泥的早期强度。但是，石膏的掺量必须严格控制，如果掺量过多，会促使水泥凝结硬化加快，同时，还会在后期引起水泥石的膨胀而开裂破坏。石膏掺量一般为水泥质量的 3%～5%。

4）养护条件

养护温度对水泥的凝结硬化有明显影响。温度越高，水泥凝结硬化速度越快，早期强度增长快，但是后期强度会有所下降。相反水化反应减慢，强度增长变缓。当温度低于 5℃时，水化硬化大大减慢，当温度低于 0℃，水化反应基本停止。水结冰时还会破坏水泥石的结构。养护湿度是保证水泥水化的一个必备条件，水泥的凝结硬化实质是水泥的水化过程。因此，在缺乏水的干燥环境中，水化反应不能正常进行，硬化也会停止。潮湿环境下的水泥石能够保持足够的水分进行水化和凝结硬化，从而保证强度的不断发展。

5）龄期

水泥的水化是长期不断进行的过程，随着龄期的增长，水泥颗粒内各熟料矿物水化程度不断提高，水化产物不断增加并填充毛细孔，使水泥石强度逐渐提高。一般在前 28d，水化速度较快，强度发展也快，28d 之后显著减慢，90d 之后更为缓慢。从理论上讲，只要维持适当的温度与湿度，水泥的水化将不断进行，其强度增长可持续几个月甚至几十年。

3.1.4　硅酸盐水泥的技术性质

为满足工程建设对水泥性能的要求，国家标准《通用硅酸盐水泥》GB 175—2007 对水泥的各项技术指标做出了明确的规定。

（1）细度

水泥的细度是指水泥颗粒的粗细程度。水泥颗粒越细，其总表面积越大，与水发生水化反应的速度越快，水泥石的早期强度和后期强度越高。但是水泥颗粒过细，早期放热量和硬化收缩较大，成本也较高，存储期较短。颗粒越粗，不利于水泥活性的发挥。因此，水泥的细度要适当。水泥的细度可以用筛析法和比表面积法检验。国家标准规定：硅酸盐水泥细度以比表面积表示，其比表面积不小于 $300m^2/kg$。

（2）凝结时间

水泥的凝结时间分为初凝时间和终凝时间。初凝时间是指水泥加水拌合开始至标准稠度净浆开始失去可塑性所需的时间。终凝时间是指水泥加水拌合开始至标准稠度净浆完全失去可塑性并开始产生强度所需的时间。水泥初凝时间太短，则来不及施工，水泥石结构疏松、性能差，水泥无使用价值；若终凝时间太长，强度增长缓慢，不利于下一道工序及时进行，影响施工进度和周期。国家标准规定，硅酸盐水泥的初凝时间不得早于45min，终凝时间不得迟于390min。

由于用水量的多少会使水泥浆的稠度不同，对水泥凝结时间影响很大，因此，需要先进行标准稠度用水量的测定。标准稠度用水量是指水泥净浆达到标准稠度时的用水量，以拌合水与水泥质量之比的百分数表示。一般硅酸盐水泥的标准稠度用水量为24%～30%之间。国家标准规定水泥凝结时间的测定是以标准稠度的水泥净浆，在规定的温度和湿度条件下，采用凝结时间测定仪进行测定的。

（3）体积安定性

水泥体积安定性是指水泥在凝结硬化后其体积变化的均匀性。如果水泥体积安定性不良，水泥硬化后产生不均匀的体积变化，导致水泥石膨胀开裂。

引起体积安定性不良的原因有以下三个。

① 熟料中含有过多的游离CaO。水泥熟料中所含的游离CaO是过烧的，相当于过火石灰，熟化很慢，通常在水泥的其他成分正常水化硬化并产生强度之后才开始水化，同时放出大量的热，体积膨胀，使已经硬化的水泥石受到膨胀压力导致开裂破坏。

② 熟料中含有过多的游离MgO。水泥中的MgO在水泥凝结硬化后，会与水生成氢氧化镁。该反应比水泥熟料矿物的正常水化反应要缓慢得多，且体积膨胀，会在水泥硬化几个月后导致水泥石开裂。

③ 石膏掺量过多。适量的石膏是为了调节水泥的凝结时间，但当石膏掺量过多时，水泥硬化后，石膏还会继续和固态水化铝酸钙发生反应，生成高硫型水化硫铝酸钙（钙矾石），体积增大1.5倍，引起水泥石开裂。

由游离氧化钙引起的水泥安定性不良，沸煮能加速氧化钙水化的作用，国家标准采用沸煮法检验水泥的体积安定性，沸煮法合格即为体积安定性合格。测试方法可以用试饼法，也可以用雷氏夹法，有争议时以雷氏夹法为准。对于游离氧化镁在压蒸条件下才能加速熟化，将水泥净浆试件置于一定压力的湿热条件下，检验其变形和开裂性能。而石膏的危害则需要长期在常温水中才能发现，后两者均不便于快速检验，所以通常在水泥生产中对其含量进行严格控制。国家标准规定，硅酸盐水泥中游离氧化镁含量不得超过 5.0%，三氧化硫含量不得超过 3.5%，以控制水泥的体积安定性。

（4）水泥的强度与强度等级

水泥的强度是评价水泥质量的重要指标，也是划分水泥强度等级的依据。水泥的强度是指水泥胶砂硬化试体所能承受外力破坏的能力。国家标准规定，水泥、标准砂和水按 $1：3：0.5$ 的比例，按规定方法制成 $40mm \times 40mm \times 160mm$ 的标准试件，在标准温度 $20℃ \pm 1℃$ 的水中养护，分别测定其在 3d 和 28d 的抗压强度值与抗折强度值。根据强度测定结果，将硅酸盐水泥分为六个强度等级，见表 3-4。其中 R 代表早强型水泥。

表 3-4　硅酸盐水泥的强度要求（GB 175—2007）

强度等级	抗压强度/MPa		抗折强度/MPa	
	3d	28d	3d	28d
42.5	≥17.0	≥42.5	≥3.5	≥6.5
42.5R	≥22.0		≥4.0	
52.5	≥23.0	≥52.5	≥4.0	≥7.0
52.5R	≥27.0		≥5.0	
62.5	≥28.0	≥62.5	≥5.0	≥8.0
62.5R	≥32.0		≥5.5	

（5）水化热

水化热是指水泥在水化过程中所放出的热量。大部分水化热是在水化初期（7d 内）放出的，以后则逐步减少。水化放热量和放热速度不仅取决于水泥的矿物成分，还与水泥的细度、水泥中掺入混合材料及外加剂的品种和数量等有关。水泥水化热量的多少和放热速度取决于铝酸三钙和硅酸三钙的含量。一般来说，水化放热量越大，放热速度也越快。

水泥的水化热对大体积混凝土工程是不利的，水化热积蓄在内部不易散发，而使混凝土内外温差过大，形成温度应力，使混凝土产生裂缝，因此应选用低热水泥。若使用水化热高的水泥施工时，应采取必要的降温措施。

（6）碱含量

指水泥中的碱性氧化物的含量。当水泥中的碱含量过高时，碱物质会与骨料中的活性成分（如 SiO_2）反应生成膨胀性的碱硅酸凝胶，引起混凝土膨胀破坏，这种现象称为"碱-骨料反应"，造成工程危害。国家规定水泥中的碱含量按（$Na_2O + 0.685K_2O$）计算值来表示，若使用活性骨料，则水泥中的碱含量不得大于 0.6% 或供需双方协商。

国家标准规定，凡水泥的凝结时间、体积安定性、强度中的任一项检验结果不符合标准规定均为不合格品。

3.1.5　水泥石的腐蚀与防止

硅酸盐水泥硬化后，在通常使用条件下，有较好的耐久性，但在某些腐蚀性介质的作用下，水泥石结构会逐渐发生变化或受到损害，导致性能改变、强度下降和耐久性降低。这种现象称为水泥石的腐蚀。水泥石抵抗这种作用而保持不变的能力称为耐腐蚀性。

根据腐蚀原因的不同，腐蚀包括以下四类。

(1) 软水腐蚀

软水是指水中重碳酸盐含量较小的水。雨水、雪水、工厂冷凝水及相当多的河水、江水、湖泊水等都属于软水。当水泥石长期处于软水中，由于水泥石中的 $Ca(OH)_2$ 微溶于水，$Ca(OH)_2$ 首先被溶出，在静水及无水压情况下，溶出仅限于表层，对整个水泥石影响不大。但在流水及压力水作用下，溶出的 $Ca(OH)_2$ 不断被流水带走，水泥石中的 $Ca(OH)_2$ 不断溶出，使孔隙率不断增加，侵蚀也就不断地进行。同时由于水泥石中 $Ca(OH)_2$ 浓度的降低，还会使其他水化物分解，引起水泥石的结构破坏和强度下降。

当环境水中含有较多的重碳酸盐，即水的硬度较高时，重碳酸盐会与水泥石中的 $Ca(OH)_2$ 作用反应生成几乎不溶于水的碳酸钙（$CaCO_3$）或碳酸镁（$MgCO_3$），$CaCO_3$ 或 $MgCO_3$ 几乎不溶于水，积聚在水泥石的表面的孔隙内，阻碍了外界水的侵入和 $Ca(OH)_2$ 的继续溶出，使侵蚀作用停止。

(2) 盐类腐蚀

盐类腐蚀主要为硫酸盐和镁盐腐蚀。

1) 硫酸盐腐蚀

在海水、湖水、地下水及工业污水中，常含有较多的硫酸根离子，与水泥石中的氢氧化钙反应，生成硫酸钙。硫酸钙再与水泥石中的固态水化铝酸钙作用生成高硫型水化硫铝酸钙，生成的高硫型水化硫铝酸钙含有大量结晶水，体积增加 1.5 倍，引起水泥石开裂破坏。由于生成的高硫型水化硫铝酸钙属于针状晶体，其危害作用很大，通常称为"水泥杆菌"。

当水中硫酸盐浓度较高时，硫酸钙将在孔隙中直接结晶成二水石膏，使体积膨胀，从而导致水泥石破坏。

2) 镁盐腐蚀

在海水及地下水中，常含有大量的镁盐，主要是硫酸镁和氯化镁。与氢氧化钙反应，生成氢氧化镁和硫酸钙或氯化钙，生成的氢氧化镁松软而无胶结能力，氯化钙易溶于水，二水石膏还可能引起硫酸盐侵蚀作用，造成双重腐蚀作用。

(3) 酸类腐蚀

在一些工业废水、地下水和沼泽水中，含有无机酸或有机酸。水泥石中的水化物都是碱性化合物，与碳酸、盐酸、硫酸、醋酸、蚁酸等酸反应生成的化合物，或者易溶于水，或者体积膨胀，在水泥石内造成内应力而导致破坏。另外，$Ca(OH)_2$ 浓度的降低，会导致水泥石中其他水化物的分解，使腐蚀作用加剧。

(4) 强碱腐蚀

碱类溶液（$NaOH$、KOH）在浓度不大时一般都是无害的，当浓度较大且水泥中铝酸钙含量较高时，强碱会与水泥进行如下反应而产生腐蚀：

$$3CaO \cdot Al_2O_3 + 6NaOH = 3Ca(OH)_2 + 3Na_2O \cdot Al_2O_3$$

生成的铝酸钠（$Na_2O \cdot Al_2O_3$）极易溶解于水，造成水泥石腐蚀。当水泥石受到干湿交替作用时，进入到水泥石中的 NaOH 会与空气中的 CO_2 作用生成 Na_2CO_3，并在毛细孔隙内结晶成 $Na_2CO_3 \cdot 10H_2O$ 析出，使水泥石胀裂。

除上述腐蚀类型外，对水泥石有腐蚀作用的还有一些其他物质，如糖、氨盐、动物脂肪、含环烷酸的石油产品等。

（5）腐蚀的防止

水泥石的腐蚀是一个极为复杂的物理化学作用过程，它在遭受腐蚀时，很少仅有单一的侵蚀作用，往往是几种作用同时存在，互相影响。产生腐蚀的原因有内因和外因两种。

内因：水泥石内存在引起腐蚀的组成成分，如 $Ca(OH)_2$ 和水化铝酸钙等；水泥石结构不密实，存在原始裂缝和孔隙，为腐蚀性介质侵入提供了通道。

外因：环境中腐蚀性介质的存在，如软水、酸、碱、盐的水溶液等。

为了防止水泥石受到腐蚀，可采用下列防止措施。

① 根据使用环境条件，合理选用水泥品种，降低水泥石中不稳定组分的含量，如防止软水侵蚀可选用水化产物中 $Ca(OH)_2$ 含量较少的水泥，防止硫酸盐腐蚀可选用铝酸三钙含量较少的抗硫酸盐水泥；

② 提高水泥石的密实度，减少腐蚀性介质的通道，如降低水灰比、选择良好级配的骨料、掺加外加剂等；

③ 设置保护层，当侵蚀作用较强时，可在混凝土及砂浆表面加上耐腐蚀性高而且不透水的保护层，如耐酸石料、耐酸陶瓷、玻璃、塑料、沥青等，隔断侵蚀性介质与水泥石的接触，避免或减轻侵蚀作用。

3.1.6 硅酸盐水泥的特性与应用

硅酸盐水泥是常用的水泥品种之一，与其他水泥相比，具有独特的性能特点和应用条件。

① 凝结硬化快、强度高。早期及后期强度均高，适用于早期强度要求高的工程，如冬季施工、高强混凝土工程和预应力混凝土工程等。

② 抗冻性好。适合水工混凝土和抗冻性要求高的工程。

③ 耐腐蚀性差。因水化后氢氧化钙和水化铝酸钙的含量较多，不适用与有腐蚀介质的环境。

④ 水化热高。不宜用于大体积混凝土工程，但有利于低温季节蓄热法施工。

⑤ 抗碳化性好。因水化后 $Ca(OH)_2$ 含量较多，故水泥石的碱度不易降低，对钢筋的保护作用强，适用于空气中 CO_2 浓度高的环境。

⑥ 耐热性差。因水化后 $Ca(OH)_2$ 含量高，不适用于承受高温作用的混凝土工程。

⑦ 耐磨性好。适用于高速公路、道路和地面工程。

3.2　掺混合材料的硅酸盐水泥

3.2.1　水泥混合材料

水泥混合材料是指在水泥生产过程中，为改善水泥性能、调节水泥强度等级，同时达到增加产量、扩大品种和降低成本等目的，而加入到水泥中的人工或天然矿物质材料。在硅酸盐水泥中加入一定的混合材料，不仅具有显著的技术经济效益，而且可以充分利用工业废料，节能环保。根据混合材料的性能，水泥混合材料可分为活性混合材料和非活性混合材料两大类。

（1）活性混合材料

活性混合材料是指具有火山灰性或潜在水硬性的混合材料。火山灰性是指一种材料磨成细粉，单独不具有水硬性，但在常温下与石灰混合后能形成具有水硬性化合物的性能。常用的活性混合材料有粒化高炉矿渣、火山灰质混合材料和粉煤灰等。

1）粒化高炉矿渣

粒化高炉矿渣是指将炼铁高炉中的熔融矿渣经水淬等方式急速冷却而形成的松软颗粒，又称水淬高炉矿渣。其粒径一般为 0.5～5mm，主要的化学成分是 CaO、SiO_2 和 Al_2O_3，占 90%以上。快速冷却的目的在于阻止其中的矿物成分结晶，使其在常温下成为不稳定的玻璃态结构，呈疏松颗粒，从而具有较高的活性。粒化高炉矿渣中的活性成分，一般认为是活性氧化硅和活性氧化铝，即使在常温下也可与氢氧化钙起作用而具有强度。在含氧化钙较高的碱性矿渣中，因其中还含有硅酸二钙等成分，故本身具有弱水硬性。

2）火山灰质混合材料

火山灰质混合材料是具有火山灰性的天然或人工矿物质材料的总称，其特点是将它们磨成细粉，单独加水拌合时并不硬化，但与石灰混合后再加水拌合，则不仅能在空气中硬化，而且能在水中继续硬化。因最初发现火山灰具有这样的性质，所以称为火山灰性。该类活性混合材料的化学成分均以 SiO_2 和 Al_2O_3 为主，其含量在 70%以上。火山灰质混合材料品种很多，主要有天然的硅藻、硅藻石、蛋白石、火山灰、凝灰岩、浮石、烧黏土以及工业废渣中的煅烧煤矸石、煤渣等。

3）粉煤灰

粉煤灰是火力发电厂以煤粉为燃料，燃烧后从烟气中收集下来的粉状物，其粒径一般为 0.001～0.05mm，呈玻璃态实心或空心的球状颗粒，表面比较致密。粉煤灰的化学成分主要是活性 SiO_2 和 Al_2O_3 为主，应属于火山灰质混合材料中的火山玻璃质类，所以有时把它归入火山灰质混合材料。

（2）非活性混合材料

非活性混合材料是指不具有活性或活性很小的人工及天然矿物质材料，又称填充材料，它与水泥矿物成分或水化产物不起化学反应或反应甚微，掺入水泥中主要起调节水泥强度等级、增加水泥产量、降低生产成本和减小水化热等作用。常用的有磨细石英砂、石灰石粉、黏土及磨细的块状高炉矿渣与炉灰等。

(3) 活性混合材料的作用

活性混合材料的矿物成分主要是活性 SiO_2 和 Al_2O_3，它们与水拌合后，本身不会硬化或硬化极为缓慢，强度很低。但是在 $Ca(OH)_2$ 溶液中，能产生水化反应，而在饱和的氢氧化钙溶液中水化更快，生成具有胶凝性的水化硅酸钙和水化铝酸钙。

$$x Ca(OH)_2 + SiO_2 + m H_2O \Longrightarrow x CaO \cdot SiO_2 \cdot (x+m) H_2O$$

$$y Ca(OH)_2 + Al_2O_3 + n H_2O \longrightarrow y CaO \cdot Al_2O_3 \cdot (y+n) H_2O$$

式中，x 和 y 值取决于混合材料的种类、石灰和活性氧化物的比例、环境温度及反应延续的时间等，一般为 1 或稍大；m 和 n 值一般为 1～2.5。

当有石膏存在时，水化铝酸钙还可以和石膏进一步反应生成水化硫铝酸钙。水化硫铝酸钙具有相当高的强度。由此可见，是氢氧化钙和石膏激发了混合材料的活性，故称它们为活性混合材料的激发剂。激发剂浓度越高，激发作用越大，混合材料活性发挥越充分。常用的激发剂有碱性激发剂和硫酸盐激发剂两类。一般用作碱性激发剂的是石灰和能在水化时析出氢氧化钙的硅酸盐水泥熟料。硫酸盐激发剂有二水石膏或半水石膏，并包括各种化学石膏。硫酸盐激发剂的激发作用必须在有碱性激发剂的条件下，才能充分发挥。

通常将水泥中活性混合材料参与的水化反应称为二次水化反应或二次反应。二次反应的速度较慢，水化放热量很低，反应消耗了部分水泥石中易受腐蚀的 $Ca(OH)_2$，活性 SiO_2 和 Al_2O_3 与 $Ca(OH)_2$ 作用后，减少了水泥水化产物 $Ca(OH)_2$ 的含量，相应提高了水泥石的抗腐蚀性能。

3.2.2 普通硅酸盐水泥

普通硅酸盐水泥，是由硅酸盐水泥熟料、适量石膏和最大掺量不超过 20% 的活性混合材料磨细制成的水硬性胶凝材料，简称普通水泥，代号为 P·O。普通硅酸盐水泥中的硅酸盐水泥熟料和石膏含量为 80%～95%，混合材料（粒化高炉矿渣、火山灰质混合材料或粉煤灰）掺量为 5%～20%，其中允许用不超过水泥质量 8% 且符合标准的非活性混合材料或不超过水泥质量 5% 且符合标准的窑灰代替。

普通硅酸盐水泥初凝时间不得早于 45min，终凝时间不得迟于 600min。普通硅酸盐水泥划分为 4 个强度等级，见表 3-5。其他技术要求同硅酸盐水泥。

表 3-5　普通硅酸盐水泥的强度要求（GB 175—2007）

强度等级	抗压强度/MPa		抗折强度/MPa	
	3d	28d	3d	28d
42.5	≥17.0	≥42.5	≥3.5	≥6.5
42.5R	≥22.0		≥4.0	
52.5	≥23.0	≥52.5	≥4.0	≥7.0
52.5R	≥27.0		≥5.0	

普通硅酸盐水泥中含有少量的混合材料，大部分成分仍是硅酸盐水泥熟料，所以技术性质与硅酸盐水泥基本相同。但是由于掺加了混合材料，与硅酸盐水泥相比，早期硬化速度稍慢，抗冻性与耐磨性能也略差。在应用范围方面，与硅酸盐水泥相同，广泛用于各种混凝土或钢筋混凝土工程，是我国的主要水泥品种之一。

3.2.3 矿渣、火山灰质、粉煤灰和复合硅酸盐水泥

（1）矿渣硅酸盐水泥

矿渣硅酸盐水泥是由硅酸盐水泥熟料、粒化高炉矿渣和适量石膏磨细制成水硬性胶凝材料，简称矿渣水泥，代号 P·S。粒化高炉矿渣掺量占水泥质量 20%～70%。矿渣水泥分为 A 型和 B 型，A 型矿渣掺量为水泥质量的 20%～50% 之间，代号为 P·S·A。B 型矿渣掺量为水泥质量的 50%～70% 之间，代号为 P·S·B。其中允许用不超过水泥质量 8% 且符合标准的活性混合材料或非活性混合材料或窑灰中的任一种材料代替。

（2）火山灰质硅酸盐水泥

火山灰质硅酸盐水泥由硅酸盐水泥熟料、火山灰质混合材料和适量石膏磨细制成的水硬性胶凝材料，简称火山灰水泥，代号 P·P。火山灰质混合材料掺量占水泥质量 20%～40%。

（3）粉煤灰硅酸盐水泥

粉煤灰硅酸盐水泥由硅酸盐水泥熟料、粉煤灰和适量石膏磨细制成的水硬性胶凝材料，简称粉煤灰水泥，代号 P·F。粉煤灰掺量占水泥质量 20%～40%。

（4）复合硅酸盐水泥

复合硅酸盐水泥分别是由硅酸盐水泥熟料、两种或两种以上混合材料（粒化高炉矿渣、火山灰质混合材料、粉煤灰）和适量石膏磨细制成的水硬性胶凝材料，简称复合水泥，代号 P·C。其中允许用不超过水泥质量 8% 且符合标准的窑灰代替。掺矿渣时混合材料掺量不得与矿渣硅酸盐水泥重复。

矿渣、火山灰质、粉煤灰和复合硅酸盐水泥初凝时间均不得早于 45min，终凝时间均不得迟于 600min。强度等级划分，见表 3-6 和表 3-7。

表 3-6 矿渣、火山灰质、粉煤灰硅酸盐水泥的强度要求 （GB 175—2007）

品种	强度等级	抗压强度/MPa		抗折强度/MPa	
		3d	28d	3d	28d
矿渣硅酸盐水泥 火山灰质硅酸盐水泥 粉煤灰硅酸盐水泥	32.5	≥10.0	≥32.5	≥2.5	≥5.5
	32.5R	≥15.0		≥3.5	
	42.5	≥15.0	≥42.5	≥3.5	≥6.5
	42.5R	≥19.0		≥4.0	
	52.5	≥21.0	≥52.5	≥4.0	≥7.0
	52.5R	≥23.0		≥4.5	

表 3-7　复合硅酸盐水泥的强度要求（GB 175—2007）

品种	强度等级	抗压强度/MPa		抗折强度/MPa	
		3d	28d	3d	28d
复合硅酸盐水泥	32.5R	≥15.0	≥32.5	≥3.5	≥5.5
	42.5	≥15.0	≥42.5	≥3.5	≥6.5
	42.5R	≥19.0		≥4.0	
	52.5	≥21.0	≥52.5	≥4.0	≥7.0
	52.5R	≥23.0		≥4.5	

　　粒化高炉矿渣、火山灰质混合材料和粉煤灰等活性混合材料在水泥中表现出相似的活性，因此掺入活性混合材料的水泥有许多如下共同的性质。

　　① 水化热小。由于熟料含量少，因而水化放热量少，适用于大体积混凝土工程。

　　② 早期强度低，后期强度发展较快。由于熟料矿物比硅酸盐水泥少得多，且二次水化反应比较慢，因此凝结硬化速度较慢，早期（3～7d）强度低，但后期由于二次水化反应不断进行及熟料的继续水化，水化产物不断增多，强度可赶上甚至超过同强度等级的硅酸盐水泥或普通硅酸盐水泥。因此，这四种水泥不宜用于早期强度要求高的工程。

　　③ 对温度敏感性大，适合高温养护。混合材料的二次水化反应在低温下水化速度较慢，强度较低。采用高温蒸汽养护等湿热处理，可显著提高早期强度，且不影响常温下后期强度的发展。

　　④ 抗腐蚀性高。由于熟料矿物相对较少，硬化水泥石中氢氧化钙、水化铝酸钙少，且活性混合材料的二次水化反应使氢氧化钙数量进一步降低，使得水泥抵抗软水等侵蚀的能力提高，适用于水工、海工及受化学侵蚀作用的工程。

　　⑤ 抗碳化性能差。硬化水泥石的氢氧化钙含量少，碱度降低，故抗碳化性能较差，不宜用于二氧化碳浓度高的环境中，但是一般工业与民用建筑中，它们对钢筋仍具有良好的保护作用。

　　⑥ 抗冻性、耐磨性差。矿渣和粉煤灰易泌水形成连通或粗大孔隙，火山灰一般需水量大，水分蒸发后孔隙较多，导致抗冻性和耐磨性均较差，故不适用于受冻融作用的混凝土工程和有耐磨要求的混凝土工程。

　　除了以上共性外，四种通用硅酸盐水泥由于掺入的混合材料不同而各自具有一些独特的性能与用途。

　　① 矿渣硅酸盐水泥泌水性与干缩性大，耐热性好。

　　由于粒化高炉矿渣掺量较多，磨碎矿渣有尖锐棱角，所以标准稠度用水量大，矿渣亲水性小，保水性差，容易泌水，形成毛细管通道，干燥后失水收缩大，易产生裂纹，应加强保湿养护，不宜用于有抗渗要求的混凝土工程。矿渣本身是高温形成的耐火材料，故矿渣水泥的耐热性好，可用于受热（200℃以下）的混凝土工程。

② 火山灰质硅酸盐水泥干缩大，耐磨性差，抗渗性高。

火山灰质混合材料颗粒较细，需水量大，干燥后收缩大，易产生裂纹；干燥环境中表面易"起粉"，不宜用于干燥环境及有耐磨性要求的工程。火山灰材料颗粒细、保水性好，并且水化后能形成较多的水化硅酸钙凝胶使水泥石结构密实，从而具有较高的抗渗性和耐水性，可优先用于有抗渗要求的混凝土工程。

③ 粉煤灰硅酸盐水泥干缩小，抗裂性高。

粉煤灰是表面致密的球形颗粒，比表面积小，吸附水的能力小，因而流动性好，拌合需水量少，水泥的干缩较小，抗裂性高。但球形颗粒保水性差，泌水较快，若养护不当易产生失水裂纹，因而不宜用于干燥环境和有耐磨性要求的混凝土工程。另外，致密的粉煤灰球形颗粒水化较慢，活性主要在后期发挥，因此粉煤灰水泥的早期强度、水化热比矿渣水泥和火山灰水泥还要低，特别适用于大体积混凝土工程。

④ 复合硅酸盐水泥特性取决于所掺入各种混合材料的种类、掺量及相对比例。

由于掺入了两种或两种以上的混合材料，可以相互取长补短，比掺单一混合材料的水泥性能优异。其早期强度接近于普通水泥，而其他性能优于矿渣水泥、火山灰水泥和粉煤灰水泥，因而适用范围广。

3.2.4　通用硅酸盐水泥的选用

硅酸盐水泥、普通硅酸盐水泥、矿渣硅酸盐水泥、火山灰质硅酸盐水泥、粉煤灰硅酸盐水泥及复合硅酸盐水泥是土木工程中广泛使用的六大水泥品种。六大水泥的选用范围汇总见表3-8。

表3-8　常用硅酸盐水泥的选用

混凝土工程特点及所处环境条件		优先选用	可以选用	不宜选用
普通混凝土	在普通气候环境中的混凝土	普通水泥	矿渣水泥、火山灰质水泥、粉煤灰水泥、复合水泥	
	在干燥环境中的混凝土	普通水泥	矿渣水泥	火山灰质水泥、粉煤灰水泥
	在高温、高湿环境中或长期处于水中的混凝土	矿渣水泥、火山灰质水泥、粉煤灰水泥、复合水泥	普通水泥	
	厚大体积混凝土	矿渣水泥、火山灰质水泥、粉煤灰水泥、复合水泥	普通水泥	硅酸盐水泥

续表

混凝土工程特点及所处环境条件		优先选用	可以选用	不宜选用
有特殊要求的混凝土	有快硬、高强要求的混凝土	硅酸盐水泥	普通水泥	矿渣水泥、火山灰质水泥、粉煤灰水泥、复合水泥
	严寒地区的露天混凝土、寒冷地区处于水位升降范围内的混凝土	普通水泥	矿渣水泥	火山灰质水泥、粉煤灰水泥
	严寒地区处于水位升降范围内混凝土	普通水泥		矿渣水泥、火山灰质水泥、粉煤灰水泥、复合水泥
	有抗渗要求的混凝土	普通水泥、火山灰质水泥		矿渣水泥
	有耐磨性要求的混凝土	硅酸盐水泥、普通水泥	矿渣水泥	火山灰质水泥、粉煤灰水泥
	受侵蚀性介质作用的混凝土	矿渣水泥、火山灰质水泥、粉煤灰水泥、复合水泥		硅酸盐水泥、普通水泥

3.2.5 通用硅酸盐水泥的运输与存储

水泥在运输和存贮过程中，不得受潮，不得混入杂物，应按不同标号、品种及出厂日期分别贮运。即使在良好的存贮条件下，存贮时间也不宜过长，因为水泥会吸收空气中的水分和二氧化碳，水泥颗粒表面会发生部分水化和碳化反应，使水泥的胶结能力及强度下降。

水泥在正常存贮条件下，经 3 个月后，强度降低约 10%～20%，6 个月后降低 15%～30%，1 年后降低 25%～40%。因此水泥的有效贮存期为 3 个月。使用存放超过 3 个月的水泥，应重新检测其强度，按实际强度使用。

3.3 其他品种水泥

3.3.1 白色硅酸盐水泥和彩色硅酸盐水泥

凡以适当成分的生料烧至部分熔融，所得以硅酸钙为主要成分，氧化铁含量很少的白色硅酸盐水泥熟料、适量石膏磨细制成的水硬性胶凝材料，称为白色硅酸盐水泥，简称白水泥，代号 P·W。

白水泥与硅酸盐水泥的主要区别在于生产时严格限制组分中着色氧化物（Fe_2O_3、MnO、Cr_2O_3、TiO_2）的含量，因而色白。在原料制备、煅烧、粉磨、运输等环节均应防止着色物质的混入，以保证白色水泥的品质。

按照国家标准《白色硅酸盐水泥》（GB/T 2015—2017）规定，白色硅酸盐水泥分为32.5、42.5、52.5三个强度等级。0.08mm方孔筛筛余量不得超过10%，凝结时间要求初凝时间不早于45min，终凝时间不迟于600min。体积安定性用沸煮法检验必须合格。同时熟料中，氧化镁的含量不宜超过5.0%，三氧化硫含量不超过3.5%。

凡由硅酸盐水泥熟料、适量石膏、混合材料和着色剂共同磨细或混合制成的带有颜色的水硬性胶凝材料，称为彩色硅酸盐水泥。

白色水泥和彩色水泥主要应用于建筑物内外的表面装饰工程，如地面、楼面、楼梯、墙面等，可制成灰浆、砂浆及混凝土，也可用于雕塑及装饰部件或制品。

3.3.2 铝酸盐水泥

凡以铝酸钙为主的铝酸盐水泥熟料磨细制成的水硬性胶凝材料称为铝酸盐水泥，代号CA。铝酸盐水泥熟料以铝矾土和石灰石为原料，铝酸盐水泥的主要矿物成分是铝酸一钙（$CaO \cdot Al_2O_3$，简写CA），其含量约占70%，还有二铝酸一钙（$CaO \cdot 2Al_2O_3$，简写CA_2）以及少量硅酸二钙和其他铝酸盐。因为Al_2O_3含量高，又称为高铝水泥。

（1）铝酸盐水泥的水化

铝酸盐水泥的水化和硬化，主要是铝酸一钙的水化及其水化物的结晶。其水化产物随温度的不同而不同。

当温度低于20℃时，主要水化产物为水化铝酸钙（CAH_{10}）。

$$CaO \cdot Al_2O_3 + 10H_2O =\!=\!= CaO \cdot Al_2O_3 \cdot 10H_2O$$

当温度在20～30℃时，主要水化产物为水化铝酸二钙（C_2AH_8）。

$$2(CaO \cdot Al_2O_3) + 11H_2O =\!=\!= 2CaO \cdot Al_2O_3 \cdot 8H_2O + Al_2O_3 \cdot 3H_2O$$

当温度高于30℃时，主要水化产物为水化铝酸三钙（C_3AH_6）。

$$3(CaO \cdot Al_2O_3) + 12H_2O =\!=\!= 3CaO \cdot Al_2O_3 \cdot 6H_2O + 2Al_2O_3 \cdot 3H_2O$$

一般情况下，当环境温度低于30℃时，水化物主要是CAH_{10}和C_2AH_8，两种水化物同时形成并共存，其相对比例随温度的改变而改变。当环境温度高于30℃时，水化产物主要为C_3AH_6。

（2）水化产物的特点

铝酸盐水泥水化产物CAH_{10}和C_2AH_8为片状或针状晶体，能互相交错搭接成坚固的结晶连生体，形成晶体骨架，析出的氢氧化铝凝胶难溶于水，填充于晶体骨架的空隙中，形成较致密的水泥石结构。水化5～7d后，水化产物数量增长较少，早期强度增长很快，24h即可达到极限强度的80%左右，后期强度增长不显著。

CAH_{10}和C_2AH_8都是不稳定的水化物，在温度高于30℃的潮湿环境中，会逐渐转

化为较稳定的 C_3AH_6。晶体转变的结果使水泥石内析出游离水，增大了水泥石的孔隙率。C_3AH_6 本身强度低，所以水泥石强度则大为降低。在湿热条件下，这种转变更为迅速。因此，铝酸盐水泥不宜在高于 30℃ 条件下养护及施工。

（3）铝酸盐水泥的技术要求

铝酸盐水泥通常为黄色或褐色，也有呈灰色的，铝酸盐水泥的密度和堆积密度与普通硅酸盐水泥相近。根据《铝酸盐水泥》（GB/T 201—2015），铝酸盐水泥按照 Al_2O_3 的质量分数分为四个品种：CA50（$50\% \leqslant Al_2O_3 < 60\%$），CA60（$60\% \leqslant Al_2O_3 < 68\%$），CA70（$68\% \leqslant Al_2O_3 < 77\%$），CA80（$77\% \leqslant Al_2O_3$）。各品种铝酸盐水泥应满足以下技术要求。

① 化学成分。铝酸盐水泥的化学成分按水泥质量分数计应符合表 3-9 要求。

表 3-9　铝酸盐水泥化学成分

类型	Al_2O_3/%	SiO_2/%	Fe_2O_3/%	（Na_2O+0.658 K_2O）/%	S(全硫)/%	Cl^-/%
CA50	$\geqslant 50$ 且 < 60	$\leqslant 9.0$	$\leqslant 3.0$	$\leqslant 0.5$	$\leqslant 0.2$	$\leqslant 0.06$
CA60	$\geqslant 60$ 且 < 68	$\leqslant 5.0$	$\leqslant 2.0$	$\leqslant 0.4$	$\leqslant 0.1$	
CA70	$\geqslant 68$ 且 < 77	$\leqslant 1.0$	$\leqslant 0.7$			
CA80	$\geqslant 77$	$\leqslant 0.5$	$\leqslant 0.5$			

② 细度。比表面积不小于 300m^2/kg 或 45μm 筛余不大于 20%。有争议时以比表面积为准。

③ 凝结时间。铝酸盐水泥凝结时间应符合表 3-10 要求。

表 3-10　铝酸盐水泥凝结时间

类型		初凝时间/min	终凝时间/min
CA50		$\geqslant 30$	$\leqslant 360$
CA60	CA60-Ⅰ	$\geqslant 30$	$\leqslant 360$
	CA60-Ⅱ	$\geqslant 60$	$\leqslant 1080$
CA70		$\geqslant 30$	$\leqslant 360$
CA80		$\geqslant 30$	$\leqslant 360$

④ 强度。各类型铝酸盐水泥各龄期强度指标应符合表 3-11 要求。

表 3-11　铝酸盐水泥的强度要求

类型		抗压强度/MPa				抗折强度/MPa			
		6h	1d	3d	28d	6h	1d	3d	28d
CA50	CA50-Ⅰ	$20^①$	$\geqslant 40$	$\geqslant 50$	—	$\geqslant 3.0^①$	$\geqslant 5.5$	$\geqslant 6.5$	—
	CA50-Ⅱ		$\geqslant 50$	$\geqslant 60$			$\geqslant 6.5$	$\geqslant 7.5$	
	CA50-Ⅲ		$\geqslant 60$	$\geqslant 70$			$\geqslant 7.5$	$\geqslant 8.5$	
	CA50-Ⅳ		$\geqslant 70$	$\geqslant 80$			$\geqslant 8.5$	$\geqslant 9.5$	

续表

类型		抗压强度/MPa				抗折强度/MPa			
		6h	1d	3d	28d	6h	1d	3d	28d
CA60	CA60-Ⅰ	—	≥65	≥85	—	—	≥7.0	≥10.0	—
	CA60-Ⅱ	—	≥20	≥45	≥85	—	≥2.5	≥5.0	≥10.0
CA70			≥30	≥40	—		≥5.0	≥6.0	—
CA80		—	≥25	≥30		—	≥4.0	≥5.0	

① 当用户要求时，生产厂应提供试验结果。

（4）铝酸盐水泥的主要性能及应用

① 早期强度增长快。一天强度可达 80％以上，三天几乎达到 100％。但长期强度有降低的趋势。低温硬化快，即使是在－10℃下施工，也能很快凝结硬化。因此，铝酸盐水泥适应于紧急抢修工程、早期强度要求高的特殊工程，但不宜用于长期承载的结构工程中。

② 水化热高，放热快。铝酸盐水泥硬化过程中放热量大且主要集中在早期，一天内即可放出水化热总量的 70％～80％。因此，特别适合于寒冷地区的冬季施工，但不宜用于大体积混凝土工程。

③ 耐热性好。铝酸盐水泥不宜在高于 25℃温度下施工，但硬化后的铝酸盐水泥石在1000℃以上仍能保持较高强度。因为在高温下各组分发生固相反应成烧结状态，代替了原来的水化产物，因此有较高的耐热性。如采用耐火粗细集料可制成使用温度达 1300～1400℃的耐热混凝土。

④ 最适宜的硬化温度为 15℃左右，一般不得超过 25℃。不适用于高温季节施工，也不适合采用蒸汽养护。如温度过高，水化铝酸一钙和水化铝酸二钙会转变成水化铝酸三钙，固相体积减小，孔隙率大大增加，强度显著降低。因此，铝酸盐水泥混凝土不能进行蒸汽养护，也不宜在高温季节施工。

⑤ 抗渗性及耐侵蚀性强。铝酸盐水泥石中不含氢氧化钙，且水泥石结构密实。因而具有较高的抗渗、抗冻性，同时具有良好的抗硫酸盐、盐酸、碳酸等侵蚀性溶液的作用。

⑥ 与硅酸盐水泥或石灰相混会产生闪凝现象，而且由于生成高碱性的水化铝酸钙，使混凝土开裂甚至破坏。因此，施工时，不得与硅酸盐水泥、石灰材料混合使用，也不得与尚未硬化的硅酸盐水泥接触使用。铝酸盐抗碱性极差，不得用于接触碱性溶液的工程。

3.3.3 道路硅酸盐水泥

由道路硅酸盐水泥熟料、0～10％的混合材料和适量石膏磨细制成的水硬性胶凝材料，称为道路硅酸盐水泥，简称道路水泥，代号 P·R。

道路水泥熟料中铝酸三钙的含量不超过 5.0％，铁铝酸四钙的含量不低于 15.0％，游离氧化钙的含量，不应大于 1.0％。

道路水泥的技术要求与通用硅酸盐水泥基本相同。根据国家标准《道路硅酸盐水泥》
（GB/T 13693—2017）的规定，道路硅酸盐水泥的比表面积应为 300～450m^2/kg；初凝时
间不早于 90min，终凝时间不迟于 720min；水泥中三氧化硫含量不超过 3.5％，氧化镁的
含量不超过 5.0％；道路硅酸盐水泥按照 28d 抗折强度分为 7.5 和 8.5 两个等级，各龄期
的强度值应符合表 3-12 的规定。

表 3-12 道路硅酸盐水泥各龄期强度

强度等级	抗压强度/MPa		抗折强度/MPa	
	3d	28d	3d	28d
7.5	≥4.0	≥7.5	≥21.0	≥42.5
8.5	≥5.0	≥8.5	≥26.0	≥52.5

道路水泥抗折强度高，干缩性小，耐磨性好，抗冲击性强，抗冻性、抗硫酸盐腐蚀性
较好，适用于道路路面、机场跑道、车站、广场等对耐磨性、抗干缩性能要求高的混凝土
工程。

3.4 水泥试验

（1）试验目的与依据

测定水泥的细度、标准稠度用水量、凝结时间、安定性及水泥胶砂强度等主要技术性
质，作为评定水泥性能的主要依据。

本试验依据《水泥细度检验方法 筛析法》（GB/T 1345—2005），《水泥标准稠度用
水量、凝结时间、安定性检验方法》（GB/T 1346—2011），《水泥胶砂强度检验方法（ISO
法）》（GB/T 17671—1999），《通用硅酸盐水泥》（GB 175—2007）。

（2）一般规定

① 同一试验用的水泥应在同一水泥厂同品种、同强度等级、同编号的水泥中
取样。

② 当试验水泥从取样至试验要保存 24h 以上，应贮存在基本装满和气密的容器里。
容器应不与水泥发生反应。

③ 水泥试样应充分均匀，且用 0.9mm 方孔筛过筛。

④ 试验时温度应保持在 20℃±2℃，相对湿度应不低于 50％。养护箱温度为 20℃±
1℃，相对湿度应不低于 90％。试体养护池水温应在 20℃±1℃范围内。

⑤ 试验用水必须是洁净的淡水。水泥试样、标准砂、拌合用水及试模等的温度应与
试验室温度相同。

3.4.1　水泥细度检验

细度检验有负压筛法、水筛法和手工干筛法。在检验中，测定结果发生争议时，以负压筛析法为准。

（1）试验目的

通过试验检验水泥的粗细程度，作为评定水泥质量的依据之一。

（2）主要试验设备

① 试验筛。试验筛由圆形筛和筛网组成，分负压筛、水筛和手工干筛三种。

② 负压筛析仪。负压筛析仪由筛座、负压筛、负压源及收尘器组成。

③ 水筛架和喷头。

④ 天平。最小分度值不大于 0.01g。

（3）试验步骤

1）负压筛法

① 筛析试验前，应把负压筛放在筛座上，盖上筛盖，接通电源，检查控制系统，调节负压至 4000～6000Pa 范围内，喷气嘴上口平面应与筛网之间保持 2～8mm 的距离。

② 称取试验 25g，置于洁净的负压筛中。盖上筛盖，放在筛座上，开动筛析仪连续筛动 2min，在此期间如有试样附在筛盖上，可轻轻地敲击，使试样落下。筛毕，用天平称量全部筛余物质量。

当工作负压小于 4000Pa 时，应清理吸尘器内水泥，使负压恢复正常。

2）水筛法

① 筛析试验前，应检查水中无泥、砂，调整好水压及水筛架的位置，使其能正常运转。喷头底面和筛网之间的距离为 35～75mm。

② 称取试样 50g，置于洁净的水筛中，立即用洁净的水冲洗至大部分细粉通过后，放在水筛架上，用水压为 0.05MPa±0.02MPa 的喷头连续冲洗 3min。

③ 筛毕，用少量水把筛余物冲至蒸发皿中，等水泥颗粒全部沉淀后小心将水倾出，烘干并用天平称量筛余物。

3）手工干筛法

称取试样 50g 倒入手工筛内，人工筛动。将近筛完时一手执筛往复摇动，一手轻轻拍打，摇动速度每分钟约 120 次，使试样均匀分散在筛布上，直至每分钟通过的试样量不超过 0.03g 为止，称量全部筛余物。

（4）结果计算

水泥试样筛余百分数按下式计算（结果精确至 0.1%）：

$$F = \frac{R_t}{W} \times 100\%$$

（3-1）

式中　F ——水泥试样的筛余百分数；

R_t ——水泥筛余物的质量，g；

W ——水泥试样的质量，g。

3.4.2 标准稠度用水量测定

(1) 试验目的

水泥净浆标准稠度是为使水泥凝结时间、体积安定性等的测定具有准确的可比性而规定的，在一定测试方法下达到统一规定的稠度。标准稠度用水量指水泥净浆以标准方法，达到统一规定的浆体可塑性时，所需加的水量。通过本试验测定水泥净浆达到标准稠度时的用水量，作为水泥的凝结时间、安定性试验用水量的标准。

(2) 主要试验设备

① 水泥净浆搅拌机。

② 标准稠度测定仪。由试杆、试针或试锥、试模等组成。根据所测定的项目，试杆可连接试针或试锥。

(3) 试验步骤

标准稠度用水量可用标准法（试杆法）和代用法（试锥法）中任一方法测定，如二者结果发生矛盾时以标准法为准。

1) 标准法

① 试验准备。标准法维卡仪（见图 3-3）的滑动杆能自由滑动；试模和玻璃底板用湿布擦拭，将试模放在底板上；调整至试杆接触玻璃板时指针对准零点；搅拌机运行正常。

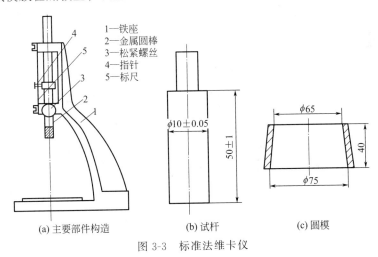

1—铁座
2—金属圆棒
3—松紧螺丝
4—指针
5—标尺

$\phi 10 \pm 0.05$
50 ± 1

$\phi 65$
40
$\phi 75$

(a) 主要部件构造   (b) 试杆   (c) 圆模

图 3-3 标准法维卡仪

② 水泥净浆的拌制。用水泥净浆搅拌机搅拌，搅拌锅和搅拌叶片先用湿布擦过，先将拌合水倒入锅内，然后在 5～10s 内小心将称好的 500g 水泥加入水中，防止水和水泥溅出。拌合时，先将锅放在搅拌机的锅座上，升至搅拌位置，启动搅拌机，低速搅拌 120s，停拌 15s，同时将叶片和锅壁上的水泥浆刮入锅中间，接着高速搅拌 120s 后停机。

③ 标准稠度用水量的测定步骤。拌合结束后，立即取适量水泥净浆一次性将其装入已置于玻璃底板上的试模中，浆体超过试模上端，用宽约 25mm 的直边刀轻轻拍打超出

试模部分的浆体 5 次以排除浆体中的孔隙，然后在试模上表面约 1/3 处，略倾斜于试模分别向外轻轻锯掉多余净浆，再从试模边沿轻抹顶部一次，使净浆表面光滑。在去掉多余净浆和抹平的操作过程中，注意不要压实净浆；抹平后迅速将试模和底板移到维卡仪上，并将其中心定在试杆下，降低试杆直至与水泥净浆表面接触，拧紧螺丝 1～2s 后，突然放松，使试杆垂直自由地沉入水泥净浆中。在试杆停止沉入或释放试杆 30s 时记录试杆距底板之间的距离，升起试杆后，立即擦净；整个操作应在搅拌后 1.5min 内完成。以试杆沉入净浆并距底板 6mm±1mm 的水泥净浆为标准稠度净浆，其拌合水量为该水泥的标准稠度用水量 P，按水泥质量的百分比计。

2）代用法

① 试验准备。代用法维卡仪（见图 3-4）的滑动杆能自由滑动；调整至试锥接触锥模顶面时，指针对准零点；搅拌机运行正常。

(b) 试锥

(a) 维卡仪　**(c) 锥模**

图 3-4　代用法维卡仪

② 水泥净浆的拌制（同标准法）。

③ 标准稠度用水量的测定步骤。采用代用法测定水泥标准稠度用水量，可用调整水量和不变水量两种方法的任一种。采用调整水量方法时，拌合用水量按经验找水；采用不变水量方法时，拌合用水量用 142.5mL。拌合结束后，立即将拌好的净浆装入锥模内，用宽约 25mm 的直边刀在浆体表面轻轻插捣 5 次，再轻振 5 次，刮去多余净浆，抹平后迅速放到试锥下面固定位置上，将试锥降至净浆表面，拧紧螺丝 1～2s 后，突然放松，让试锥垂直自由沉入水泥净浆中，到试锥停止下沉或释放试锥 30s 时记录试锥下沉深度，整个操作应在搅拌后 1.5min 内完成。

用调整水量方法测定时，以试锥下沉深度 30mm±1mm 时的净浆为标准稠度净浆，其拌合水量为该水泥的标准稠度用水量 P，按水泥质量的百分比计。如下沉深度超出范围需另称试样，调整水量，重新测定，直至达到 30mm±1mm 为止。

用不变水量方法测定时，根据测得的试锥下沉深度 S，按下式(或仪器上对应标尺)计算得到标准稠度用水量 P%：

$$P = 33.4 - 0.185S \tag{3-2}$$

当试锥下沉深度小于 13mm 时，应改用调整水量法测定。

3.4.3　凝结时间测定

（1）试验目的

测定水泥从加水至开始失去可塑性（初凝）和完全失去可塑性（终凝）所用的时间，以评定水泥的凝结硬化性能、可施工性，为现场施工提供参数。凝结时间的快慢直接影响混凝土的浇灌和施工进度。

（2）主要试验设备

① 水泥净浆搅拌机。

② 凝结时间测定仪。与测定标准稠度时所用的测定仪相同，但试杆或试锥应换成试针，锥模换成圆模，见图 3-5。

（3）试验步骤

① 调整凝结时间测定仪的试针接触玻璃板时，指针对准零点。初凝试针，见图 3-6。

② 按水泥标准稠度用水量的方法，用 500g 水泥按规定方法拌制标准稠度水泥浆，一次装满试模，振动数次刮平，立即放入湿气养护箱中。记录水泥全部加入水中的时间即为凝结的起始时间。

(b) 试针

(a) 维卡仪　　　　(c) 圆模

图 3-5　凝结时间测定仪

③ 初凝时间的测定。试件在养护箱养护至加水后 30min 时进行第一次测定。测定时，将试模放到试针下，降低试针与水泥净浆表面接触，拧紧螺丝 1～2s 后，突然放松，试针垂直自由地沉入水泥净浆，观察试针停止下沉或释放试针 30s 时指针的读数。临近初凝时，每隔 5min 或更短时间测定一次，当试针沉至距底板 4mm±1mm 时，为水泥达到初凝状态；由水泥全部加入水中至初凝状态的时间为水泥的初凝时间，用 min 表示。

④ 终凝时间的测定。为了准确观测试针沉入的状况，在终凝试针上安装了一个环形附件，见图 3-7。在完成初凝时间测定后，将试针更换为终凝试针，立即将试模连同浆体以平移的方式从玻璃板上取下，并翻转 180°，直径大端向上，小端向下放在玻璃板上，再放入养护箱中继续养护，临近终凝时间时，每隔 15min 或更短时间测定一次，当试针沉入试体 0.5mm 时，即环形附件开始不能在试体上留下痕迹时，为水泥达到终凝状态，由水泥全部加入水中至终凝状态的时间为水泥的终凝时间，用 min 表示。

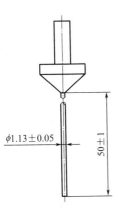

$\phi 1.13\pm0.05$　　50 ± 1

图 3-6　初凝试针

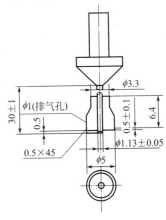

30 ± 1　$\phi1$(排气孔)　$\phi3.3$　0.5 ± 0.1　6.4　0.5　0.5×45　0.5 ± 0.1　$\phi1.13\pm0.05$　$\phi5$

图 3-7　终凝试针

⑤ 注意事项。在最初测定操作时应轻轻扶持金属棒，使其徐徐下降，以防试针撞弯。但测定结果应以试针自由下落为准。整个测试过程中，不能让试针落入原孔，且沉入位置至少距试模内壁 10mm，测完后须将试针擦净，并将试模放回养护箱内，整个测定过程中，要防止圆模受振。临近初凝，每隔 5min 或更短时间测定一次；临近终凝，每隔 15min 或更短时间测定一次。达到初凝或终凝时，应立即重复测一次，当两次结论相同时，才能判定达到初凝状态或终凝状态。

3.4.4 安定性测定

水泥体积安定性测定方法有试饼法和雷氏法两种。试饼法是通过观测沸煮后试饼外形变化程度来测定水泥体积安定性。雷氏法是通过测定沸煮后两个试针的相对位移来测定体积膨胀值。两种方法有争议时，以雷氏法为准。

（1）试验目的

通过测定沸煮后试样的体积和外形的变化程度，评定体积安定性是否合格。

（2）主要试验设备

① 水泥净浆搅拌机。

② 沸煮箱。

③ 雷氏夹，见图 3-8。

④ 雷氏夹膨胀测定仪，见图 3-9。

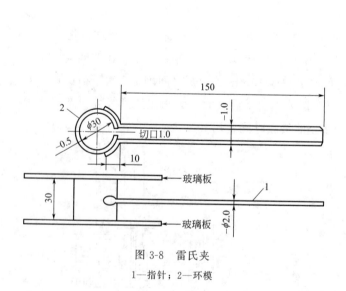

图 3-8 雷氏夹

1—指针；2—环模

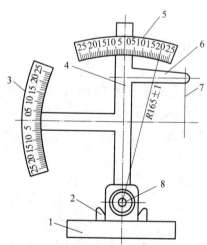

图 3-9 雷氏夹膨胀测定仪

1—底座；2—模子座；3—测弹性标尺；

4—立柱；5—测膨胀值标尺；6—悬臂；

7—悬丝；8—弹簧顶扭

（3）试验步骤

1）雷氏法

① 每个试样需成型两个试件，每个雷氏夹需配备两个边长或直径约 80mm、厚度 4～5mm 的玻璃板，凡与水泥净浆接触的玻璃板和雷氏夹表面都要稍稍涂上一层油。

② 雷氏夹试件的成型。将预先准备好的雷氏夹放在已稍擦油的玻璃板上，并立即将已制备好的标准稠度净浆一次装满雷氏夹，装浆时一只手轻轻扶持雷氏夹，另一只手用宽约 25mm 的直边刀在浆体表面轻轻插捣 3 次，然后抹平，盖上稍涂油的玻璃板，接着立即将试件移至湿气养护箱内养护 24h±2h。

③ 沸煮。调整好沸煮箱内的水位，使其能保证在整个沸煮过程中都超过试件，不需中途添补试验用水，同时又能保证在 30min±5min 内升至沸腾。脱去玻璃板取下试件，先测量雷氏夹指针尖端间的距离（A），精确到 0.5mm，接着将试件放入沸煮箱中的试件架上，指针朝上，试件间互不交叉，然后在 30min±5min 内加热至沸并恒沸 180min±5min。沸煮结束后，立即放掉沸煮箱中的热水，打开箱盖，待箱体冷却至室温，取出试件，测量雷氏夹指针尖端的距离（C），精确至 0.5mm。

当两个试件煮后增加距离（C−A）的平均值不大于 5.0mm 时，即认为该水泥安定性合格，当两个试件煮后增加距离（C−A）的平均值大于 5.0mm 时，应用同一样品立即重做一次试验。以复检结果为准。

2）试饼法

① 每个样品需准备两块约 100mm×100mm 的玻璃板，凡与水泥净浆接触的玻璃板均须稍涂一层油。

② 试饼成型。将制好的标准稠度水泥净浆取出一部分，分成两等份，使之成球形，放在预先准备好的玻璃板上，轻轻振动玻璃板，并用湿布擦过的小刀由边缘向中央抹，制成直径 70～80mm、中心厚约 10mm、边缘渐薄、表面光滑的试饼，将试饼放入湿气养护箱内养护 24h±2h。

③ 沸煮。调整好沸煮箱内的水位，使能保证在整个沸煮过程中都超过试件，不需中途添补试验用水，同时又能保证在 30min±5min 内升至沸腾。脱去玻璃板取下试饼，在试饼无缺陷的情况下，将试饼放在沸煮箱水中的篦板上，在 30min±5min 内加热至沸并恒沸 180min±5min。沸煮结束后，立即放掉沸煮箱中的热水，打开箱盖，待箱体冷却至室温，取出试饼进行观察、测量。目测试饼未发现裂缝，用钢尺检查也没有弯曲（使钢直尺和试饼底部紧靠，以两者间不透光为不弯曲）的试饼为安定性合格，反之为不合格。当两个试饼判别结果有矛盾时，该水泥的安定性为不合格。

3.4.5 水泥胶砂强度试验

测定水泥各龄期强度，可以确定和检验水泥的强度等级，根据水泥强度等级又可以设计水泥混凝土的强度等级。水泥强度检验主要是抗折与抗压强度检验。

（1）试验目的

通过检验不同龄期的抗折强度、抗压强度，确定水泥的强度等级或评定水泥强度是否符合标准要求。

（2）主要试验设备

① 水泥胶砂搅拌机。

② 水泥胶砂试件成型振实台，见图 3-10。

③ 试模。可装拆的三连模，由隔板、端板和底座组成。可同时成型三条截面为 40mm×40mm×160mm 的菱形试体。成型时，应在试模上面加有一个壁高 20mm 的金属模套。从上往下看时，模套壁与模型内壁应该重叠，超出内壁不应大于 1mm。为了控制料层厚度和刮平胶砂，应备有大小两个播料器和一金属刮平直尺，见图 3-11。

图 3-10　水泥胶砂试件成型振实台　　　　　　　图 3-11　试模

④ 抗折强度试验机。

⑤ 抗压强度试验机、抗压强度试验机夹具。以 200～300kN 为宜，应有 ±1% 的精度，并具有按 2400N/s±200N/s 速率的加荷能力；抗压夹具由硬质钢材制成，受压面积为 40mm×40mm。

（3）试验步骤

1）水泥胶砂的制备

① 配料。称取水泥 450g±2g，水 225g±1g，标准砂 1350g±5g。

② 搅拌。把水加入锅内，再加入水泥，把锅放在固定架上，上升至固定位置。立即开动机器，低速搅拌 60s（在开始搅拌 30s 后均匀加入砂子），再高速搅拌 30s，停拌 90s（停拌后 15s 内用一胶皮刮具将叶片和锅壁上的胶砂刮入锅中），再高速搅拌 60s。各个搅拌阶段，时间误差应在 ±1s 以内。

2）试件成型

胶砂制备后应立即用振实台或振动台进行成型。

① 用振实台成型。将涂机油的三联模和模套固定在振实台上，将胶砂分两层装入试模。装第一层时，每个模槽内约放 300g 胶砂，用大播料器垂直架在模套顶部沿每个模槽来回一次将料层播平，接着振实 60 次，再装入第二层胶砂，用小播料器播平，再振实 60 次。

移走模套，从振实台上取下试模，用金属直尺以近似 90° 的角度架在试模模顶的一端，然后沿试模长度方向以横向锯割动作慢慢向另一端移动，一次将超过试模部分的胶砂刮去，并用同一直尺以近乎水平的情况下将试体表面抹平。最后在试模上做标记或标明试件编号。

② 用振动台成型。在搅拌胶砂的同时将试模和下料漏斗卡紧在振动台的中心。将搅拌好的全部胶砂均匀地装入下料漏斗中，开动振动台，胶砂通过漏斗流入试模，振动 120s±5s 停车。振动完毕，取下试模，用刮平尺刮去高出试模的胶砂并抹平（方法同上），最后在试模上做标记或标明试件编号。

3）试件养护

① 脱模前的处理和养护。将做好标记的试件连同试模放入雾室或养护箱的水平架上养护，湿空气应能与试模各边接触。养护时不应将试模放在其他试模上。养护到规定的脱模时间，取出脱模。脱模前，用防水墨汁或颜料笔对试体进行编号，对两个龄期以上的试体，在编号时应将同一试模中的 3 条试体分在二个以上龄期内。

② 脱模。对于 24h 龄期的，应在破型试验前 20min 内脱模；对于 24h 以上龄期的，应在成型后 20～24h 之间脱模。脱模应小心，以免损伤试体。如经 24h 养护，会因脱模对强度造成损害时，可以延迟至 24h 以后脱模，但在试验报告中予以说明。已确定作为 24h 龄期试验的已脱模试体，应用湿布覆盖至做试验时为止。

③ 水中养护。将做好标记的试件立即水平或竖直放在 20℃±1℃ 的水中养护，水平放置时刮平面应朝上。养护期间试件之间间隔或试件上表面的水深不得小于 5mm。除 24h 龄期或延迟至 48h 脱模的试体外，任何到龄期的试体应在试验前 15min 从水中取出，擦去试件表面沉积物，并用湿布覆盖至试验开始为止。

（4）结果计算

① 抗折强度。将试件一个侧面放在试验机支撑圆柱上，试件长轴垂直于支撑圆柱，通过加荷圆柱以 50N/s±10N/s 的速率均匀地将荷载垂直地加在棱柱体相对侧面上，直至折断，记录抗折破坏荷载 F_f（N）。抗折强度按下式计算：

$$R_f = \frac{3F_f L}{2b^3} \tag{3-3}$$

式中　R_f——抗折强度，MPa；

　　　F_f——破坏荷载，N；

　　　L——支撑圆柱中心距离，mm；

　　　b——棱柱体正方形边长，mm。

以一组三个棱柱体抗折结果的平均值作为试验结果。当三个强度值中有一个超过平均值的 ±10% 时应予以剔除，以其余两个数值平均值作为抗折强度结果。计算结果精确到 0.1MPa。

② 抗压强度。将折断后保持潮湿状态的半截棱柱体以侧面为受压面放入抗压夹具中，并要求试件中心、夹具中心、压力机压板中心保持在一直线上（偏差应在 ±0.5mm 内）。整个加荷过程中应以 2400N/s±200N/s 的速率均匀地加荷直至破坏，记录破坏荷载值 F_c（N）。抗压强度按下式计算：

$$R_c = \frac{F_c}{A}$$

(3-4)

式中　　R_c——抗压强度，MPa；

　　　　F_c——破坏荷载，N；

　　　　A——受压面积，mm^2，取 $40mm \times 40mm$。

以一组三个棱柱体得到的六个抗压强度测定值的算术平均值为试验结果。如六个测定值中有一个超出六个平均值的±10%，应剔除这个结果，以剩下五个的平均数为结果。如五个测定值中再有超过它们平均数±10%时，则此组结果作废。计算精确至 0.1MPa。

小　结

本章重点介绍了硅酸盐水泥的熟料矿物组成及特性、技术要求、水泥的腐蚀原因与防止、技术特性及应用，在此基础上介绍了掺混合材料的硅酸盐水泥的组成、特性及应用，简要介绍了其他品种水泥的组成及性能特点。

1. 硅酸盐水泥熟料的矿物组成主要有 C_3S、C_2S、C_3A、C_4AF，它们单独水化时表现出各自的特性，当以不同比例制成水泥时具有不同的性能。水化产物主要有水化硅酸钙和水化铁酸钙凝胶、氢氧化钙、水化铝酸钙和水化硫铝酸钙晶体。

2. 硅酸盐水泥的技术性质主要有细度、凝结时间、安定性和强度，它们是评定水泥质量的技术指标。

3. 水泥的腐蚀有软水、盐类、酸类及强碱腐蚀等，根据腐蚀的内、外因，可采用一系列防腐蚀措施。

4. 在硅酸盐水泥中掺入一定量的混合材料，能改善硅酸盐水泥的某些性能，增加产量，降低成本。掺混合材料的硅酸盐水泥有普通硅酸盐水泥、矿渣硅酸盐水泥、火山灰质硅酸盐水泥、粉煤灰硅酸盐水泥和复合水泥等，这五种通用水泥有其共性也有各自的特性，应根据工程要求及所处环境合理选择水泥品种。

5. 通用水泥是一般工程中使用最广泛的水泥，除此之外，还有专门用途的专用水泥和具有特殊性能的特性水泥等多种其他品种的水泥。

复习思考题

3-1. 什么是硅酸盐水泥？简述硅酸盐水泥的生产流程。

3-2. 硅酸盐水泥熟料的主要矿物成分是什么？其水化产物有哪些？它们单独与水作用时有何特性？

3-3. 现有甲、乙两厂生产的硅酸盐水泥熟料，其矿物组成见下表。试估计和比较两厂所生产的硅酸盐水泥的强度增长速度和水化热等性质有何差异？为什么？

生产厂	熟料矿物组成/%			
	C_3S	C_2S	C_3A	C_3AF
甲	56	17	12	15
乙	42	35	7	16

3-4. 影响硅酸盐水泥凝结硬化的因素有哪些?

3-5. 何谓水泥的体积安定性? 引起体积安定性不良的原因及危害是什么?

3-6. 生产硅酸盐水泥时为什么要加入适量石膏?

3-7. 试述硅酸盐水泥腐蚀的类型、机理及防止措施。

3-8. 何谓水泥的活性混合材料和非活性混合材料?

3-9. 在运输和保管水泥时应注意哪些问题? 对于储存期较长的水泥为什么必须重新测定其强度等级?

3-10. 现有下列工程和构件生产任务, 试分别选择合理的水泥品种, 并说明理由。

①冬期施工的水泥混凝土工程; ②紧急抢修工程; ③大体积混凝土工程; ④采用蒸汽养护的混凝土预制构件; ⑤海港码头及海洋混凝土工程; ⑥工业窑炉及其他有耐热要求的混凝土工程。

第 4 章

混凝土与砂浆

混凝土，过去简称"砼"，是指由胶凝材料将集料胶结成整体的工程复合材料。

普通混凝土是指用水泥作胶凝材料，砂、石作集料，与水（可选择添加剂和矿物掺合料）按一定比例配合，经搅拌、成型、养护而成的人造石材。

混凝土原料丰富、价格低廉、生产工艺简单、抗压强度高、耐久性能好、强度等级范围宽，在土木工程中广为使用。但也存在自重大、养护周期长、抗拉强度低、热导率大、生产周期长、变形能力差、易出现裂缝等缺点。

混凝土的分类如下。

a. 按胶结材料分：水泥混凝土、沥青混凝土、石膏混凝土、聚合物混凝土等。

b. 按体积密度分：重混凝土（$\rho_0 > 2800 \mathrm{kg/m^3}$）、普通混凝土（$\rho_0 = 2000 \sim 2800 \mathrm{kg/m^3}$）、轻混凝土（$\rho_0 < 1950 \mathrm{kg/m^3}$）。

c. 按强度等级分：普通混凝土（$f_c < 60 \mathrm{MPa}$）、高强混凝土（$f_c = 60 \sim 100 \mathrm{MPa}$）、超高强混凝土（$f_c > 100 \mathrm{MPa}$）。

d. 按用途分：结构混凝土、水工混凝土、特种混凝土（耐热、耐酸、耐碱、防水、防辐射等）。

e. 按施工方法分：预拌混凝土、泵送混凝土、碾压混凝土、喷射混凝土等。

普通混凝土的基本组成材料是胶凝材料、粗集料（石子）、细集料（砂）和水。胶凝材料是混凝土中水泥和掺合料的总称。

砂、石在混凝土中起骨架作用，称为集料（骨料）。

胶凝材料和水形成砂浆，包裹在粗细集料表面并填充集料间的空隙。

砂浆在硬化前起润滑作用，赋予混凝土拌合物良好的工作性能，便于施工，硬化后起胶结作用，把集料胶结在一起成为坚硬的整体。

4.1 普通混凝土的组成材料与性能

普通混凝土组成材料是水泥、天然砂、石、水、掺合剂和外加剂，其结构如图 4-1 所

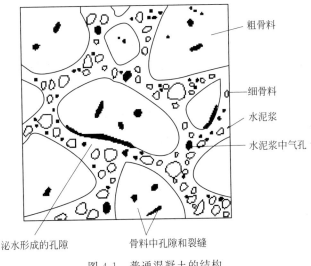

图 4-1 普通混凝土的结构

示。其组成过程为：水＋水泥→水泥浆＋砂→水泥砂浆＋粗骨料→混凝土。

各成分的作用：①水泥浆能充填砂的空隙，起润滑作用，赋予混凝土拌合物一定的流动性。②水泥砂浆能充填石子的空隙，起润滑作用，也能流动。③水泥浆在混凝土硬化后起胶结作用，将砂石胶结成整体，产生强度，成为坚硬的水泥石。

由上可知，在混凝土硬化前，水泥浆起润滑作用，赋予混凝土拌合物一定的流动，便于施工。水泥浆硬化后起胶结作用，将砂石骨料胶结成整体，产生强度，成为坚硬的水泥石。

4.1.1 水泥

（1）水泥品种的正确选择

水泥是混凝土的胶结材料，混凝土的性能很大程度上取决于水泥的质量和数量，在保证混凝土性能的前提下，就尽量节约水泥，降低工程造价。首先根据工程特点、所处环境气候条件，特别是工程竣工后可能遇到的环境因素以及设计、施工的要求进行分析，并考虑当地水泥的供应情况选用恰当品种的水泥。

（2）水泥强度等级的正确选择

水泥的强度等级，应与混凝土设计强度等级相适应。用高强度等级的水泥配低强度等级混凝土时，水泥用量偏少，会影响和易性及强度，可掺适量混合材料（火山灰、粉煤灰、矿渣等）予以改善。反之，如水泥强度等级选用过低，则混凝土中水泥用量太多，非但不经济，而且降低混凝土的某些技术品质（如收缩率增大等）。

一般情况下（C30 以下），水泥强度为混凝土强度的 1.5～2.0 倍较合适（高强度混凝土可取 0.9～1.5 倍）。若采用某些措施（如掺减水剂和掺合材料），情况则大不相同，用 42.5 级的水泥也能配制 C60～C80 的混凝土，其规律主要受水灰比定则控制。

（3）水泥用量的确定

为保证混凝土的耐久性，水泥用量满足有关技术标准规定的最小和最大水泥用量的要求。如果水泥用量少于规定的最小水泥用量，则取规定的最小水泥用量值；如果水泥用量大于规定的最大的水泥用量，应选择更高强度等级的水泥或采用其他措施使水泥用量满足规定要求。水泥的具体用量由混凝土的配合比设计确定。

4.1.2　骨料

在混凝土中粗细骨料的总体积占混凝土体积的 $70\%\sim80\%$，因有些混凝土用骨料的性能对于所配制的混凝土的性能有很大的影响。根据骨料的密度的大小，骨料又可分为普通骨料、轻骨料及重骨料。

（1）细骨料——砂

1）细骨料的质量要求

混凝土用砂要求砂粒的质地坚实、清洁、有害杂质含量要少。砂按技术要求分为 Ⅰ类、Ⅱ类、Ⅲ类。

① 密度和空隙率要求。密度 $\rho_s>2.5\mathrm{g/cm^3}$；堆积密度 $\rho_{os}>1400\mathrm{kg/m^3}$；空隙率 $P_s<45\%$。

② 含泥量、泥块含量和石粉含量。含泥量是指砂中粒径小于 $75\mu\mathrm{m}$ 的岩屑、淤泥和黏土颗粒总含量的百分数。泥块含量是颗粒粒径大于 1.18mm，水侵碾压后可成为小于 $600\mu\mathrm{m}$ 块状黏土在淤泥颗粒的含量。石粉含量是人工砂生产过程中不可避免的粒径小于 $75\mu\mathrm{m}$ 的颗粒的含量，粉料径虽小，但与天然砂中的泥成分不同，粒径分布（$40\sim75\mu\mathrm{m}$）也不同，含量要求应符合表 4-1。

③ 有害杂质含量。砂在生产过程中，由于环境的影响和作用，常混有对混凝土性质有害的物质，主要有黏土、淤泥、黑云母、轻物质、有机质、硫化物和硫酸盐、氯盐等。云母为光滑的小薄片，与水泥的黏结性差，影响混凝土的强度和耐久性；硫化物和硫酸盐对水泥有腐蚀作用等。砂中有害杂质含量限制见表 4-1。

表 4-1　砂中有害杂质含量限制

项　目			指标		
			Ⅰ类	Ⅱ类	Ⅲ类
亚甲蓝试验	MB 值<1.40 或合格	石粉含量（按质量计）/%	<3.0	<5.0	<7.0
		泥块含量（按质量计）/%	0	<1.0	<2.0
	MB 值>1.40 或不合格	石粉含量（按质量计）/%	<1.0	<3.0	<5.0
		泥块含量（按质量计）/%	0	<1.0	<2.0
云母（按质量计）/%			<1.0	<2.0	<2.0
轻物质（按质量计）/%			<1.0	<1.0	<1.0
有机物（比色法）/%			合格	合格	合格

续表

项 目	指标		
	Ⅰ类	Ⅱ类	Ⅲ类
硫化物和核酸盐(按 SO_3 质量计)/%	<0.5	<0.5	<0.5
氯化物(按氯离子质量计)/%	<0.01	<0.5	<0.06
含泥量(按质量计)/%	<1.0	<0.02	<5.0
泥块含量(按质量计)/%	0	<1.0	<2.0

④ 坚固性。天然砂的坚固性采用硫酸钠溶液法进行试验检测，砂样经 5 次循环后其质量损失就符合表 4-2 中的规定；人工砂采用压碎指标法进行试验检测，压碎指标值就小于表 4-2 中的规定。

表 4-2　坚固性指标

项目	指标		
	Ⅰ类	Ⅱ类	Ⅲ类
质量损失(<)/%	8	8	8

2）砂的粗细程度和颗粒级配

① 砂的粗细程度。砂的粗细程度，是指不同粒径砂粒混合在一起的平均粗细程度。砂子通常分为粗砂、中砂、细砂三种规格。在混凝土各种材料用量相同的情况下，若砂过粗，砂颗粒的表面积较小，混凝土的黏聚性、保水性较差；若砂过细，砂子颗粒表面积过大，虽黏聚性、保水性好，但因砂的表面积大，需较多水泥浆来包裹砂粒表面，当水泥浆用量一定时，富裕的用于润滑的水泥浆较少，混凝土搅和物的流动性差，甚至还会影响混凝土的强度。所以，拌混凝土用的砂，不宜过粗，也不宜过细。颗粒大小均匀的砂是级配不良的砂。砂的粗细程度通常用细度模数（M_X）表示。

② 砂的颗粒级配。砂的颗粒级配是指不同粒径的砂粒搭配比例。良好的级配指粗颗粒的空隙恰好由中颗粒填充，中颗粒的空隙恰好由细颗粒填充，如此逐级填充（如图 4-2 所示）使砂形成最密致的堆积状态，空隙率达到最小值，堆积密度达最大值。这样可达到节约水泥、提高混凝土综合性能的目标。因此，砂颗粒级配反映空隙率大小。

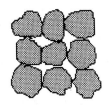 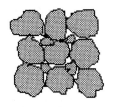 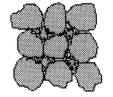

图 4-2　砂颗粒级配示意

3）砂的粗细程度与颗粒级配的测定

砂粗细程度和颗粒级配是由砂的筛分试验来进行测定的。筛分试验是采用过 9.50mm

方孔筛后 500g 烘干的待测砂，用一套孔径从大到小（孔径分别为 4.75mm、2.36mm、1.18mm、600um、300um、150um）的标准金属方孔筛进行筛分，然后称其各筛上所得的粗颗粒的质量（称为筛余量），将各筛余量分别除以 500 得到分计筛余百分率（%）a_1、a_2、a_3、a_4、a_5、a_6，再将其累加得到累计筛余百分率（简称累计筛余率）A_1、A_2、A_3、A_4、A_5、A_6，其计算过程见表 4-3。

表 4-3　累计筛余百分率与分计筛余百分率的关系

筛孔尺寸/mm	分计筛余		累计筛余百分率/%
	分计筛余量/g	分计筛余百分率/%	
4.75mm	m_1	a_1	$A_1 = a_1$
2.36mm	m_2	a_2	$A_2 = a_1 + a_2$
1.18mm	m_3	a_3	$A_3 = a_1 + a_2 + a_3$
600um	m_4	a_4	$A_4 = a_1 + a_2 + a_3 + a_4$
300um	m_5	a_5	$A_5 = a_1 + a_2 + a_3 + a_4 + a_5$
150um	m_6	a_6	$A_6 = a_1 + a_2 + a_3 + a_4 + a_5 + a_6$

注：表中 $a_1 = \dfrac{m_1}{500} \times 100\%$

4）砂的粗细及级配的判定

① 砂的粗细的判定。砂按细度模数大小分为粗砂、中砂、细砂 3 种规格，细度模数越大，砂越粗，反之越细。细度模数按下式计算：

$$M_X = \frac{(A_2 + A_3 + A_4 + A_5 + A_6) - 5A_1}{100 - A_1} \tag{4-1}$$

式中　　　　　　　　M_X——细度模数；

A_1、A_2、A_3、A_4、A_5、A_6——分别为 4.75mm、2.36mm、1.18mm、600um、300um、150um 筛的累计筛余百分率，%。

细度模数越大，表示砂越粗，普通混凝土用砂的细度模数在 3.7～1.6 之间。当 $M_X = 3.7～3.1$ 时为粗砂；$M_X = 3.0～2.3$ 为中砂；$M_X = 2.2～1.6$ 为细砂。普通混凝土在可能的情况下应选用粗砂或中砂，以节约水泥。

② 砂的级配判定。砂的颗粒级配用级配区表示，以级配区或筛分曲线判定砂级配的合格性。根据计算和试验结果，规定将砂的合理级配以 600um 级的累计筛余率为准，划分为 3 个级配区，分别称为 Ⅰ、Ⅱ、Ⅲ 区，任何一种砂，只要其累计筛余率 A_1～A_6 分别分布在某同一级配区的相应累计筛余率的范围内，即为级配合理，符合级配要求。砂的颗粒级配要求见表 4-4。除 4.75mm 和 600um 级外，其他级的累计筛余可以略有超出，但超出总量应小于 5%。由表中数值可见，在 3 个级配区内，只有 600um 级的累计筛余率是重叠的，故称其为控制粒级。控制粒级使任何一个砂样只能处于某一级配区内，避免出现属两个级配区的现象。其中 Ⅰ 区为粗砂区，用过粗的砂配制混凝土，拌合物的和易性不易控制，内摩擦角较大，混凝土振捣困难。Ⅲ 区砂较细，为细砂区，适宜配制富混凝土和低动

流性混凝土。超出Ⅲ区范围过细的砂，配成的混凝土不仅水泥用量大，而且强度将显著降低。Ⅱ区为中砂区，应优先选择级配在Ⅱ区的砂；当采用Ⅱ区砂时，应适当提高砂率；当采用Ⅲ区砂时，应适当减小砂率，以保证混凝土强度。

工程中，若砂的级配不合适；可采用人工掺配的方法予以改善，即将粗、细砂按适当的比例掺合使用。也可将砂过筛，筛除过粗或过细的颗粒。

表 4-4　砂的颗粒级配要求

筛孔尺寸/mm	级配区		
	Ⅰ（粗）	Ⅱ（中）	Ⅲ（细）
9.50	0	0	0
4.75	10～0	10～0	10～0
2.36	35～5	25～0	15～0
1.18	65～35	50～10	25～0
0.6(控制粒径)	85～71	70～41	40～16
0.3	95～80	92～70	85～55
0.15	100～90	100～90	100～90

注：1. 表中的数据为累计筛余数（%）。

2. 砂的实际颗粒级配与表列累计百分率相比，除 4.75mm 和 0.6mm 筛孔外，允许稍有超出界线，但其总量百分率不应大于 5%。

3. Ⅰ区砂中 0.15mm 筛孔累计筛余可放宽 100～85，Ⅱ区砂中 0.15mm 筛孔累计筛余可放宽 100～80，Ⅲ区砂中 0.15mm 筛孔累计筛余可放宽 100～75。

5）砂的含水状态

砂的含水状态有如下 4 种，如图 4-3 所示。

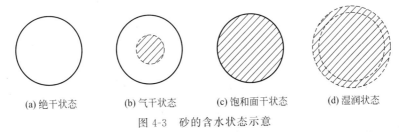

(a) 绝干状态　　(b) 气干状态　　(c) 饱和面干状态　　(d) 湿润状态

图 4-3　砂的含水状态示意

① 绝干状态　砂粒内外不含任何水，通常在 105℃±5℃ 条件下烘干而得。

② 气干状态　砂粒表面干燥，内部孔隙中部分含水。指室内或室外（天晴）空气平衡的含水状态，其含水量的大小与空气相对湿度和温度密切相关。

③ 饱和面干状态　砂粒表面干燥，内部孔隙全部吸水饱和。水利工程上通常采用饱和面干状态计量砂用量。

④ 湿润状态　砂粒内部吸水饱和，表面还含有部分表面水。施工现场，特别是雨后常出现此种状况，搅拌混凝土中计量砂用量时，要扣除砂中的含水量；同样，计量水用量时，要扣除砂中带入的水量。

（2）粗骨料——石子

粗骨料是指粒径大于 4.75mm 的岩石颗粒。常用的粗骨料有卵石（砾石）和碎石。由人工破碎而成的石子称为碎石，或人工石子；由天然形成的石子称为卵石。卵石按其产源特点，也可分为河卵石、海卵石和山卵石。其各自的特点相应的天然砂类似，各有其优缺点。通常，卵石的用量很大，故应按就地取材的原则给予选用。卵石的表面光滑，混凝土拌合物比碎石流动性要好，但与水泥砂浆黏结力差，故强度较低。

卵石和碎石按技术要求分为Ⅰ类、Ⅱ类、Ⅲ类三个等级。Ⅰ类用于强度等级大于 C60 的混凝土；Ⅱ类用于强度等级 C30～C60 及抗冻、抗渗或有其他要求的混凝土；Ⅲ类适用于强度等级小于 C30 的混凝土。

1) 最大粒径及颗粒级配

与细骨料相同，混凝土对粗骨料的基本要求也是颗粒的总表面积要小和颗粒大小搭配要合理，以达到节约水泥和逐级填充而形成最大的密实度的要求。

① 最大粒径。粗骨料公称粒径的上限称为该粒级的最大粒径。如公称粒级 5～20mm 的石子其最大粒径即 20mm。最大粒径反映了粗骨料的平均粗细程度。拌合混凝土中集料的最大粒径加大，总表面减小，单位用水量有效减少。在用水量和水灰比固定不变的情况下，最大粒径加大，集料表面包裹的水泥浆层加厚，混凝土拌合物可获较高的流动性。若在工作性一定的前提下，可减小水灰比，使强度和耐久性提高。通常加大粒径可获得节约水泥的效果。但最大粒径过大（大于 150mm）不但节约水泥的效率不再明显，而且会降低混凝土的抗拉强度，会对施工质量，甚至对搅拌机械造成一定的损害。

根据规定：混凝土用的粗骨料，其最大粒径不得超过构件截面最小尺寸的 1/4，且不得超过钢筋最小净间距的 3/4，对混凝土的实心板，骨料的最大粒径不宜超过板厚的 1/3，且不得超过 400mm。

② 颗粒级配。粗骨料与细骨料一样，也要有良好的颗粒级配，以减小空隙率，增强密实性，从而节约水泥，保证混凝土和和易性及强度。特别是配制高强度混凝土，粗集料级配特别重要。

粗骨料的颗粒级配也是通过筛分试验来确定，所采用的方孔标准筛孔径为 2.36mm、4.75mm、9.50mm、16.0mm、19.0mm、26.5mm、31.5mm、37.5mm、53.0mm、63.0mm、75.0mm、90.0mm12 个。根据各筛分计筛余量计算而得的分计筛余百分率及累计筛余百分率的计算方法也相同。依据国家标准《建设用卵石、碎石》GB/T 14685—2011，普通混凝土用碎石和卵石的颗粒级配范围应符合表 4-5 规定。

粗骨料的颗粒级配按供应情况分为连续和单粒粒级。按实际使用情况分为连续级配和间断级配两种。连续级配是石子的粒径从大到小连续分级，且在运输、堆放过程中易发生离析，影响到级配的均匀合理性。实际应用时，除直接采用级配理想的天然连续级配外，常采用预先分级筛分形成的单粒粒级进行掺配组合成人工连续级配。

间断级配是石子粒级不连续，人为剔去某些中间粒级的颗粒而形成的级配方式。间断级配更有效降低石子颗粒间的空隙率，使水泥达到最大限度的节约，但由于粒径相差较大，故混凝土拌合物易发生离析，间断级配需按设计进行掺配而成。

表 4-5 普通混凝土用碎石和卵石颗粒级配范围

筛孔/mm		累计筛余/%											
		2.36	4.75	9.50	16.0	19.0	26.5	31.5	37.5	53.0	63.0	75.0	90.0
公称直径/mm	连续粒级 5~10	95~100	80~100	0~15	0								
	5~16	95~100	85~100	30~60	0~10	0							
	5~20	95~100	90~100	40~80	—	0~10	0						
	5~25	95~100	90~100	—	30~70	—	0~5	0					
	5~31.5	95~100	90~100	—	70~90	—	15~45	—	0~5	0			
	5~40	—	95~100	70~90	—	30~65	—	—	0~5	0			
	单粒粒级 10~20		95~100		85~100	—	0~15	0					
	16~31.5		95~100		80~100		—	0~10	0				
	20~40			95~100		80~100		—	0~10	0			
	31.5~63				95~100			75~100	45~75	—	0~10		
	40~80					95~100			70~100	—	30~60	0~10	0

2）强度及坚固性

① 强度。粗骨料在混凝土中要形成紧实的骨架，故其强度要满足一定的要求。粗骨料的强度有立方体挤压强度和压碎指标值两种。

立方体挤压强度是浸水泡和状态下的骨料母体岩石制成的 50mm×50mm×50mm 立方体试件，在标准试验条件下测得的挤压强度值。根据标准规定，要求岩石挤压强度火成岩不小于 80MPa，变质岩不小于 60MPa，水成岩不小于 30MPa。

压碎指标是对粒状粗骨料强度的另一种测定方法。该各方法是将气干状态下 9.5~13.5mm 的石子按规定方法填充于压碎指标测定仪（内径 152mm 的圆筒）内，其上放置压头，在压力面试验上均匀加荷到 200kN 并稳荷 5s，卸荷后称量试样质量（m_1），然后再用孔径为 2.36mm 的筛进行筛分，称其筛余量（m_2），则压碎指标 Q_C 可用下式表示：

$$Q_C = \frac{m_1 + m_2}{m_1} \times 100\%$$ (4-2)

式中 Q_C——压碎指标；

m_1——试样质量，g；

m_2——试样的筛余量，g。

压碎指标越大，说明骨料的强度越小。该种方法操作简便，在实际生产质量控制中应用较普遍。根据标准粗骨料的压碎指标控制可参照表 4-6 选用。

表 4-6 碎石和卵石的压碎指标

项目	指标		
	Ⅰ类(C60 以上)	Ⅱ类(C60～C30)	Ⅲ类(C30 以下)
碎石压碎指标/%	<10	<20	<30
卵石压碎指标/%	<12	<16	<16

② 坚固性。骨料颗粒在气候、外力及其乳物理力学因素作用下抵抗碎裂的能力称为坚固性。集料由于干湿循环或冻融交替等作用引起体积变化会导致混凝土破坏。骨料越密实、强度超高、吸水率越小时，其坚固性越好；而结构越疏松，矿物成分越复杂、结构不均匀，其坚固必越差。

骨料的坚固性，采用硫酸溶液浸泡来检验。该种方法是将骨料颗粒在硫酸钠溶液中浸泡若干次，取出烘干后，测其在硫酸钠结晶晶体的膨胀作用下集料的质量损失率来说明骨料的坚固性，其指标应符合表 4-7 所示的要求。

表 4-7 碎石和卵石的坚固性指标

项目	指标		
	Ⅰ类(C60 以上)	Ⅱ类(C60～C30)	Ⅲ类(C30 以下)
质量损失/%	<5	<8	<10

3）针、片状颗粒

为提高混凝土强度和减小骨料间的空隙，粗骨料颗粒的理想形状应为三维长度相等或相近的立方体形或球形颗粒。但实际骨料产品中常会出现颗粒长度大于平均粒径 4 倍的针状颗粒和厚度小于平均粒径 0.4 倍的片状颗粒。针、片状颗粒的外形和较低的抗折能力，会降低混凝土的密实度和强度，并使其工作性能变差，故其含量应予以控制，针、片状颗粒含量按标准规定的针状规准仪来逐粒测定，凡颗粒长度大于针状规准仪上相应间距者为针状颗粒；颗粒厚度小于片状规准仪上相应孔宽者，为片状颗粒。卵石或碎石的针片状颗粒允许含量应符合表 4-8 规定。

4）含泥量和泥块含量

卵石、碎石的含泥量是指粒径小于 75um 的颗粒含量；泥块含量粒径大于 4.75mm 经水洗，手捏后小于 2.36mm 颗粒含量。各类产品中泥量应符合表 4-8 所示的规定。

表 4-8 卵石或碎石中有害杂质质量限值

项目	指标		
	Ⅰ类(C60 以上)	Ⅱ类(C60～C30)	Ⅲ类(C30 以下)
针、片状颗粒含量(按质量计)/%	5	15	25
含泥量(按质量计)/%	<0.5	<1.0	<1.5
泥块含量(按质量计)/%	0	0.5	0.7
有机物	合格	合格	合格
硫化物和硫酸盐(按 SO_3 质量计)/%	0.5	1.0	1.0

当粗细骨料中含有活性二氧化硅（如蛋白石、凝灰岩、鳞石英等岩石）时，可与水泥中的碱性氧化物 NaOH 或 KOH 发生化学反应，生成体积膨胀的碱硅酸凝胶体。该种物质吸水体积膨胀，会造成硬化混凝土的严重开裂，甚至造成工程事故，这个有害作用称为碱-骨料反应。当集料中含有活性二氧化硅，而水泥含碱量超过 0.6％时，需进行专门试验，以免发生碱-骨料反应。

4.1.3 拌合用水

混凝土拌合用水按水源分为饮用水、地表水、地下水、再生水、混凝土企业设备洗刷水和海水。拌制宜采用饮用水。对混凝土拌合用水的质量要求是所含物质对素混凝土、钢筋混凝土和预应力混凝土不应产生以下有害作用。

① 影响混凝土的工作性及凝结。

② 有碍于混凝土强度发展。

③ 降低混凝土的耐久性，加快钢筋腐蚀及导致预应力钢筋脆断。

④ 污染混凝土表面。

根据以上要求，符合国家标准的生活用水（自来水、河水、江水、湖水）可直接拌制各种混凝土。混凝土拌合用水水质要求应符合表 4-9 的规定。

对于使用年限为 100 年的结构混凝土，氯离子含量不超过 500mg/L；对使用钢丝或经热处理钢筋的预应力混凝土，氯离子含量不超过 350mg/L。

被检验水样应与饮用水样进行水泥凝结时间对比试验。对比试验的水泥初凝时间差及终凝时间差均不应大于 30min；同时初凝时间应符合现行国家标准的规定。

被检验水样应与饮用水样进行水泥胶砂强度对比试验，被检验水样配制的水泥胶砂 3d 和 28d 强度不低于饮用水配制的水泥胶砂 3d 和 28d 强度的 90％。

表 4-9　混凝土拌合用水水质要求

项目	预应力混凝土	钢筋混凝土	素混凝土
pH 值	≥5.0	≥4.5	≥4.5
不溶物/(mg/L)	≤2000	≤2000	≤5000
可溶物/(mg/L)	≤2000	≤5000	≤10000
氯化物（以 Cl 计）/(mg/L)	≤500	≤1000	≤3500
硫化物（以 SO_4^{2-} 计）/(mg/L)	≤600	≤2000	≤2700
碱含量/(mg/L)	≤1500	≤1500	≤1500

注：碱含量按 $Na_2O+0.658K_2O$ 计算值来表示。采用非碱活性骨料时，可不检验碱含量。

4.1.4 混凝土外加剂

混凝土外加剂是指在混凝土搅拌前或拌制过程中掺入的、用以改善新拌混凝土和（或）硬化混凝土性能的材料。其掺量一般不超过胶凝材料用量的 5％。

国标规定，混凝土外加剂按主要功能可分为以下四类。

① 改善混凝土拌合物流变性能的外加剂，包括各种减水剂和泵送剂等。

② 调节混凝土凝结时间、硬化性能的外加剂，包括缓凝剂、速凝剂和早强剂等。

③ 改善混凝土耐久性的外加剂，包括引气剂、防水剂、阻锈剂和矿物外加剂等。

④ 改善混凝土其他性能的外加剂，包括膨胀剂、防冻剂、着色剂等。

目前，常用的外加剂主要有减水剂、早强剂、引气剂、缓凝剂、速凝剂、防冻剂、泵送剂等。

（1）减水剂

减水剂是在混凝土拌合物坍落度基本相同的条件下，能减少拌合用水量的外加剂，属表面活性物质。

1）减水剂的作用机理

水泥加水拌合后，水泥颗粒相互吸引，形成絮状结构，一部分拌合水被包裹在絮状结构内，使拌合物流动性降低。加入减水剂后，减水剂通过表面活性作用使水泥颗粒由絮状结构变成分散结构，把包裹的游离水释放出来，从而提高拌合物流动性，见图 4-4。

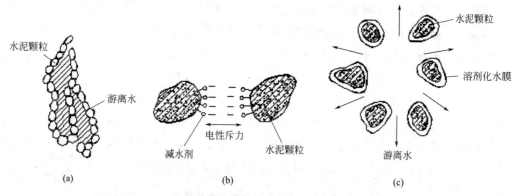

图 4-4　水泥浆的絮凝结构和减水剂作用示意

2）减水剂的技术经济效果

① 增大流动性。在保持原配合比不变的条件下，拌合物坍落度可增大 100～200mm。

② 提高强度。在保持流动性及水泥用量不变的条件下，可减少拌合用水 10%～15%，混凝土强度可提高 10%～20%，早期强度提高更显著。

③ 节约水泥。保持流动性及强度不变的条件下，可节省水泥 10%～15%。

④ 改善其他性质。掺加外加剂还可改善混凝土拌合物的黏聚性、保水性；延缓拌合物凝结，减慢水泥水化放热速度；提高混凝土的密实度，增加耐久性等。

3）减水剂的常用品种

减水剂种类很多，按减水率大小，可分为普通减水剂（以木质素磺酸盐类为代表）、高效减水剂（以萘系、蜜胺系、氨基磺酸盐系、脂肪族系等为代表）和高性能减水剂（以聚羧酸系高性能减水剂为代表）。

4）减水剂的适应性

同一减水剂用于不同品种或不同生产厂的水泥时，其效果可能相差很大，即减水剂对水泥有一定适应性。因此，使用减水剂时，应试验确定减水剂的品种、用量。

5）减水剂的掺加方法

减水剂的掺加方法主要有先掺法、同掺法、滞水法、后掺法。工程中主要使用同掺法和后掺法。

同掺法是将减水剂先配制成一定浓度的水溶液，搅拌混凝土时与拌合物同时加入（溶液中的水量必须从混凝土拌合水中扣除）。优点是计量准确、拌合质量均匀、搅拌程序简单。但随着时间的延续，拌合物的坍落度损失较大。

后掺法指减水剂是在混凝土运输途中或施工现场加入，再经二次搅拌，成为混凝土拌合物。优点是拌合物坍落度损失小，可避免运输中产生分层、离析，并能提高减水剂的效果和对水泥的适应性，减少减水剂用量。缺点是需二次搅拌。该法特别适合于泵送法施工的商品混凝土。

（2）早强剂

早强剂是加速混凝土早期强度发展并对后期强度无显著影响的外加剂。

目前广泛使用的有氯盐类、硫酸盐类、三乙醇胺类以及由它们组成的复合早强剂。

（3）引气剂

引气剂是指在搅拌混凝土过程中，能引入大量均匀分布、稳定而封闭的微小气泡（气泡直径为 $20\sim1000\mu m$，多为 $200\mu m$ 以下）且能保留在硬化混凝土中的外加剂。

引气剂对混凝土的性能影响主要体现在以下三个方面。

① 改善混凝土拌合物的和易性。封闭气泡如同滚珠，可减少水泥颗粒间的摩擦，提高流动性，且气泡薄膜还能起到保水作用。

② 提高混凝土的耐久性。引气剂引入的封闭气泡能有效隔断毛细孔通道，减少泌水造成的孔隙，增强抗渗性，并对结冰膨胀起缓冲作用，提高混凝土的抗冻性。

③ 降低混凝土的抗压强度。因气泡会减少混凝土的有效受力面积，故混凝土中含气量每增加 1%，其抗压强度将降低 $4\%\sim6\%$，抗折强度降低 $2\%\sim3\%$。所以，应严格控制引气剂的掺量。

引气剂适于配制抗冻、抗渗、抗硫酸盐侵蚀、泌水严重及轻集料混凝土等，不宜配制蒸汽养护及预应力混凝土。

（4）缓凝剂

缓凝剂是指能延缓混凝土凝结时间，并对混凝土后期强度发展无影响的外加剂。

最常用的缓凝剂是木质素磺酸钙和蜜糖，并以蜜糖缓凝效果最好。工程中可采用缓凝剂与高效减水剂复合制成缓凝高效减水剂。缓凝剂的掺量一般为水泥质量的 $0.1\%\sim0.3\%$，可缓凝 $1\sim5h$。

缓凝剂具有缓凝、减水、降低水化热和增强的作用，对钢筋无锈蚀。适用于大体积、炎热气候下施工及需长时间停放或长距离运输的混凝土；不宜用于日最低施工气温在 $5\,^\circ\mathrm{C}$

以下的混凝土，也不宜单独用于有早强要求的混凝土及蒸养混凝土。

（5）速凝剂

速凝剂是指能使混凝土迅速凝结硬化的外加剂。

常用的有711型、红星Ⅰ型等品种。

其适宜掺量为水泥质量的2.5%～4%，可使混凝土在3min内初步凝结，7～10min终凝，1h产生强度，1d后强度可提高2～3倍，但28d后强度将下降10%～20%。

主要用于喷射混凝土和喷射砂浆。

（6）防冻剂

防冻剂是指能使混凝土在负温下硬化，并在规定养护条件下达到预期性能的外加剂。

常用的复合防冻剂有氯盐类、氯盐阻锈类、无氯盐类。

氯盐类适用于无筋混凝土；氯盐阻锈类可用于钢筋混凝土；无氯盐类可用于钢筋混凝土工程和预应力钢筋混凝土工程。

但亚硝酸盐、硝酸盐、碳酸盐类防冻剂易引起钢筋应力消失，不得用于预应力混凝土中；含六价铬盐、亚硝酸盐等有毒成分的防冻剂，严禁用于饮水工程及与食品接触部位；含有硝胺、尿素等产生刺激性气味的防冻剂，严禁用于办公、居住等工程；含有钾、钠离子的防冻剂用于含有活性集料的混凝土时，掺外加剂后，每立方米混凝土的碱含量不得超过1kg。

（7）泵送剂

泵送剂是指能改善混凝土拌合物泵送性能的外加剂。

泵送剂能使混凝土拌合物坍落度增大，不离析、不泌水，拌合物与管壁的摩擦阻力小。

泵送剂一般都配水泥分散剂，以提高水泥在混凝土中的分散效果，从而改善泵送性；配引气剂，以提高抗离析、泌水的能力；配表面活性剂，以增加润滑能力，减小管阻；配缓凝剂，以调节凝结时间，减小坍落度损失；配早强剂，以提高早期强度。

泵送剂主要适用于商品混凝土搅拌站拌制泵送混凝土。应用时应先做泵送剂与水泥的适应性试验；应严格控制用水量，施工中不得随意加水；如坍落度损失过大，可二次掺加减水剂，不得加水增大坍落度；高强泵送混凝土水泥用量大，水胶比小，应浇水养护，特别是早期养护。

在混凝土中掺用外加剂，若选择和使用不当，会造成质量事故。因此应注意以下几点。

1）外加剂品种的选择

在选择外加剂时，应根据工程需要，现场的材料条件，参考有关资料，通过试验确定。

2）外加剂掺量的确定

混凝土外加剂均有适宜掺量，掺量过小，往往达不到预期效果；掺量过大，则会影响混凝土质量，甚至造成质量事故。因此，应通过试验试配，确定最佳掺量。

3）外加剂的掺加方法

外加剂的掺量很少，必须保证其均匀分散，一般不能直接加入混凝土搅拌机内。对于可溶于水的外加剂，应先配成一定浓度的溶液，随水加入搅拌机。对于不溶于水的外加剂，应与适量水泥或砂混合均匀后，再加入搅拌机内。另外，根据外加剂的掺入时间，减水剂有同掺法、后掺法、分掺法等三种方法。实践证明，后掺法最好，能充分发挥减水剂的功能。

4.2 普通混凝土的技术性质

新拌混凝土是自混凝土的组成材料拌合而成的尚未凝结硬化的混合物，也称为混凝土拌合物。新拌混凝土必须具有良好的和易性，以获得质量均匀、成形密实的混凝土；同时，混凝土拌合物凝结硬化后，应具有足够的强度、变性能力和必要的耐久性能，以满足结构功能的要求。

4.2.1 新拌混凝土的和易性

(1) 和易性的概念

新拌混凝土和易性，亦称工作性，是指混凝土拌合物易于施工操作（拌合、运输、浇筑、振捣），并获得质量均匀、成形密实混凝土的性能。混凝土拌合物的和易性是一项综合技术性质，它包括流动性、黏聚性和保水性三项性能。流动性是指混凝土拌合物在自重或机械（振捣）力作用下，能产生流动并均匀密实地填满模板的性能。黏聚性是指各组成材料之间具有一定的黏聚力，在运输和浇注过程中不致产生离析和分层现象的性质。保水性是指具有一定的保持内部水分的能力，在施工过程中不致发生泌水现象的性质。

(2) 和易性的测定方法

目前，尚没有全面反映混凝土拌合物和易性的测定方法。通常是测定混凝土拌合物的流动性，辅以其他方法或直观经验评定混凝土拌合物的黏聚性和保水性。

测定流动性的方法目前有数十种，最常用的有坍落度和维勃稠度测定方法。

1) 坍落度测定

将混凝土拌合物按规定方法装入标准圆锥坍落度筒（无底）内，并按一定方式插捣，装满刮平后，垂直向上将筒提起，移到一旁。混凝土拌合物由于自重将会产生坍落现象。然后量出向下坍落的尺寸，该尺寸（mm）就是坍落度，作为流动性指标，坍落度越大表示流动性越好。坍落度测定如图 4-5 所示。

进行坍落度试验时应同时考察混凝土的黏聚性和保水性。黏聚性观察是侧面用捣棒敲击，观察敲击后的形状，判断混凝土拌合物的黏聚性。保水性观察是以水或稀浆从底部析出的量大小评定。析出量大，保水性差；析出量小，保水性好。

根据坍落度不同，按国家标准《混凝土质量控制标准》（GB 50164—2011）的规定，将混凝土拌合物分为五级。见表 4-10。

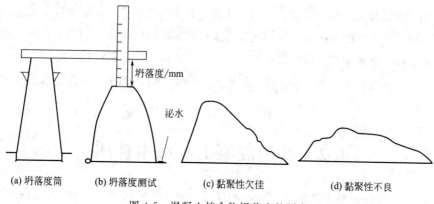

图 4-5　混凝土拌合物坍落度的测定

表 4-10　混凝土坍落度的分类

级别	坍落度/mm	级别	坍落度/mm
S1	10～40	S4	160～210
S2	50～90	S5	≥220
S3	100～150		

　　其中坍落度不低于 100mm 并用泵送的混凝土，则称为泵送混凝土。坍落度试验适用于骨料最大粒径不大于 40mm、坍落度不小于 10mm 的混凝土拌合物（小于 10mm 用维勃稠度法测定）。

　　2）维勃稠度测定

　　维勃稠度的测试方法是将混凝土拌合物按一定方法装入坍落度筒内，按一定方法捣实，装满刮平后，将坍落度筒垂直向上提起，把透明圆盘转到混凝土截头圆锥体顶面，开启振动台，同时计时，记录当圆盘底面布满水泥浆时所用时间，超过所读秒数即为该混凝土拌合物的维勃稠度值。此方法适用于骨料最大粒径不超过 40mm、维勃稠度在 5～30s 之间的混凝土拌合物的稠度测定。其试验仪见图 4-6。

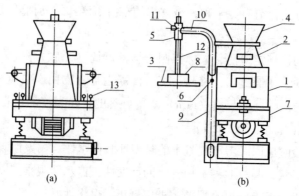

图 4-6　维勃稠度试验仪

1—容器；2—坍落度筒；3—透明圆盘；4—喂料斗；5—套筒；6—定位螺丝；7—振动台；
8—荷重；9—支柱；10—旋转架；11—测杆螺丝；12—测杆；13—固定螺丝

混凝土拌合物流动性按维勃稠度大小，可分为 4 级：超干硬性（≥31s）；特干硬性（30～21s）；干硬性（20～11s）；半干硬性（10～5s）。

（3）影响和易性的主要因素

1）水泥浆数量的影响

水泥浆作用为填充骨料空隙，包裹骨料形成润滑层，增加流动性。混凝土拌合物保持水灰比不变的情况下，水泥浆用量越多，流动性越大，反之越小。但水泥浆用量过多，黏聚性及保水性变差，对强度及耐久性产生不利影响。水泥浆用量过小，黏聚性差。因此，水泥浆不能用量太少，但也不能太多，应以满足拌合物流动性、黏聚性、保水性要求为宜。

2）水泥浆的稠度

当水泥浆用量一定时，水泥浆的稠度决定于水灰比大小，水灰比（W/C）为用水量与水泥质量之比。但 W/C 过小时，水泥浆干稠，拌合物流动性过低，给施工造成困难。W/C 过大，水泥浆稀使拌合物的黏聚性和保水性变差，产生流浆及离析现象，并严重影响混凝土的强度。故水灰比大小应根据混凝土强度和耐久性要求合理选用，取值范围为 0.40～0.75 之间。

无论是水泥浆的数量还是水泥浆的稠度，实际上对混凝土拌合物流动性起决定作用的是单位体积用水量的多少，即恒定用水量法则：在配制混凝土时，若所用粗、细骨料种类及比例一定，水灰比在一定范围内（0.4～0.8）变动时，为获得要求的流动性，所需拌合用水量基本是一定的。即骨料一定时，混凝土的坍落度只与单位用水量有关。

3）砂率的影响

① 砂率：是指混凝土中砂的质量占砂、石总质量的百分率。

② 砂率对和易性的影响砂率过大，孔隙率及总表面积大，拌合物干稠，流动性小；砂率过小，砂浆数量不足，流动性降低，且影响黏聚性和保水性。故砂率大小影响拌合物的工作性及水泥用量。

合理砂率：是指在用水量及水泥用量一定的情况下，能使混凝土拌合物获得最大的流动性，且能保持黏聚性及保水性良好时的砂率值。或指混凝土拌合物获得所要求的流动性及良好的黏聚性及保水性，而水泥用量为最少时的砂率值。见图 4-7 和图 4-8。

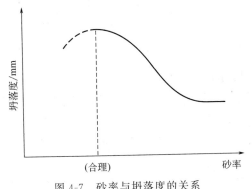

图 4-7　砂率与坍落度的关系
（水与水泥用量一定）

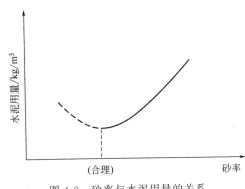

图 4-8　砂率与水泥用量的关系
（达到相同的坍落度）

（4）组成材料性质的影响

1）水泥品种的影响

水泥对和易性的影响主要表现在水泥的需水性上。使用不同水泥拌制的混凝土其和易性由好至坏：粉煤灰水泥——普通水泥、硅酸盐水泥——矿渣水泥（流动性大，但黏聚性差）——火山灰水泥（流动性差，但黏聚性和保水性好）。

2）骨料性质的影响

最大粒径：粒径越大，总比表面积越小，拌合物流动性大；

品种：卵石拌制的混凝土拌合物优于碎石；

级配：具有优良级配的混凝土拌合物具有较好的和易性和保水性。

（5）外加剂的影响

外加剂（如减水剂、引气剂等）对混凝土的和易性有很大的影响。少量的外加剂能使混凝土拌合物在不增加水泥用量的条件下，获得良好的和易性。不仅流动性显著增加，而且还有效地改善拌合物的黏聚性和保水性。

（6）时间与温度

新拌混凝土随着时间增长，部分拌合水会蒸发或被集料吸收，使拌合物变稠，流动性减小，造成坍落度损失，影响和易性。若气温较高，混凝土的和易性将会因失水而发生较大的变化。

4.2.2　混凝土的强度

（1）混凝土的抗压强度与强度等级

我国把立方体强度值作为混凝土强度的基本指标，并把立方体抗压强度作为评定混凝土强度等级的标准。混凝土的抗压强度是通过试验得出的，我国最新标准 C60 强度以下的采用边长为 150mm 的立方体试件作为混凝土抗压强度的标准尺寸试件。按照《混凝土物理力学性能试验方法标准》（GB/T 50081—2019），制作边长为 150mm 的立方体在标准养护（温度 20℃±2℃、相对湿度在 95％以上）条件下，养护至 28d 龄期或设计规定龄期，用标准试验方法测得的极限抗压强度，称为混凝土标准立方体抗压强度。当采用非标试件时，为具可比性，应换算成标准试件的强度，其方法是将测得的强度值乘以相应的换算系数，见表 4-11。

表 4-11　试件尺寸及强度值换算系数

试件边长/mm	允许集料最大粒径/mm	换算系数
100×100×100	30	0.95
150×150×150	40	1.00
200×200×200	60	1.05

按照《混凝土结构设计规范（2015 年版）》（GB 50010—2010）规定，在立方体极限

抗压强度总体分布中，具有 95% 强度保证率的立方体试件的抗压强度值，称为混凝土立方体抗压强度标准值（以 MPa 计），以 $f_{cu,k}$ 表示。依照标准试验方法测得的具有 95% 保证率的抗压强度作为混凝土强度等级。按照《混凝土结构设计规范（2015 年版）》（GB 50010—2010）规定，普通混凝土划分为十四个等级，即：C15，C20，C25，C30，C35，C40，C45，C50，C55，C60，C65，C70，C75，C80。

《混凝土物理力学性能试验方法标准》（GB/T 50081—2019）规定以 150mm×150mm×300mm 的棱柱体作为混凝土轴心抗压强度试验的标准试件。棱柱体试件与立方体试件的制作条件相同，试件上下表面不涂润滑剂。《混凝土结构设计规范（2015 年版）》（GB 50010—2010）规定以 150mm×150mm×300mm 的棱柱体试件试验测得的具有 95% 保证率的抗压强度值为混凝土轴心抗压强度标准值，用符号 $f_{c,k}$ 表示。

考虑到实际结构构件制作、养护和受力情况，实际构件强度与试件强度之间存在的差异，《混凝土结构设计规范（2015 年版）》（GB 50010—2010）基于安全取偏低值，轴心抗压强度标准值与立方体抗压强度标准值的关系式按式(4-3)确定。

$$f_{c,k} = 0.88 \partial_{c1} \partial_{c2} f_{cu,k} \tag{4-3}$$

式中　∂_{c1}——棱柱体强度与立方体强度之比，对混凝土强度等级为 C50 及以下的取 $\partial_{c1} = 0.76$，对 C80 取 $\partial_{c1} = 0.82$，在此之间按直线规律变化取值。

　　∂_{c2}——高强度混凝土的脆性折减系数，对 C40 及以下取 $\partial_{c2} = 1.00$，对 C80 ∂_{c2} 取 $= 0.87$，中间按直线规律变化取值。

　　0.88——考虑实际构件与试件混凝土强度之间的差异而取用的折减系数。

(2) 混凝土的轴心抗拉强度

混凝土的抗拉强度只有抗压强度的 1/10～1/20，且随着混凝土强度等级的提高，比值降低。混凝土在工作时一般不依靠其抗拉强度。但抗拉强度对于抗开裂性有重要意义，在结构设计中抗拉强度是确定混凝土抗裂能力的重要指标。有时也用它来间接衡量混凝土与钢筋的黏结强度等。

混凝土抗拉强度采用立方体劈裂抗拉试验来测定，称为劈裂抗拉强度 f_{ts}。该方法的原理是在试件的两个相对表面的中线上，作用着均匀分布的压力，这样就能够在外力作用的竖向平面内产生均布拉伸应力，混凝土劈裂抗拉强度应按式(4-4)计算：

$$f_{ts} = \frac{2P}{A\pi} = 0.637 \frac{P}{A} \tag{4-4}$$

式中　f_{ts}——混凝土劈裂抗拉强度，MPa；

　　P——破坏荷载，N；

　　A——试件劈裂面面积，mm^2。

混凝土轴心抗拉强度 f_t 可按劈裂抗拉强度 f_{ts} 换算得到，换算系数可由试验确定。

(3) 混凝土的弯曲抗拉强度

测得混凝土的弯曲抗拉强度采用 150mm×150mm×550mm 小梁作为标准试件，按三分点加荷方式测得其弯曲抗拉强度，按式(4-5)计算：

$$f_c = \frac{PL}{bh^2}$$ (4-5)

式中　f_c——混凝土弯曲抗拉强度，MPa；

　　　P——破坏荷载，N；

　　　L——支座间距，mm；

　　　b——试件截面宽度，mm；

　　　h——试件截面高度，mm。

（4）影响混凝土强度的因素

混凝土的强度与水泥强度等级、水灰比有很大关系，骨料的性质、混凝土的级配、混凝土的成形方法、硬化时的环境条件及混凝土的龄期等也不同程度地影响混凝土的强度。

1）组成材料和配合比的影响

水泥的强度和水灰比是决定混凝土强度的最主要因素。水泥是混凝土中的胶结组分，其强度的大小直接影响混凝土的强度。在配合比相同的条件下，水泥的强度越高，混凝土强度也越高。当采用同一水泥（品种和强度相同）时，混凝土的强度主要决定于水灰比；在混凝土能充分密实的情况下，水灰比愈大，水泥石中的孔隙愈多，强度愈低，与骨料黏结力也愈小，混凝土的强度就愈低。反之，水灰比愈小，混凝土的强度愈高。

混凝土的抗压强度与水灰比和水泥强度之间符合以下近似关系：

$$f_{cu} = A f_{ce}\left(\frac{C}{W} - B\right)$$ (4-6)

式中　f_{cu}——混凝土 28d 抗压强度，MPa；

　　　f_{ce}——水泥的实际强度，MPa；

　A，B——经验系数，与骨料品种等有关，其数值需通过试验求得，通常取值如下：

　　　　　对于碎石，$A = 0.46$，$B = 0.07$；对于卵石，$A = 0.48$，$B = 0.33$；

　　　C——每立方米混凝土中的水泥用量，kg；

　　　W——每立方米混凝土中的用水量，kg。

f_{ce} 应通过试验确定。当无法取得水泥实际强度数值时，可采用式(4-7) 估计：

$$f_{ce} = \gamma_c f_{ce,k}$$ (4-7)

式中　$f_{ce,k}$——水泥强度等级值，MPa；

　　　γ_c——水泥强度等级值的富余系数，由实际统计资料确定，否则 γ_c 取 1.0。

2）骨料的影响

骨料的表面状况影响水泥石与骨料的黏结，从而影响混凝土的强度。碎石表面粗糙，黏结力较大；卵石表面光滑，黏结力较小。因此，在配合比相同的条件下，碎石混凝土的强度比卵石混凝土的强度高。骨料的最大粒径对混凝土的强度也有影响，骨料的最大粒径愈大，混凝土的强度愈小。

砂率越小，混凝土的抗压强度越高，反之混凝土的抗压强度越低。

3）外加剂和掺合料的影响

在混凝土中掺入外加剂，可使混凝土获得早强和高强性能，混凝土中掺入早强剂，可显著提高早期强度；掺入减水剂可大幅度减少拌合用水量，在较低的水灰比下，混凝土仍能较好地成型密实，获得很高的 28d 强度。在混凝土中加入掺合料，可提高水泥石的密实度，改善水泥石与骨料的界面黏结强度，提高混凝土的长期强度。因此，在混凝土中掺入高效减水剂和掺合料是制备高强和高性能混凝土必需的技术措施。

4）养护条件的影响

混凝土的硬化是水泥水化和凝结硬化的结果。养护温度对水泥的水化速度有显著的影响，养护温度高，水泥的初期水化速度快，混凝土早期强度高。湿度大能保证水泥正常水化所需水分，有利于强度的增长。

在 20℃以下，养护温度越低，混凝土抗压强度越低，但在 20～30℃范围内，养护温度对混凝土的抗压强度影响不大。养护湿度越高，混凝土的抗压强度越高，反之混凝土的抗压强度越低，见图 4-9～图 4-10。

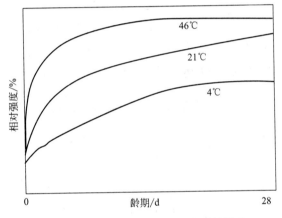

图 4-9　养护温度对水泥强度发展的影响

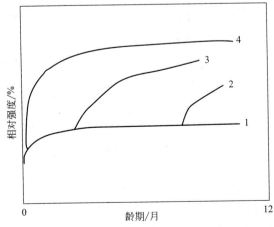

1—空气养护；2—九个月后水中养护；3—三个月后水中养护；4—标准湿度条件下养护

图 4-10　养护湿度对水泥强度发展的影响

5）与龄期的关系

混凝土在正常养护条件下，其强度将随着龄期的增加而增长。最初的 7～14d 内，强度增长较快，28d 以后增长缓慢，龄期延续很长，混凝土的强度仍有所增长。

普通水泥制成的混凝土，在标准养护条件下，混凝土强度的发展，大致与其龄期的对数成正比关系（龄期小于 3d）：

$$f_n = f_{28} \frac{\lg n}{\lg 28} \tag{4-8}$$

式中 f_n——nd 龄期混凝土的抗压强度，MPa；

f_{28}——28d 龄期混凝土的抗压强度，MPa；

n——养护龄期（$n \geqslant 3$），d。

6）试验条件的影响

试件的尺寸、形状、表面状态及加荷速度等条件不同，会影响混凝土强度的试验值。

① 试件尺寸。对同一混凝土，试件尺寸越小测得的强度越高，主要原因是试件尺寸大时，内部孔隙、缺陷等出现的几率也大，导致有效受力面积减小及应力集中，从而引起强度降低。

②试件形状。当试件受压面积（$a \times a$）相同，而高度（h）不同时，高宽比（h/a）越大，抗压强度越小。原因是试件受压时，受压面与承压板之间的摩擦力对试件相对于承压板的横向膨胀起着约束作用，该约束有利于强度的提高，越接近试件端面其约束作用越大，在距端面约 $\frac{\sqrt{3}a}{2}$ 范围之外，约束作用才消失。试件破坏后，其上下各呈现一个较完整的棱锥体。这种作用通常被称为环箍效应。如图 4-11 所示。

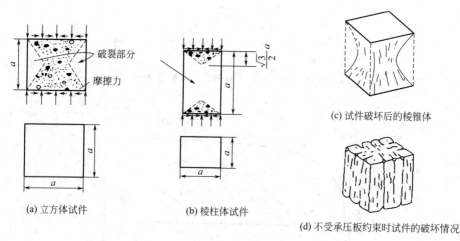

(a) 立方体试件   (b) 棱柱体试件   (c) 试件破坏后的棱锥体   (d) 不受承压板约束时试件的破坏情况

图 4-11   混凝土试件的形状及破坏状态

③ 试件表面状态。混凝土试件承压面摩擦越小，测得的强度值越低。

④ 加荷速度。加荷速度越快，测得的强度值越大，当加荷速度超过 1.0MPa/s 时，这种趋势更加显著。因此，国标对抗压强度的加荷速度作了如下规定：当混凝土强度等级 ＜C30 时，为 0.3～0.5MPa/s；当混凝土强度等级≥C30 且＜C60 时，为 0.5～0.8MPa/

s；当混凝土强度等级≥C60 时，为 0.8～1.0MPa/s；且应连续均匀地加荷。

4.2.3　混凝土的变形性能

混凝土的变形包括非荷载作用下的变形和荷载作用下的变形。非荷载下的变形，分为混凝土的化学收缩、干湿变形及温度变形；荷载作用下的变形，分为短期荷载作用下的变形及长期荷载作用下的变形——徐变。

（1）非荷载作用下的变形

1）化学收缩

在混凝土硬化过程中，由于水泥水化物的固体体积，比反应前物质的总体积小，从而引起混凝土的收缩，称为化学收缩。

特点：不能恢复，收缩值较小，对混凝土结构没有破坏作用，但在混凝土内部可能产生微细裂缝而影响承载状态和耐久性。

2）干湿变形

干湿变形是指由于混凝土周围环境湿度的变化，会引起混凝土的干湿变形，表现为干缩湿胀。

混凝土在干燥过程中，由于毛细孔水的蒸发，使毛细孔中形成负压，随着空气湿度的降低，负压逐渐增大，产生收缩力，导致混凝土收缩。同时，水泥凝胶体颗粒的吸附水也发生部分蒸发，凝胶体因失水而产生紧缩。当混凝土在水中硬化时，体积产生轻微膨胀，这是由于凝胶体中胶体粒子的吸附水膜增厚，胶体粒子间的距离增大所致。

混凝土的干湿变形量很小，一般无破坏作用。但干缩变形对混凝土危害较大，干缩能使混凝土表面产生较大的拉应力而导致开裂，降低混凝土的抗渗、抗冻、抗侵蚀等耐久性能。

3）温度变形

温度变形是指混凝土随着温度的变化而产生热胀冷缩变形。混凝土的温度变形系数为 $(1～1.5)×10^{-5}/℃$，即温度每升高 1℃，每 1m 胀缩 0.01～0.015mm。温度变形对大体积混凝土、纵长的混凝土结构、大面积混凝土工程极为不利，易使这些混凝土造成温度裂缝。可采取的措施为：采用低热水泥，减少水泥用量，掺加缓凝剂，采用人工降温，设温度伸缩缝，以及在结构内配置温度钢筋等，以减少因温度变形而引起的混凝土质量问题。

（2）荷载作用下的变形

1）混凝土在短期作用下的变形

混凝土是一种由水泥石、砂、石、游离水、气泡等组成的不匀质的多组分三相复合材料，为弹塑性体。受力时既产生弹性变形，又产生塑性变形，其应力-应变关系呈曲线，见图 4-12。卸荷后能恢复的应变 ε 弹是由混凝土

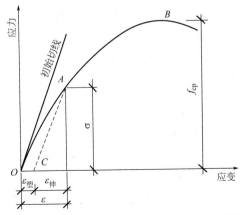

图 4-12　混凝土在压力作用下的应力-应变曲线

的弹性应变引起的，称为弹性应变；剩余的不能恢复的应变 ε 塑，则是由混凝土的塑性应变引起的，称为塑性应变。

混凝土的变性模量：在应力-应变曲线上任一点的应力 σ 与其应变 ε 的比值，称为混凝土在该应力下的变形模量。它反映混凝土所受应力与所产生应变之间的关系，适用于计算钢筋混凝土的变形、裂缝开展及大体积混凝土的温度应力中。

混凝土的弹性模量。在应力-应变曲线的原点作一切线，其斜率为混凝土的原点斜率，称为弹性模量，以 E_c 表示。$E_c = \tan \partial_0$。弹性模量影响混凝土弹性模量的主要因素有混凝土的强度、骨料的含量及其弹性模量以及养护条件等。

2）混凝土在长期荷载作用下的变形——徐变（Creep）

混凝土在持续荷载作用下，除产生瞬间的弹性变形和塑性变形外，还会产生随时间增长的变形，称为徐变。见图 4-13。

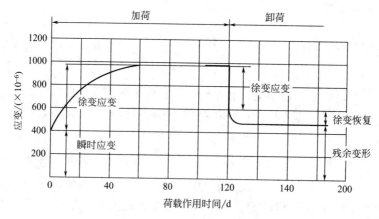

图 4-13　徐变变形与徐变恢复

① 徐变特点　在加荷瞬间产生瞬时变形，随着时间的延长，又产生徐变变形。荷载初期，徐变变形增长较快，以后逐渐变慢并温度下来。卸荷后，一部分变形瞬时恢复，其值小于在加荷瞬间产生的瞬时变形。在卸荷后的一段时间内变形还会继续恢复，称为徐变恢复。最后残存的不能恢复的变形，称为残余变形。

② 徐变对结构物的影响　有利影响：可消除钢筋混凝土内的应力集中，使应力重新分配，从而使混凝土构件中局部应力得到缓和。对大体积混凝土则能消除一部分由于温度变形所产生的破坏应力。

不利影响：使钢筋的预加应力受到损失（预应力减小），使构件强度减小。

③ 影响徐变因素　混凝土的徐变是由于在长期荷载作用下，水泥石中的凝胶体产生黏性流动，向毛细孔内迁移所致。影响混凝土徐变的因素有水灰比、水泥用量、骨料种类、应力等。混凝土内毛细孔数量越多，徐变越大；加荷龄期越长，徐变越小；水泥用量和水灰比越小，徐变越小；所用骨料弹性模量越大，徐变越小；所受应力越大，徐变越大。

4.2.4 混凝土的耐久性

混凝土耐久性是指混凝土抵抗环境介质的作用，长期保持强度和外观完整性的能力。

主要包括抗渗性、抗冻性、抗侵蚀性、碳化性、碱-骨料反应等性能。

(1) 抗渗性

抗渗性是指混凝土抵抗有压介质（水、油、溶液）渗透的能力。《混凝土质量控制标准》（GB 50164—2011）规定，混凝土的抗渗性用抗渗等级表示。抗渗等级是以 28d 龄期的试件，在标准试验条件下，以 6 个标准试件中 4 个未出现渗水时，所能承受的最大静水压力来确定，用符号 P 表示。抗渗等级分为 P4、P6、P8、P10、P12 等 5 个等级，表示混凝土能抵抗 0.4MPa、0.6MPa、0.8MPa、1.0MPa、1.2MPa 的静水压力而不渗水。

混凝土的抗渗性主要取决于密实度、内部孔隙的大小和构造。

提高混凝土抗渗性的关键：是提高混凝土的密实度或改善混凝土的孔隙构造；主要措施：降低水胶比、选择好的集料级配、加强振捣和养护、掺入外加剂等。

(2) 抗冻性

抗冻性是指混凝土在饱水状态下，能经受多次冻融循环不破坏、强度也不严重降低的性能。

国标规定混凝土抗冻性用抗冻标号和抗冻等级表示。

1) 抗冻标号

是采用慢冻法以 28d 龄期的试件在吸水饱和后，承受的反复冻融循环，且强度损失率≯25％或质量损失率≯5％时能承受的最大循环次数来确定，用符号 D 表示。抗冻标号分为 D50、D100、D150、D200 等四个等级，如 D50 代表混凝土能经受的慢速冻融循环次数为 50 次。

2) 抗冻等级

是采用快冻法以 28d 龄期的试件在吸水饱和后，承受的反复冻融循环，且相对动弹性模量下降至≯60％或者质量损失率≯5％时能承受的最大循环次数，用符号 F 表示。抗冻等级分为 F50、F100、F150、F200、F250、F300　F350、F400 等 8 个等级，如 F50 代表混凝土能经受的快速冻融循环次数为 50 次。

混凝土的抗冻性主要取决于混凝土的孔隙率、孔隙构造和孔隙充水程度。孔隙率越低、连通孔隙越少、孔隙的充水饱和程度越差，抗冻性越好。

提高混凝土的抗冻性主要是降低水胶比，提高密实度，或改善孔隙构造。

(3) 抗侵蚀性

当混凝土所处环境中含侵蚀性介质时，混凝土就会遭受侵蚀。侵蚀类型主要有淡水侵蚀、盐类侵蚀、酸类侵蚀、强碱侵蚀等，侵蚀机理与水泥石腐蚀相同。

混凝土的抗侵蚀性与所用水泥品种，混凝土密实度和孔隙特征有关。密实度越高，连通孔隙越少，侵蚀性介质越不易侵入，故混凝土的抗侵蚀性好。

提高抗侵蚀性的主要措施是合理选择水泥品种、提高混凝土的密实度和改善孔隙构造。

（4）碳化性

混凝土的碳化是指水泥石中的氢氧化钙与空气中的二氧化碳反应生成碳酸钙，从而降低混凝土碱度的过程。

碳化对混凝土性能有以下利弊。

有利：碳化产生的碳酸钙能填充水泥石孔隙，碳化产生的水分使未水化水泥颗粒进一步水化，提高了混凝土强度。

不利：使碱度降低，减弱了对钢筋的保护作用而使钢筋锈蚀；锈蚀的生成物体积膨胀，进一步造成混凝土微裂；碳化作用能引起混凝土收缩，使碳化层处于受拉状态而开裂，降低混凝土抗拉强度。

碳化速度的影响因素，包括环境中二氧化碳浓度、水泥品种、水胶比、环境湿度等。

二氧化碳浓度高，碳化速度快；掺混合材料的水泥碱度低，碳化速度随混合材料的增多而加快；水胶比小的混凝土较密实，二氧化碳和水不易侵入，碳化速度慢；环境相对湿度在 $50\%\sim70\%$ 时，碳化速度最快，当相对湿度小于 25% 或在水中时碳化停止。

工程中，为减少碳化作用对钢筋混凝土结构的不利影响，可采取以下措施。

① 在钢筋混凝土结构中采用适当保护层，使碳化深度在建筑物设计年限中达不到钢筋表面。

② 根据工程环境及使用条件，合理选择水泥品种。

③ 使用减水剂，改善混凝土和易性并提高其密实度。

④ 采用水胶比小、单位胶凝材料用量较大的混凝土配合比。

⑤ 加强施工质量控制，加强养护，保证振捣质量，减少或避免混凝土出现蜂窝等质量事故。

⑥ 在混凝土表面涂刷保护层，防止二氧化碳侵入。

（5）碱-骨料反应

碱-骨料反应是指水泥中的碱（Na_2O、K_2O）与骨料中的活性二氧化硅反应，在骨料表面生成复杂的碱-骨料凝胶，吸水后体积膨胀导致混凝土开裂破坏，使混凝土耐久性严重降低的现象。

碱-骨料反应的产生有三个条件：水泥中含碱量（$Na_2O+0.658K_2O$）高；砂石骨料含活性二氧化硅成分；有水存在。

防止碱-骨料反应发生的主要措施有以下五点。

① 采用含碱量 $<0.6\%$ 的水泥。

② 选用非活性骨料。

③ 掺入活性混合材料吸收溶液中的碱，使反应产物分散而减少膨胀值。

④ 掺入引气剂产生微小气泡，降低膨胀压力。

⑤ 防止水分侵入，设法使混凝土处于干燥状态。

4.3　普通混凝土的配合比设计

4.3.1　配合比设计的基本内容和要求

普通混凝土的配合比是指混凝土的各组成材料数量之间的质量比例关系。确定比例关系的过程叫配合比设计。普通混凝土配合比，应根据原材料性能及对混凝土的技术要求进行计算，并经试验室试配、调整后确定。普通混凝土的组成材料主要包括水泥、粗骨料、细骨料和水，随着混凝土技术的发展，外加剂和掺合料的应用日益普遍，因此，其掺量也是配合比设计时需选定的。混凝土的配合比除影响混凝土的性能外，还影响工程的造价。因此，良好的配合比是制备优质而经济的混凝土的基本条件。

(1) 混凝土配合比设计常用表示方法

混凝土配合比常用的表示方法有两种：一种以 $1m^3$ 混凝土中各项材料的质量表示，混凝土中的水泥、水、粗骨料、细骨料的实际用量按顺序表达，如水泥 300kg、水 182kg、砂 680kg、石子 1310kg；另一种表示方法是以水泥、砂、石之间的相对质量比（以水泥质量为 1）及水灰比表达，如前例可表示为 $1:2.26:4.37$，$W/C=0.61$。

(2) 混凝土配合比设计中的三个基本参数

符合经济原则，节约水泥，降低成本。混凝土的配合比设计，实质上就是确定单位体积混凝土拌合物中水、水泥。粗骨料（石子）、细骨料（砂）这 4 项组成材料之间的三个参数。即水和水泥之间的比例——水灰比；砂和石子间的比例——砂率；骨料与水泥浆之间的比例——单位用水量。在配合比设计中能正确确定这三个基本参数，就能使混凝土满足配合比设计的 4 项基本要求。

确定这三个参数的基本原则是：在混凝土的强度和耐久性的基础上，确定水灰比。在满足混凝土施工要求和易性要求的基础上确定混凝土的单位用水量；砂的数量应以填充石子空隙后略有富余为原则。

具体确定水灰比时，从强度角度看，水灰比应小些；从耐久性角度看，水灰比小些，水泥用量多些，混凝土的密度就高，耐久性则优良，这可通过控制最大水灰比和最小水泥的用量来满足。由强度和耐久性分别决定的水灰比往往是不同的，此时应取较小值。但当强度和耐久性都已知的前提下，水灰比应取较大值，以获得较高的流动性。

确定砂率主要应从满足工作性和节约水泥两个方面考虑。在水灰比和水泥用量（即水泥浆用量）不变的前提下，砂率应取坍落度最大而黏聚性和保水性又好的砂率即合理砂率可由 4.3.2 节中表 4-16 初步决定，经试拌调整而定。在工作性满足的情况下，砂率尽可能取小值以达到节约水泥的目的。

(3) 混凝土配合比设计基本要求

配合比设计的任务，就是根据原材料的技术性能及施工条件，确定出能满足工程所要求的技术经济指标的各项组成材料的用量。其基本要求是以下几点。

① 达到混凝土结构设计要求的强度等级。

② 满足混凝土施工所要求的和易性要求。

③ 满足工程所处环境和使用条件对混凝土耐久性的要求。

④ 单位用水量是在水灰比和水泥用量不变的情况下，实际反映水泥浆量与骨料间的比例关系。

水泥浆量要满足包裹粗、细集料表面并保持足够流动性的要求，但用水量过大，会降低混凝土的耐久性。

4.3.2 混凝土配合比设计的步骤

混凝土的配合比设计是一个计算、试配、调整的复杂过程，大致可分为初步计算配合比、基准配合比、试验室配合比、施工配合比设计 4 个设计阶段。首先按照已选择的原材料性能及对混凝土的技术要求进行初步计算，得出"初步计算配合比"。基准配合比是在初步计算配合比的基础上，通过试配、检测、进行工作性的调整、修正得到；试验室配合比是通过对水灰比的微量调整，在满足设计强度的前提下，进一步调整配合比以确定水泥用量最小的方案；而施工配合比是考虑砂、石的实际含水率对配合比的影响，对配合比做最后的修正，是实际应用的配合比。配合比设计的过程是逐一满足混凝土的强度、工作性、耐久性、节约水泥等要求的过程。

(1) 混凝土配合比设计的基本资料

在进行混凝土的配合比设计前，需确定和了解的基本资料。即设计的前提条件，主要有以下几个方面。

① 混凝土设计强度等级和强度的标准差。

② 材料的基本情况，包括水泥品种、强度等级、实际强度、密度；砂的种类、表观密度、细度模数、含水率；石子种类、表观密度、含水率；是否掺外加剂、外加剂种类。

③ 混凝土的工作性要求，如坍落度指标。

④ 与耐久性有关的环境条件，如冻融状况、地下水情况等。

⑤ 工程特点及施工工艺，如构件几何尺寸、钢筋的疏密、浇筑振捣的方法等。

(2) 初步计算配合比

1) 确定混凝土配制强度 $f_{cu,o}$

混凝土的配制强度按下式计算：

$$f_{cu,o} \geqslant f_{cu,k} + 1.645\sigma \qquad (4-9)$$

式中 $f_{cu,o}$——混凝土配制强度，MPa；

       $f_{cu,k}$——混凝土立方体抗压强度标准值也称设计强度，MPa；

         σ——混凝土强度标准差，MPa。

其确定方法如下所述。

① 可根据同类混凝土的强度资料确定。对 C20 和 C25 级的混凝土，其强度标准差下限值取 2.5MPa。对大于或等于 C30 级的混凝土，其强度标准差的下限值取 3.0MPa。

② 当施工单位无历史统计资料时，σ 可按表 4-12 取值。

③ 遇有下列情况时应适当提高混凝土配制强度。

a. 现场条件与试验室条件有显著差异时。

b. C30 及其以上强度等级的混凝土，采用非统计方法评定时。

表 4-12　混凝土的 σ 取值（混凝土强度标准差）

混凝土的强度等级	小于 C20	C20～C35	大于 C35
σ	4.0	5.0	6.0

2）确定水灰比 W/C

当混凝土强度等级小于 C60 级时，混凝土水灰比按式(4-10)；

$$\frac{W}{C} = \frac{\alpha_a f_{ce}}{f_{cu,o} \alpha_a \alpha_b f_{ce}} \tag{4-10}$$

式中　α_a，α_b——回归系数，取值见表 4-13；

f_{ce}——水泥 28d 抗压强度实测值，MPa。

表 4-13　回归系数 α_a，α_b 取值

系数	石子品种	
	碎石	卵石
α_a	0.46	0.48
α_b	0.07	0.33

当无水泥 28d 抗压强度实测值时，按式(4-11)确定 f_{ce}；

$$f_{ce} = \gamma_c f_{ce,g} \tag{4-11}$$

式中　$f_{ce,g}$——水泥强度等级值，MPa；

γ_c——水泥强度等级值富余系数，按实际统计资料确定。富余系数可取 $\gamma_c = 1.13$。

由式（4-11）计算出的水灰比应小于表 4-14 中规定的最大水灰比。

3）确定用水量 m_{wo}

用水量可根据施工要求的混凝土拌合物的坍落度、所用骨料的种类及最大粒径查表 4-15 得。水灰比小于 0.40 的混凝土及采用特殊成型工艺的混凝土的用水量应通过试验确定。流动性和大流动性混凝土的用水量可以查表中坍落度为 90mm 的用水量为基础，按坍落度每增大 20mm，用水量增加 5kg，计算出用水量。

表 4-14　混凝土的最大水灰比和最小水泥用量

环境条件		结构物类别	最大水灰比			最小水泥用量/kg		
			素混凝土	钢筋混凝土	预应力混凝土	素混凝土	钢筋混凝土	预应力混凝土
干燥环境		正常的居住或办公用房屋内部件	不作规定	0.65	0.60	200	260	300
潮湿环境	无冻害	高湿度的室内部件 室外部件 在非侵蚀性土和（或）水中的部件	0.70	0.60	0.60	225	280	300
	有冻害	经受冻害的室外部件 在非侵蚀性土和（或）水中且经受冻害的部件 高湿度且经受冻害的室内部件	0.55	0.55	0.55	250	280	300
有冻害和除冰剂的潮湿环境		经受冻害和除冰剂作用的室内和室外部件	0.50	0.50	0.50	300	300	300

注：1.当用活性掺合料取代部分水泥时，表中的最大水灰比及最小水泥用量即为替代前的水灰比和水泥用量。

2.配制 C15 级及其以下等级的混凝土，可不受本表限制。

表 4-15　塑性混凝土用水量　　　　　　单位：kg/m³

拌合物稠度		卵石最大粒径/mm				碎石最大粒径/mm			
项目	指标	10	20	31.5	40	16	20	31.5	40
坍落度 /mm	10～30	190	170	160	150	200	185	175	165
	35～50	200	180	170	160	210	195	185	175
	55～70	210	190	180	170	220	205	195	185
	75～90	215	195	185	175	230	215	205	195

注：1.本表用水量宜采用中砂时的平均取值。采用细砂时，每立方米混凝土用水量增加 5～10kg，采用粗砂时，则可减少 5～10kg。

2.采用各种外加剂或掺合料时，用水量应相应调整。

掺外加剂时的用水量可按式(4-12) 计算；

$$m_{wa} = m_{wo}(1-\beta) \qquad (4-12)$$

式中　m_{wa}——掺外加剂时每立方米混凝土的用水量，kg；

m_{wo}——未掺外加剂时的每立方米混凝土的用水量，kg；

β——外加剂的减水率，%，经试验确定。

4）确定水泥用量 m_{co}

由已求得的水灰比 W/C 和用水量 m_{co} 可计算出水泥用量。

$$m_{co} = m_{wo}\frac{C}{W} \qquad (4-13)$$

由式(4-13) 计算出的水泥用量应大于表 4-14 中规定的最小水泥用量，若计算而得的水泥用量小于最小水泥用量时，应选取最小水泥用量，以保证混凝土的耐久性。

5）确定砂率

砂率可由试验或历史经验资料选取。如无历史资料，坍落度为 10～60mm 的混凝土的砂率可根据粗骨料品种，最大粒径按表 4-15 选取。坍落度大于 60mm 有混凝土的砂率，可经试验确定，也可在表 4-16 的基础上，按坍落度每增大 20mm，砂率增大 1% 的幅度予以调整。坍落度小于 10mm 的混凝土，其砂率应经试验确定。

表 4-16　混凝土的砂率　　　　　　　　　　　　　　单位：%

水灰比 (W/C)	卵石最大粒径/mm			碎石最大粒径/mm		
	10	20	40	16	20	40
0.40	26～32	25～31	24～30	30～35	29～34	37～32
0.50	30～35	29～34	28～33	33～38	32～37	30～35
0.60	33～38	32～37	31～36	36～41	35～40	33～38
0.70	36～41	35～40	34～39	39～44	38～43	36～41

注：1. 本表数值系中砂的选用砂率，对细砂或粗砂，可相应地减小或增大砂率。

2. 只用一个单粒级粗集料配制混凝土时，砂率应适当增大。

3. 对薄壁构件，砂率取偏大值。

6）计算砂、石子用量 m_{so}、m_{go}

① 体积法。该方法假定混凝土拌合物的体积等于各组成材料的体积与拌合物中所含空气的体积之和。如取混凝土拌合物的体积为 $1m^3$，则可得以下关于 m_{so}、m_{go} 的二元方程组。

$$\begin{cases} \dfrac{m_{co}}{\rho_c}+\dfrac{m_{go}}{\rho_g}+\dfrac{m_{so}}{\rho_s}+\dfrac{m_{wo}}{\rho_w}+0.01\alpha=1m^3 \\ \beta_s=\dfrac{m_{so}}{m_{so}+m_{go}}\times100\% \end{cases} \quad (4\text{-}14)$$

式中　m_{co}、m_{so}、m_{go}、m_{wo}——每立方米混凝土中的水泥、细集料（砂）、粗集料（石子）、水的质量，kg；

ρ_g、ρ_s——粗集料、细集料的表观密度，kg/m^3；

ρ_c、ρ_w——水泥、水的密度，kg/m^3；

α——混凝土中的含气量百分数，在不使用引气型外加剂时，α 可取 1。

② 质量法。该方法假定 $1m^3$ 混凝土拌合物质量，等于其各种组成材料质量之和，据此可得以下方程组（4-15）。

$$\begin{cases} m_{co}+m_{so}+m_{go}+m_{wo}=m_{cp} \\ \beta_s=\dfrac{m_{so}}{m_{so}+m_{go}}\times100\% \end{cases} \quad (4\text{-}15)$$

式中　m_{co}、m_{so}、m_{go}、m_{wo}——每立方米混凝土中的水泥、细集料（砂）、粗集料（石

子）、水的质量，kg；

m_{cp}——每立方米混凝土拌合物的假定质量，可根据实际经验在 2350～2450kg 之间取。

同以上关于 m_{so} 和 m_{go} 的二元方程组，可解出 m_{so} 和 m_{go}。

则混凝土的初步计算配合比（初步满足强度和耐久性要求）为 $m_{co}:m_{so}:m_{go}:m_{wo}$。

（2）基准配合比

按初步计算配合比进行混凝土配合比的试配和调整。试配时，混凝土的最小搅拌量可按表 4-17 选取。当采用机械搅拌时，其搅拌不应小于搅拌机额定搅拌量的 1/4。

表 4-17　混凝土试拌的最小搅拌量

骨料最大粒径/mm	拌合物数量/L	骨料最大粒径/mm	拌合物数量/L
31.5 及以下	15	40	25

试拌后立即测定混凝土的工作。当试拌得出的接种物坍落度比要求值小时，应在水灰比不变前提下，增加水泥浆用量；当比要求值大时，应在砂率不变的前提下，增加砂、石用量；当黏聚性、保水性差时，可适当加大砂率。调整时，应即时记录调整后的各材料用量（m_{cb}，m_{wb}，m_{sb}，m_{gb}），并实测拌后混凝土拌合物的体积密度 ρ_{oh}（kg/m³）。令工作性调整后的混凝土试样总质量为：

$$m_{Qb} = m_{cb} + m_{wb} + m_{sb} + m_{gb} \tag{4-16}$$

由此得出基准配合比（调整后的 $1m^3$ 混凝土中各材料用量）

$$m_{cj} = \frac{m_{ch}}{m_{Qb}}\rho_{oh}$$

$$m_{wj} = \frac{m_{wh}}{m_{Qb}}\rho_{oh}$$

$$m_{sj} = \frac{m_{sh}}{m_{Qb}}\rho_{oh}$$

$$m_{gj} = \frac{m_{gh}}{m_{Qb}}\rho_{oh} \tag{4-17}$$

式中　ρ_{oh}——实测试拌混凝土的体积密度。

（3）试验室配合比

经调整后的基准配合比虽工作性已满足要求，但经计算而得出的水灰比是否真正满足强度的要求需要通过强度试验检验。在基准配合比的基础上做强度试验时，就采用三个不一样的配合比，其中一个为基准配合比的水灰比，另外两个较基准配合比的水灰比分别增加和减少 0.05。其用水量应与基准配合比的用水量相同，砂率可分别增加和减少 1%。

制作混凝土强度试验试件时，应检验混凝土拌合物的坍落度和维勃稠度、黏聚性、保水性及拌合物的体积密度，并以此结果作为代表相应配合比的混凝土拌合物的性能。进行混凝土强度试验时，每种配合比至少应制作一组（三块）试件，标准养护28d时试压。需要时可同时制作几组试件，供快速检验或早龄试压，以便提前定出混凝土配合比供施工使用，但应以标准养护28d的强度的检验结果为依据调整配合比。

根据试验得出的混凝土强度与其相对应的灰水比（C/W）关系，用作图法或计算法求出与混凝土配制强度（$f_{cu,o}$）相对应的灰水比，并应按下列原则确定每立方米混凝土的材料用量：

① 用水量（m_w）应在基准配合比用水量的基础上，根据制作强度试件时测得的坍落度或维勃稠度进行调整确定。

② 水泥用量（m_c）应以用水量乘以选定出来的灰水比计算确定。

③ 粗集料和细集料用量（m_g 和 m_s）应在基准配合比的粗集料和细集料用量的基础上，按选定的灰水比进行调整后确定。

经试配确定配合比后，尚应按下列步骤进行校正。

据前述已确定的材料用量按式(4-18)计算混凝土的表观密度计算值：

$$\rho_{cc} = m_c + m_w + m_s + m_g \tag{4-18}$$

再按式(4-19)计算混凝土配合比校正系数 δ：

$$\delta = \frac{\rho_{ct}}{\rho_{cc}} \tag{4-19}$$

式中　ρ_{ct}——混凝土表观密度实测值，kg/m^3；

　　　ρ_{cc}——混凝土表观密度计算值，kg/m^3。

当混凝土表观密度实测值与计算值之差的绝对值不超过计算值的2%时，按以前的配合比即为确定的试验室配合比；当二者之差超过2%时，应将配合比中每项材料用量均乘以校正系数 δ，即为最终确定的试验室配合比。

试验室配合比在使用过程中应根据原材料情况及混凝土质量检验的结果予以调整。但遇有下列情况之一时，应重新进行配合比设计。

① 对混凝土性能指标有特殊要求时。

② 水泥、外加剂或矿物掺合料品种，质量有显著变化时。

③ 该配合比的混凝土生产间断半年以上时。

（4）施工配合比

设计配合比是以干燥材料为基准的，而工地存放的砂石都含有一定的水分，且随着气候的变化而经常变化。所以，现场材料的实际称量应按施工现场砂石的含水情况进行修正，修正后的配合比称为施工配合比。

假定工地存放的砂的含水率为 $a\%$，石子的含水率为 $b\%$，则将上述设计配合比换算为施工配合比，其材料称量为：

水泥用量：$m_c = m_{co}$　　　　　　　　砂（细集料）用量：$m_s = m_{so}(1+a\%)$

石子（粗集料）用量：$m_g = m_{go}$ $(1+b\%)$　用水量：$m_w = m_{wo} - m_{so} \times a\% - m_{go} \times b\%$

m_{co}、m_{so}、m_{go}、m_{wo}为调整后的试验室配合比中每立方米混凝土中的水泥、水、砂和石子的用量（kg）。应注意，进行混凝土配合计算时，其计算公式中有关参数和表格中的数值均系以干燥状态骨料（含水率小于 0.05％的粗集料或含水率小于 0.2％的粗骨料）为基准。当以饱和面干骨料为基准进行计算时，则应做相应的调整，即施工配合比公式中的 a、b 分别表示现场砂石含水率与其饱和面干含水率之差。

【例 4-1】 某框架结构钢筋混凝土，混凝土设计强度等级为 C30，现场机械搅拌，机械振捣成型，混凝土坍落度要求为 50～70mm，并根据施工单位的管理水平和历史统计资料，混凝土强度标准差 σ 取 4.0MPa。所用原材料如下所述。

水泥：普通硅酸盐水泥 32.5 级，密度 $\rho_c=3.1$，水泥强度富余系数 $K_c=1.12$；

砂：河砂 $M_X=2.4$，Ⅱ级配区，$\rho_c=2.65\text{g/cm}^3$；

石子：碎石，$D_{max}=40\text{mm}$，连续级配，级配良好，$\rho_c=2.70\text{g/cm}^3$；

水：自来水。

求：混凝土初步计算配合比。

【解】 1）确定混凝土配制强度（$f_{cu,h}$）

$$f_{cu,h}=f_{cu,h}+1.645\sigma=30+1.645\times4.0=36.58\ (\text{MPa})$$

2）确定水灰比（W/C）

① 根据强度要求计算水灰比（W/C）

$$\frac{W}{C}=\frac{Af_{ce}}{f_{cu,h}+ABf_{ce}}=\frac{0.46\times32.5\times1.12}{36.58+0.46\times0.03\times32.5\times1.12}=0.45$$

② 根据耐久性要求确定水灰比（W/C）：

由于框架结构混凝土梁处于干燥环境，对水灰比无限制，故取满足强度要求的水灰比即可。

3）确定用水量（W_0）

查表 4-15 可知，坍落度 55～70mm 时，用水量 $W_0=185\text{kg}$；

4）计算水泥用量（C_0）。

$$C_0=W_0\frac{C}{W}=185\times\frac{1}{0.45}=411(\text{kg})$$

根据表 4-14，满足耐久性对水泥用量的最小要求。

5）确定砂率（S_p）

参照表 4-16，通过插值（内插法）计算，取砂率 $S_p=32\%$。

6）计算砂、石用量（S_0、G_0）

采用体积法计算，因无引气剂，取 $\alpha=1$。

$$\begin{cases}\dfrac{411}{3.1}+\dfrac{185}{1}+\dfrac{S_0}{2.65}+\dfrac{G_0}{2.70}+10\times1=1000\\[2mm]\dfrac{S_0}{S_0+G_0}=32\%\end{cases}$$

解上述联立方程得：$S_0 = 577$kg；$G_0 = 1227$kg。

因此，该混凝土初步计算配合为：$C_0 = 411$kg，$W_0 = 185$kg，$S_0 = 577$kg，$G_0 = 1227$kg。或者：$C : S : G = 1 : 1.40 : 2.99$，$W/C = 0.45$

【例 4-2】 承上题，根据初步计算配合比，称取 12L 各材料用量进行混凝土和易性试拌调整。测得混凝土坍落度 $T = 20$mm，小于设计要求，增加 5% 的水泥和水，重新搅拌测得坍落度为 65mm，且黏聚性和保水性均满足设计要求，并测得混凝土表观密度 2392kg/m³，求基准配合比。又经混凝土强度试验，恰好满足设计要求，已知现场施工所用砂含水率 4.5%，石子含水率 1.0%，求施工配合比。

【解】 1) 基准配合比

① 根据初步计算配合比计算 12L 各材料用量为：

$C = 4.932$kg，$W = 2.220$kg，$S = 6.92$kg，$G = 14.72$kg

② 增加 5% 的水泥和水用量为：

$\Delta C = 0.247$kg，$\Delta W = 0.111$kg

③ 各材料总用量为：

$A = (4.932 + 0.247) + (2.220 + 0.111) + 6.92 + 14.92 = 29.35$(kg)

④ 根据式(4-17) 计算得基准配合比为：$C_j = 422$，$W_j = 190$，$S_j = 564$，$G_j = 1215$。

2) 施工配合比

根据题意，试验室配合比等于基准配合比，则施工配合比为：

$C = C_j = 422$kg

$S = 564 \times (1 + 4.5\%) = 589$(kg)

$G = 1215 \times (1 + 1\%) = 1227$(kg)

$W = 190 - 564 \times 4.5\% - 1215 \times 1\% = 152$(kg)

【例 4-3】 承上题求得的混凝土基准配合比，若掺入减水率为 18% 的高效减水剂，并保持混凝土落度和强度不变，实测混凝土表观密度 $\rho_h = 2400$kg/m³。求掺减水剂后混凝土的配合比。每立方米混凝土节约水泥多少千克？

【解】 1) 减水率 18%，则实际需水量为

$W = 190 - 190 \times 18\% = 156$(kg)

2) 保持强度不变，即保持水灰比不变，则实际水泥用量为

$C = 156/0.45 = 347$(kg)

3) 掺减水剂后混凝土配合比如下

各材料总用量 $= 347 + 156 + 564 + 1215 = 2282$

$C = \dfrac{347}{2282} \times 2400 = 365$(kg)，$W = \dfrac{156}{2282} \times 2400 = 164$(kg)

$S = \dfrac{564}{2282} \times 2400 = 593$(kg)，$G = \dfrac{1215}{2282} \times 2400 = 1278$(kg)

因此，实际每立方米混凝土节约水泥：$422 - 365 = 57$kg。

4.4 砂浆的组成材料和技术性质

建筑砂浆是由无机胶凝材料、细骨料、掺加料和水等材料按适当比例配制而成，主要用于砌筑和装饰装修工程。砂浆按胶凝材料的不同，可分为水泥砂浆和水泥混合砂浆等；水泥混合砂浆可分为水泥石灰混合砂浆、水泥电石膏混合砂浆和水泥粉煤灰混合砂浆等。砂浆按用途可分为砌筑砂浆、抹面砂浆、装饰砂浆和特种砂浆（如绝热砂浆、防水砂浆、耐酸砂浆等）。

近年来，随着我国墙体材料改革和建筑节能工作的深入，各种新型墙体材料替代传统普通黏土砖而大量使用，对建筑砂浆的质量和技术性能，提出了更高的要求，传统的砂浆已不能满足使用要求。预拌砂浆、干粉砂浆、专用砂浆、自流平砂浆等应运而生。

建筑砂浆与混凝土的差别仅限于不含粗骨料，可以说是无粗骨料的混凝土。因此，有关混凝土性质的规律，如和易性、强度和耐久性等的基本理论和要求，原则上也适应于砂浆。但砂浆为薄层铺筑或粉刷，基底材料各自不同，并且在房屋建筑中大多是涂铺在多孔而吸水的基底上，由于这些应用上的特点，故对砂浆性质的要求及影响因素又与混凝土不尽相同。此外，施工工艺和施工条件的差异，对砂浆也提出了与混凝土不尽相同的技术要求。因此，合理选择和使用砂浆，对保证工程质量、降低工程造价具有重要意义。

土木工程中，要求砌筑砂浆应具有如下性质。

① 新拌砂浆应具有良好的和易性。

② 硬化砂浆应具有一定的强度、良好的黏结力等力学性质。

③ 硬化砂浆应具有良好的耐久性。

4.4.1 砂浆的组成材料

建筑砂浆的主要组成材料有水泥、掺加料、细骨料、外加剂、水等。

(1) 水泥

1) 水泥的品种

水泥品种的选择与混凝土基本相同，通用硅酸盐系列水泥和砌筑专用水泥都可以用来配制建筑砂浆。砌筑水泥是专门用来配制砌筑砂浆和内墙抹面砂浆的少熟料水泥，强度低，配制的砂浆具有较好的和易性。另外，对于一些有特殊用途的砂浆，如用于预制构件的接头、接缝或用于结构加固、修补裂缝等的砂浆，可采用膨胀水泥；装饰砂浆使用白水泥、彩色水泥等。

2) 强度等级

水泥的强度等级应根据砂浆强度等级进行选择。为合理利用资源，节约材料，配制砂浆时尽量选用低强度等级水泥和砌筑水泥。在配制砌筑砂浆时，M15 及以下强度等级的砌筑砂浆宜选用 32.5 级的通用硅酸盐水泥或砌筑水泥；M15 以上强度等级的砌筑砂浆宜选用 42.5

级的通用硅酸盐水泥或砌筑水泥；如果水泥强度等级过高，可适当掺入掺加料。

3）水泥用量

为保证砌筑砂浆的保水性能，满足保水率要求，对水泥和掺合料的用量规定：水泥砂浆中水泥用量≥200kg/m³，水泥混合砂浆中水泥和掺加料总量应≥350kg/m³，预拌砌筑砂浆中水泥和掺加料总量应≥200kg/m³。

（2）掺加料

当采用高强度等级水泥配制低强度等级砂浆时，因水泥用量较少，砂浆易产生分层、泌水。为改善砂浆的和易性、节约胶凝材料、降低砂浆成本，在配制砂浆时可掺入磨细生石灰、石灰膏、石膏、粉煤灰、电石膏等材料作为掺合料。但石灰膏的掺入会降低砂浆的强度和黏结力，并改变使用范围，其掺量应严格控制。高强砂浆、有防水和抗冻要求的砂浆不得掺加石灰膏及含石灰成分的保水增稠材料。

用生石灰生产石灰膏，应用孔径不大于 3mm×3mm 的筛网过滤，熟化时间不得少于7d，陈伏两周以上为宜；如用磨细生石灰粉生产石灰膏，其熟化时间不得小于 2d，否则会因过火石灰颗粒熟化缓慢、体积膨胀，使已经硬化的砂浆产生鼓泡、崩裂现象。沉淀池中储存的石灰膏，应采取防止干燥、冻结和污染的措施。严禁使用脱水硬化的石灰膏。消石灰粉不得直接使用于砂浆中。磨细生石灰粉也必须熟化成石灰膏后方可使用。

为了保证电石膏的质量，要求按规定过滤后方可使用。因电石膏中乙炔含量大会对人体造成伤害，因此按规定检验合格后才可使用。

砂浆中加入粉煤灰、磨细矿粉等矿物掺合料时，掺合料的品质应符合国家现行的有关标准要求，掺量可经试验确定，粉煤灰不宜使用Ⅲ级粉煤灰。

为方便现场施工时对掺量进行调整，统一规定膏状物质（石灰膏、电石灰膏等）试配时的稠度为（120±5）mm，稠度不同时，应按表 4-18 换算其用量。

表 4-18　膏状物质不同稠度的换算系数

稠度/mm	120	110	100	90	80	70	60	50	40	30
换算系数	1.00	0.99	0.97	0.95	0.93	0.92	0.90	0.88	0.87	0.86

（3）细骨料

配制砂浆的细骨料最常用的是天然砂。砂应符合混凝土用砂的技术性质要求。由于砂浆层较薄，砂的最大粒径应有所限制，理论上不应超过砂浆层厚度的 1/4～1/5。例如砖砌体用砂浆宜选用中砂，最大粒径不大于 2.5mm 为宜；石砌体用砂浆宜选用粗砂，砂的最大粒径应不大于 4.75mm；光滑的抹面及勾缝的砂浆宜采用细砂，其最大粒径不大于 1.2mm 为宜。毛石砌体可用较大粒径骨料配制小石子砂浆。用于装饰的砂浆，还可采用彩砂、石渣等。

砂中含泥对砂浆的和易性、强度、变形性和耐久性均有不利影响。为保证砂浆质量，尤其在配制高强度砂浆时，应选用洁净的砂。因此对砂的含泥量应予以限制：对强度等级为 M2.5 以上的砌筑砂浆，含泥量不应超过 5%；对强度等级为 M2.5 的水泥混合砂浆，含泥量不应超过 10%。

当细骨料采用人工砂、细炉渣、细矿渣等时，应根据经验并经试验，保证不影响砂浆质量才能够使用。

（4）外加剂

为改善新拌砂浆的和易性与硬化后砂浆的各种性能或赋予砂浆某些特殊性能，常在砂浆中掺入适量外加剂。使用外加剂，不用再掺加石灰膏等掺加料就可获得良好的工作性，可以节约能源，保护自然资源。

混凝土中使用的外加剂，对砂浆也具有相应的作用，可以通过试验确定外加剂的品种和掺量。例如为改善砂浆和易性，提高砂浆的抗裂性、抗冻性及保温性，可掺入减水剂等外加剂；为增强砂浆的防水性和抗渗性，可掺入防水剂等；为增强砂浆的保温隔热性能，除选用轻质细骨料外，还可掺入引气剂提高砂浆的孔隙率。

外加剂加入后应充分搅拌使其均匀分散，以防产生不良影响。

（5）水

拌合砂浆用水与混凝土拌合水的要求相同，应选用无有害杂质的洁净水来拌制砂浆。

4.4.2 砌筑砂浆的主要技术性质

砌筑砂浆是指将砖、石、砌块等块材经砌筑成为砌体，起黏结、衬垫和传力作用的砂浆。砌筑砂浆的主要技术性质包括新拌砂浆的和易性、硬化后砂浆的抗压强度、黏结力、变形与耐久性等指标。

（1）新拌砂浆的和易性

和易性是指新拌制砂浆的工作性，即在施工中易于操作而且能保证工程质量的性质，包括流动性和保水性两方面。和易性好的砂浆，在运输和操作时，不会出现分层、泌水等现象，而且容易在粗糙的砖、石、砌块表面上铺成均匀的薄层，保证灰缝既饱满又密实，能够将砖、石、砌块很好地黏结成整体，而且可操作的时间较长，有利于施工操作。

1）流动性

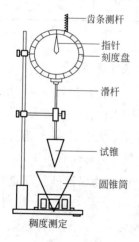

齿条测杆
指针
刻度盘
滑杆
试锥
圆锥筒

稠度测定

图 4-14　砂浆稠度仪

砂浆的流动性又称稠度，是指砂浆在自重或外力作用下流动的性能。

砂浆流动性一般可由施工操作经验来确定。试验室用砂浆稠度仪测定，即标准圆锥体在砂浆中的贯入深度称为沉入度，如图 4-14 所示，单位用 mm 表示。沉入度越大，表示砂浆的流动性越好。

砂浆流动性的选择主要与砌体种类、施工方法及天气情况有关。流动性过大，砂浆太稀，不仅铺砌困难，而且硬化后干缩变形大和强度降低；流动性过小，砂浆太稠，难于铺砌。一般情况下多孔吸水的砌体材料或干热的天气，砂浆的流动性应大些；而密实不吸水的材料或湿冷的天气，其流动性应小些。砌筑砂浆的施工稠度可按表 4-19 选用。

表 4-19　砌筑砂浆的施工稠度

砌体种类	砂浆稠度/mm
烧结普通砖砌体、粉煤灰砌体	70～90
混凝土砖砌体、灰砂砖砌体、普通混凝土小型空心砌块砌体	50～70
烧结多孔砖砌体、烧结空心砖砌体、轻集料混凝土小型空心砌块砌体、蒸压加气混凝土砌块砌体	60～80
石砌体	30～50

2）保水性

新拌砂浆能够保持水分的能力称为保水性。保水性也指砂浆中各项组成材料不易离析的性质，即搅拌好的砂浆在运输、存放、使用的过程中，砂浆中的水与胶凝材料及骨料分离快慢的性质。保水性良好的砂浆水分不易流失，易于摊铺成均匀密实的砂浆层；反之，保水性差的砂浆，易出现泌水、分层离析，同时由于水分易被砌体吸收，影响水泥的正常硬化，降低砂浆的黏结强度。

砂浆保水性可用分层度或保水率评定，考虑到我国目前砂浆品种日益增多，有些新品种砂浆用分层度试验来衡量砂浆各组分的稳定性或保持水分的能力已不太适宜，而且在砌筑砂浆实际试验应用中与保水率试验相比，分层度试验难操作、可复验性差且准确性低，所以在《砌筑砂浆配合比设计规程》（JGJ/T 98—2010）中取消了分层度指标，规定用保水率衡量砌筑砂浆的保水性。砂浆保水率就是用规定稠度的新拌砂浆，按规定的方法进行吸水处理，吸水处理后砂浆中保留的水的质量，并用原始水量的质量百分数来表示。砌筑砂浆的保水率要求见表 4-20。

表 4-20　砌筑砂浆的保水率

砌筑砂浆品种	水泥砂浆	水泥混合砂浆	预拌砌筑砂浆
保水率/%	≥80	≥84	≥88

（2）硬化砂浆的技术性质

砂浆硬化后成为砌体的组成之一，应能与砌体材料结合、传递和承受各种外力，使砌体具有整体性和耐久性。因此，砂浆应具有一定的抗压强度、黏结力、变形性及耐久性等工程所要求的其他技术性质。

1）抗压强度和强度等级

砂浆强度是以边长为 70.7mm×70.7mm×70.7mm 的立方体试块，在温度为 20℃±3℃，一定湿度下养护 28d，测得的极限抗压强度。砌筑砂浆按抗压强度划分为若干强度等级。水泥砂浆及预拌砂浆的强度等级分为 M30、M25、M20、M15、M10、M7.5、M5，水泥混合砂浆的强度等级分为 M15、M10、M7.5、M5。

砂浆不含粗骨料，是一种细骨料混凝土，因此有关混凝土的强度规律，原则上亦适用于砂浆。影响砂浆的抗压强度的主要因素是胶凝材料的强度和用量，此外，水灰比、集料状况、砌筑层（砖、石、砌块）吸水性、掺合材料的品种及用量、养护条件（温度和湿度）都会对砂浆的强度有影响。

① 用于砌筑不吸水基底的砂浆。用于黏结吸水性较小、密实的底面材料（如石材）的砂浆，其强度取决于水泥强度和水灰比，与混凝土类似，计算公式如下：

$$f_{m,o} = A f_{ce}\left(\frac{C}{W} - B\right) \tag{4-20}$$

式中　$f_{m,o}$——砂浆 28d 试配抗压强度（试件用有底试模成型），MPa；

　　f_{ce}——水泥 28d 的实测抗压强度，MPa；

　　$\dfrac{C}{W}$——灰水比；

　　A、B——经验系数，可取 $A = 0.29$，$B = 0.4$。

② 砌筑多孔吸水基底的砂浆。用于黏结吸水性较大的底面材料（如砖、砌块）的砂浆，砂浆中一部分水分会被底面吸收，由于砂浆必须具有良好的和易性，即使用水量不同，经底层吸水后，留在砂浆中的水分大致相同，可视为常量。在这种情况下，砂浆的强度取决于水泥强度和水泥用量，可不必考虑水灰比。可用下面经验公式：

$$f_{m,o} = \frac{\alpha f_{ce} Q_c}{1000} + \beta \tag{4-21}$$

式中　$f_{m,o}$——砂浆的试配强度（试件用无底试模成型），精确至 0.1MPa；

　　Q_c——每立方米砂浆的水泥用量，精确至 1kg；

　　f_{ce}——水泥的实测强度值，MPa；

　　α、β——砂浆的特征系数，其中 $\alpha = 3.03$、$\beta = -15.09$，也可由当地的统计资料计算获得。

2）黏结力

砌体是通过砂浆把块状材料黏结成为整体的，砂浆应具有一定的黏结力。砂浆的抗压强度越高，其黏结力也越大。此外，砂浆的黏结力与墙体材料的表面状态、清洁程度、湿润情况以及施工养护条件等都有关系。

砌筑砂浆的黏结力，直接关系砌体的抗震性能和变形性能，可通过砌体抗剪强度试验测评。试验表明，水泥砂浆中掺入石灰膏等掺加料，虽然能改善和易性，但会降低黏结强度。而掺入聚合物的水泥砂浆，其黏结强度有明显提高，所以砂浆外加剂中常含有聚合物组分。我国古代在石灰砂浆中掺入糯米汁、黄米汁也是为了提高砂浆黏结力。

聚合物砂浆与普通砂浆相比，抗拉强度高，弹性模量低，干缩变形小，抗冻性和抗渗性好，黏结强度高，具有一定的弹性，抗裂性能高。这对解决砌体裂缝、渗漏、空鼓、脱落等质量通病非常有利。

3）变形性

砂浆在承受荷载，以及温度和湿度发生变化时，均会发生变形。如果变形过大或不均匀，就会引起开裂。例如抹面砂浆若产生较大收缩变形，会使面层产生裂纹或剥离等质量问题。因此要求砂浆具有较小的变形性。

砂浆变形性的影响因素很多，有胶凝材料的种类和用量、用水量、细骨料的种类、质量以及外部环境条件如结构变形、温度和湿度等。

① 结构变形对砂浆变形的影响。砂浆属于脆性材料，墙体结构变形会引起砂浆裂缝。当地基不均匀沉降、横墙间距过大、砖墙转角应力集中处未加钢筋、门窗洞口过大，变形缝设置不当等原因而使墙体因强度、刚度、稳定性不足而产生结构变形，超出砂浆允许变形值时，砂浆层开裂。

② 温度对砂浆变形的影响。温度变化导致建筑材料膨胀或收缩，但不同材质有不同的温度系数和变形应力。热膨胀在界面产生温度应力，一旦温度应力大于砂浆抗拉强度，将使材料发生相对位移，导致砂浆产生裂缝。暴露在阳光下的外墙砂浆层的温度往往会超过气温，加上昼夜和寒暑温差的变化，产生较大的温度应力，砂浆层产生温度裂缝，虽然裂缝较为细小，但如此反复，裂纹会不断地扩大。

③ 湿度变化对砂浆变形的影响。外墙抹面砂浆长期裸露在空气中，往往因湿度的变化而膨胀或收缩。砂浆的湿度变形与砂浆含水量和干缩率有关。由湿度引起的变形中，砂浆的干缩速率是一条逆降的曲线，初期干缩迅速，时间长会逐渐减缓。虽然湿度变化造成的收缩是一种干湿循环的可逆过程，但膨胀值是其收缩值的1/9，当收缩应力大于砂浆的抗拉强度时，砂浆必然产生裂缝。

砌筑工程中，不同砌体材料的吸水性差异很大，砌体材料的含水率越大，干燥收缩越大。砂浆若保水性不良，用水量较多，砂浆的干燥收缩也会增大。而砂浆与砌体材料的干缩变形系数不同，在界面上会产生拉应力，引起砂浆开裂，降低抗剪强度和抗震性能。

实际工程中，可通过掺加抗裂性材料，提高砂浆的塑性、韧性，来改善砂浆的变形性能。如配制聚合物水泥砂浆、阻裂纤维水泥砂浆（以水泥砂浆为基体，以非连续的短纤维或者连续的长纤维作增强材料所组成的水泥基复合材料）、膨胀类材料抗裂砂浆等。

4）耐久性

硬化后的砂浆要与砌体一起经受周围介质的物理化学作用，因而砂浆应具有一定的耐久性。试验证明，砂浆的耐久性随抗压强度的增大而提高，即它们之间存在一定的相关性。防水砂浆或直接受水和受冻融作用的砌体，对砂浆还应有抗渗和抗冻性要求。在砂浆配制中除控制水灰比外，常加入外加剂来改善抗渗和抗冻性能，如掺入减水剂、引气剂及防水剂等。并通过改进施工工艺，填塞砂浆的微孔和毛细孔，增加砂浆的密实度。砌筑砂浆的抗冻性要求见表4-21。

表 4-21　砌筑砂浆的抗冻性要求

使用条件	抗冻指标	质量损失率/%	强度损失率/%
夏热冬暖地区	F15		
夏热冬冷地区	F25	≤5	≤25
寒冷地区	F35		
严寒地区	F50		

　　砂浆与混凝土相比，只是在组成上没有粗集料，因此砂浆的搅拌时间、使用时间对砂浆的强度有影响。砌筑砂浆应采用机械搅拌，搅拌要均匀。《砌体结构工程施工质量验收规范》（GB 50203—2019）规定：水泥砂浆和水泥混合砂浆的搅拌时间不得少于120s；水泥粉煤灰砂浆和掺用外加剂的砂浆搅拌时间不得少于180s；掺液体增塑剂的砂浆，应先将水泥、砂干拌30s混合均匀后，再将混有增塑剂的水溶液倒入干混料中继续搅拌，搅拌时间为210s；掺固体增塑剂的砂浆，应将水泥、砂和增塑剂干拌30s混合均匀后，再将水倒入继续搅拌210s。有特殊要求时，搅拌时间或搅拌方式可按产品说明书的技术要求确定。工厂生产的预拌砂浆及加气混凝土砌块专用黏结砂浆的搅拌时间应按企业技术标准确定或产品说明书采用。

　　砂浆应随拌随用，必须在4h内使用完毕，不得使用过夜砂浆。试验资料表明，5MPa强度的过夜砂浆，强度只能达到3MPa；2.5MPa强度的过夜砂浆只能达到1.4MPa。

4.5　常用建筑砂浆

　　本节按建筑砂浆用途分类，介绍各种常用的建筑砂浆。

4.5.1　砌筑砂浆

　　将砖、石、砌块等黏结成为整个砌体的砂浆称为建筑砂浆。砌体的承载能力不仅取决于砖、石等块体强度而且与砂浆强度有关，所以，砂浆是砌体的重要组成部分。

　　(1) 砌筑砂浆配合比计算与确定

　　砂浆配合比用每立方米砂浆中各种材料的用量来表示。砌筑砂浆应根据工程类别及砌体部位的设计要求来选择砂浆的类别与强度等级，再按砂浆强度等级确定其配合比。

　　砂浆强度等级确定后，一般可以通过查有关资料或手册来选取砂浆配合比。如需计算及试验，较精确的确定砂浆配合比，可采用《砌筑砂浆配合比设计规程》（JGJ/T 98—2010）中的设计方法，按照下列步骤进行。

　　① 计算砂浆试配强度 $f_{m,o}$(MPa)。

　　② 计算每立方米砂浆中的水泥用量 Q_c(kg)。

　　③ 计算每立方米砂浆中掺加料用量 Q_D(kg)。

④ 确定每立方米砂浆中砂用量 Q_S(kg)。

⑤ 按砂浆稠度选择每立方米砂浆中用水量 Q_W(kg)。

⑥ 砂浆试配和调整。

水泥砂浆及水泥混合砂浆配合比计算如下。

(2) 水泥混合砂浆配合比设计

1) 确定砂浆的试配强度

① 计算公式。砂浆试配强度按式(4-22)确定：

$$f_{m,o} = kf_2 \tag{4-22}$$

式中　$f_{m,o}$——砂浆的试配强度，精确至 0.1MPa；

　　　f_2——砂浆抗压强度平均值（即设计强度等级值），精确至 0.1MPa；

　　　k——系数，按表 4-22 取值。

② 砂浆强度等级的选择。砌筑砂浆的强度等级应根据工程类别及砌体部位选择。在一般建筑工程中，办公楼、教学楼及多层住宅等工程宜用 M5～M15 的砂浆；特别重要的砌体才使用 M15 以上的砂浆。

③ 砂浆现场强度标准差确定。

a. 当近期同一品种砂浆强度资料充足，现场标准差 σ 按数理统计方法算得。

b. 当不具有近期统计资料时，现场标准差 σ 按表 4-22 取用

表 4-22　砌筑砂浆强度标准差 σ 及 k 值

强度等级		σ							k
		M5	M7.5	M10	M15	M20	M25	M30	
施工水平	优良	1.00	1.50	2.00	3.00	4.00	5.00	6.00	1.15
	一般	1.25	1.88	2.50	3.75	5.00	6.25	7.50	1.20
	较差	1.50	2.25	3.00	4.50	6.00	7.50	9.00	1.25

注：摘自 JGJ/T 98—2010《砌筑砂浆配合比设计规程》。

2) 计算水泥用量 Q_c

① 不吸水基底砂浆。由于不吸水基底砂浆的强度影响因素与混凝土相似，当砂浆试配强度确定后，可根据选用的水泥强度确定所需的水灰比，再根据施工稠度要求所得的单位体积砂浆用水量 Q_W，由式 4-23 计算水泥用量

$$Q_C = Q_W(C/W) \tag{4-23}$$

② 多孔吸水基底砂浆。对于多孔吸水基底砂浆，按式(4-24)计算水泥用量

$$Q_C = \frac{1000(f_{m,o} - \beta)}{\alpha f_{ce}} \tag{4-24}$$

式中　Q_C——1m^3 砂浆的水泥用量，精确至 1kg；

　　　f_{ce}——水泥的实测强度，精确至 0.1MPa；

　　　α、β——砂浆的特征系数，$\alpha = 3.03$、$\beta = -15.09$。

在无法取得水泥的实测强度值时，可按式(4-25)计算：

$$f_{ce} = \gamma_c f_{ce,k} \tag{4-25}$$

式中　$f_{ce,k}$——水泥强度等级值，MPa；

　　　γ_c——水泥强度的富余系数，可按实际统计资料确定，无统计资料时可取 1.0；

当计算出水泥砂浆中的水泥计算用量不足 200kg/m³ 时，应按 200kg/m³ 选用。

3）计算掺合料用量 Q_D

$$Q_D = Q_A - Q_C \tag{4-26}$$

式中　Q_D——1m³ 砂浆的掺合料用量，精确至 1kg；

　　　Q_A——1m³ 砂浆中水泥和掺合料的总量，精确至 1kg，可为 350kg。当计算出水泥用量已超过 350kg/m³，则不必采用掺加料，直接使用纯水泥砂浆即可。

掺合料使用石灰膏、电石膏时的稠度，应为 120mm±5mm。

4）确定 Q_S 砂用量

每立方米砂浆中的砂用量，应以干燥状态（含水率<0.5%）的堆积密度值作为计算值。当含水率>0.5%时，应考虑砂的含水率，若含水率为 $\alpha\%$，则砂用量等于 $Q_S(1+\alpha\%)$。

5）确定用水量 Q_W

每立方米砂浆中的用水量，按砂浆稠度等要求，可根据经验或按表4-23选用。

表 4-23　每立方米砂浆中用水量选用值

砂浆品种	水泥混合砂浆	水泥砂浆
用水量/(kg/m³)	210～310	270～330

注：1. 水泥混合砂浆中的用水量，不包括石灰膏或电石膏中的水；

2. 当采用细砂或粗砂时，用水量分别取上限或下限；

3. 稠度小于 70mm 时，用水量可小于下限；

4. 施工现场气候炎热或干燥季节，可酌量增大用水量。

（3）水泥砂浆配合比选用

根据试验及工程实践，供试配的水泥砂浆材料用量可按表4-24选用，水泥粉煤灰砂浆材料用量可按表4-25选用。

表 4-24　每立方米水泥砂浆材料用量　　　　　　　　　　单位：kg

强度等级	水泥用量 Q_C	用砂量 Q_S	用水量 Q_W
M5	200～230		
M7.5	230～260		
M10	260～290		
M15	290～330	砂的堆积密度值	270～330
M20	340～400		
M25	360～410		
M30	430～480		

注：M15 及 M15 以下强度等级水泥砂浆宜用强度等级为 32.5 级的水泥；M15 以上强度等级的水泥砂浆，水泥强度等级为 42.5 级。

表 4-25　每立方米水泥粉煤灰砂浆材料用量

砂浆强度等级	水泥和粉煤灰总量/kg	粉煤灰	砂	用水量/kg
M5	210～240	粉煤灰掺量可占胶凝材料总量的15％～25％	砂的堆积密度值	270～330
M7.5	240～270			
M10	270～300			
M15	300～330			

注：表中水泥强度等级为 32.5 级。

（4）水泥砂浆配合比试配、调整和确定

按计算或查表所得配合比进行试拌，按《建筑砂浆基本性能试验方法标准》（JGJ/T 70—2009）测定砌筑砂浆拌合物的稠度和保水率，当不能满足要求时，应调整材料用量，直到符合要求为止，然后确定为试配时的砂浆基准配合比。

试配时至少应采用三个不同的配合比：基准配合比和按基准配合比中水泥用量分别增减 10％的两个配合比。在保证稠度和保水率合格的条件下，可将用水量、掺合料用量和保水增稠材料用量做相应调整。

采用与工程实际相同的材料和搅拌方法试拌砂浆，分别测定不同配比砂浆的表观密度及强度，选定符合试配强度及和易性要求、水泥用量最少的配合比作为砂浆配合比。

根据拌合物的密度，校正材料的用量，保证每立方米砂浆中的用量准确。校正步骤如下：

1）按确定的砂浆配合比计算砂浆理论表观密度值 ρ_t（精确至 10kg/m^3）：

$$\rho_t = Q_C + Q_D + Q_S + Q_W \tag{4-27}$$

2）根据砂浆的实测表观密度 ρ_c 计算校正系数：

$$\delta = \frac{\rho_c}{\rho_t} \tag{4-28}$$

3）当砂浆的实测表观密度与理论表观密度值之差的绝对值不超过理论值的 2％时，配合比不做调整；当超过 2％时，应将试配得到的配合比每项材料用量均乘以校正系数后，确定为砂浆设计配合比。

一般情况下水泥砂浆拌合物的表观密度不应小于 1900kg/m^3，水泥混合砂浆和预拌砂浆的表观密度不应小于 1800kg/m^3。

（5）砂浆配合比设计计算实例

【例 4-4】某混凝土砖砌体工程使用水泥混合砂浆砌筑，砂浆的设计强度等级为 M10，稠度为 50～70mm。所用原材料为：水泥采用 32.5 强度等级矿渣硅酸盐水泥，强度富余系数为 1.1；砂采用中砂，堆积密度为 1450kg/m^3，含水率为 2％；掺合料采用石灰膏，稠度为 100mm。施工企业施工水平一般。试计算砂浆的配合比。

【解】1）计算试配强度 $f_{m,o}$

$$f_{m,o} = kf_2$$

式中　　　　　　　　　　　　$f_2 = 10MPa$

$$k = 1.20 \text{ （查表 4-22）}$$

$$f_{m,o} = 10 \times 1.20 = 12 \text{（MPa）}$$

2）计算水泥用量 Q_C

$$Q_C = \frac{1000(f_{m,o} - \beta)}{\alpha f_{ce}}$$

式中

$$\alpha = 3.03,\ \beta = -15.09$$

$$f_{ce} = 32.5 \times 1.1 = 35.75 \text{（MPa）}$$

$$Q_C = \frac{1000(12 + 15.09)}{3.03 \times 35.75} = 250 \text{（kg）}$$

3）计算石灰膏用量 Q_D

$$Q_D = Q_A - Q_C$$

式中　$Q_A = 350 \text{kg}$，则

$$Q_D = 350 - 250 = 100 \text{（kg）}$$

石灰膏稠度为 100mm，查表 4-18，稠度换算系数为 0.97，$Q_D = 100 \times 0.97 = 97 \text{（kg）}$

4）计算砂子用量 Q_S

$$Q_S = 1450 \times (1 + 2\%) = 1479 \text{（kg）}$$

5）确定用水量 Q_W

可选取 280kg，扣除砂中所含水量，拌合用水量为：

$$Q_W = 280 - 1450 \times 2\% = 251 \text{（kg）}$$

砂浆试配时各材料的用量比例：

$$Q_C : Q_D : Q_S : Q_W = 1 : 0.39 : 5.92 : 1.00$$

经试配、调整，最后确定施工所用的砂浆配合比。

4.5.2　抹面砂浆

凡涂抹在建筑物和构件表面以及基底材料的表面，兼有保护基层和满足使用要求作用的砂浆，可统称为抹面砂浆（也称抹灰砂浆）；抹面砂浆主要用于苯薄抹灰保温系统中保温层外的抗裂保护层，亦被称为聚合物抹面抗裂砂浆。根据抹面砂浆功能的不同，可将抹面砂浆分为普通抹面砂浆、装饰砂浆和具有某些特殊功能的抹面砂浆（如防水砂浆、绝热砂浆、吸音砂浆和耐酸砂浆等）。对抹面砂浆要求具有良好的和易性，容易抹成均匀平整的薄层，便于施工。还应有较高的黏结力，砂浆层应能与底面黏结牢固，长期要求具有良好的和易性，容易抹成均匀平整的薄层，便于施工。还应有较高的黏结力，砂浆层应能与底面黏结牢固，与砌筑砂浆相比，抹面砂浆具有以下特点。

① 抹面层不承受荷载。

② 抹面层与基底层要有足够的黏结强度，使其在施工中或长期自重和环境作用下不脱落、不开裂。

③ 抹面层多为薄层，并分层涂抹，面层要求平整、光洁、细致、美观。

④ 多用于干燥环境，大面积暴露在空气中。

抹面砂浆按其功能的不同分为普通抹面砂浆、装饰砂浆及特种抹面砂浆等。

(1) 普通抹面砂浆

普通抹面砂浆是建筑工程中用量最大的抹灰砂浆。其功能主要是保护墙体、地面不受风雨及有害杂质的侵蚀，提高防潮、防腐蚀、抗风化性能，增加耐久性；同时可使建筑达到表面平整、清洁和美观的效果。

抹面砂浆通常分为两层或三层进行施工。各层砂浆要求不同，因此每层所选用的砂浆也不一样。一般底层砂浆起黏结基层的作用，要求砂浆应具有良好的和易性和较高的黏结力，因此底面砂浆的保水性要好，否则水分易被基层材料吸收而影响砂浆的黏结力。基层表面粗糙些有利于与砂浆的黏结。中层抹灰主要是为了找平，有时可省略去不用。面层抹灰主要为了平整美观，因此选用细沙。

用于砖墙的底层抹灰，多用石灰砂浆；用于板条墙或板条顶棚的底层抹灰多用混合砂浆或石灰砂浆；混凝土墙、梁、柱、顶板等底层抹灰多用混合砂浆、麻刀石灰浆或纸筋石灰浆。

在容易碰撞或潮湿的地方，应采用水泥砂浆。如墙裙、踢脚板、地面、雨棚、窗台以及水池、水井等处，一般多用 1：2.5 的水泥砂浆。

(2) 装饰砂浆

装饰砂浆是直接用于建筑物内外表面，以提高建筑物装饰艺术性为主要目的抹面砂浆。它是常用的装饰手段之一。装饰砂浆的底层和中层抹灰与普通抹面砂浆基本相同，主要是装饰砂浆的面层，要选用具有一定颜色的胶凝材料和骨料以及采用某种特殊的操作工艺，使表面呈现出各种不同的色彩、线条与花纹等装饰效果。

装饰砂浆所采用的胶凝材料有普通水泥、矿渣水泥、火山灰水泥和白水泥、彩色水泥，或是在常用的水泥中掺加耐碱矿物颜料配成彩色水泥以及石灰、石膏等。骨料常采用大理石、花岗岩等带颜色的细石渣或玻璃、陶瓷碎粒

4.5.3　特种抹面砂浆

(1) 防水砂浆

防水砂浆是一种抗渗性高的砂浆。防水砂浆层又称刚性防水层，适用于不受震动和具有一定刚度的混凝土或砖石砌体的表面，对于变形较大或可能发生不均匀沉陷的建筑物，都不宜采用刚性防水层。

防水砂浆按其组成可分为：多层抹面水泥砂浆、掺防水剂防水砂浆、膨胀水泥防水砂浆和掺聚合物防水砂浆四类。

常用的防水剂有氯化物金属盐类防水剂、水玻璃类防水剂和金属皂类防水剂等。

防水砂浆的防渗效果在很大程度上取决于施工质量，因此施工时要严格控制原材料质量和配合比。防水砂浆层一般分四层或五层施工，每层厚约 5mm，每层在初凝前压实一

遍，最后一层要进行压光。抹完后要加强养护，防止脱水过快造成干裂。总之刚性防水必须保证砂浆的密实性，对施工操作要求高，否则难以获得理想的防水效果。

（2）保温砂浆

保温砂浆又称绝热砂浆，是采用水泥、石灰和石膏等胶凝材料与膨胀珍珠岩或膨胀蛭石、陶砂等轻质多孔骨料按一定比例配合制成的砂浆。保温砂浆具有轻质、保温隔热、吸声等性能，其热导率为 $0.07\sim0.10\text{W}/(\text{m}\cdot\text{K})$，可用于屋面保温层、保温墙壁以及供热管道保温层等处。

常用的保温砂浆有水泥膨胀珍珠砂浆、水泥膨胀蛭石砂浆和水泥石灰膨胀蛭石砂浆等。随着国内节能减排工作的推进，涌现出众多新型墙体保温材料，其中 EPS（聚苯乙烯）颗粒保温砂浆就是一种得到广泛应用的新型外保温砂浆，其采用分层抹灰的工艺，最大厚度可达 100mm，此砂浆保温、隔热、阻燃、耐久。

（3）吸声砂浆

一般绝热砂浆是由轻质多孔骨料制成的，都具有吸声性能。另外，也可以用水泥、石膏、砂、锯末按体积比为 1∶1∶3∶5 配制成吸声砂浆，或在石灰、石膏砂浆中掺入玻璃纤维和矿棉等松软纤维材料制成。吸声砂浆主要用于室内墙壁和平顶。

（4）耐酸砂浆

用水玻璃（硅酸钠）与氟硅酸钠拌制成耐酸砂浆，有时也可掺入石英岩、花岗岩、铸石等粉状细骨料。水玻璃硬化后具有很好的耐酸性能。耐酸砂浆多用作衬砌材料、耐酸地面和耐酸容器的内壁防护层。

4.6　水泥混凝土试验

4.6.1　混凝土拌合物取样及试样制备

（1）一般规定

① 混凝土拌合物试验用料应根据不同要求，从同一盘或同一车运送的混凝土中取出，或在试验室用机械或人工单独拌制。取样方法和原则按《混凝土结构工程施工质量验收规范》（GB 50204—2015）及《混凝土强度检验评定标准》（GB 50107—2010）有关规定进行。

② 在试验室拌制混凝土进行试验时，拌合用的集料应提前运入室内。拌合时试验室的温度应保持在（20±5）℃。

③ 材料用量以质量计，称量的精确度：集料为 ±1%；水、水泥和外加剂均为 ±0.5%。混凝土试配时的最小搅拌量为：当集料最大粒径小于 30mm 时，拌制数量为 15L；最大粒径为 40mm 时，拌制数量为 25L。搅拌量不应小于搅拌机额定搅拌量的 1/4。

（2）主要仪器设备

搅拌机（容量 75～100L，转速 18～22r/min）；磅秤（称量 50kg，感量 50g）；天平（称量 5kg，感量 1g）；量筒（200mL、100mL 各一只）；拌板（1.5m×2.0m 左右）；拌铲、盛器、抹布等。

（3）试验步骤

1）人工拌合

① 按所定配合比备料，以全干状态为准。

② 将拌板和拌铲用湿布润湿后，将砂倒在拌板上，然后加入水泥，用铲自拌板一端翻拌至另一端，然后再翻拌回来，如此重复直至颜色混合均匀，再加入石子翻拌至混合均匀为止。

③ 将干混合料堆成堆，在中间作一凹槽，将已称量好的水，倒入一半左右在凹槽中（勿使水流出），然后仔细翻拌，并徐徐加入剩余的水，继续翻拌。每翻拌一次，用铲在混合料上铲切一次，直至拌合均匀为止。

④ 拌合时力求动作敏捷，拌合时间从加水时算起，应大致符合以下规定。

拌合物体积为 30L 以下时为 4～5min；拌合物体积为 30～50L 时为 5～9min；拌合物体积为 51～75L 时为 9～12min。

⑤ 拌好后，根据试验要求，即可做拌合物的各项性能试验或成型试件。从开始加水时至全部操作完必须在 30min 内完成。

2）机械拌合

① 按所定配合比备料，以全干状态为准。

② 预拌一次，即用按配合比的水泥、砂和水组成的砂浆和少量石子，在搅拌机中涮膛，然后倒出多余的砂浆，其目的是使水泥砂浆先黏附满搅拌机的筒壁，以免正式拌合时影响混凝土的配合比。

③ 开动搅拌机，将石子、砂和水泥依次加入搅拌机内，干拌均匀，再将水徐徐加入。全部加料时间不得超过 2min。水全部加入后，继续拌合 2min。

④ 将拌合物从搅拌机中卸出，倒在拌板上，再经人工拌合 1～2min，即可做拌合物的各项性能试验或成型试件。从开始加水时算起，全部操作必须在 30min 内完成。

4.6.2　混凝土拌合物性能试验

（1）试验一　和易性（坍落度）试验

采取定量测定流动性，根据直观经验判定黏聚性和保水性的原则，来评定混凝土拌合物的和易性。定量测定流动性的方法有坍落度法和维勃稠度法两种。坍落度法适合于坍落度值不小于 10mm 的塑性拌合物；维勃稠度法适合于维勃稠度在 5～30s 之间的干硬性混凝土拌合物。要求集料的最大粒径均不得大于 40mm。本试验只介绍坍落度法。

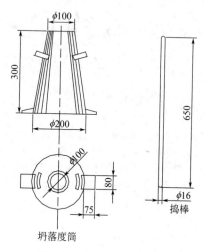

图 4-15　坍落度筒及捣棒

1）主要仪器设备

坍落度筒（截头圆锥形，由薄钢板或其他金属板制成）；捣棒（端部应磨圆，直径 16mm，长度 650mm）；装料漏斗、小铁铲、钢直尺、抹刀等，见图 4-15。

2）试验步骤

① 湿润坍落度筒及其他用具，并把筒放在不吸水的刚性水平底板上，然后用脚踩住两边的踏脚板，使坍落度筒在装料时保持位置固定。

② 把按要求取得的混凝土试样用小铲分三层均匀地装入坍落度筒内，使捣实后每层高度为筒高的三分之一左右。每层用捣棒插捣 25 次。插捣应沿螺旋方向由外向中心进行，每次插捣应在截面上均匀分布。插捣筒边混凝土时，捣棒可以稍稍倾斜。插捣底层时，捣棒应贯穿整个深度；插捣第二层或顶层时，捣棒应插透本层至下一层的表面。

浇灌顶层时，混凝土应灌到高出筒口。插捣过程中，如混凝土沉落到低于筒口，则应随时添加。顶层插捣完后，刮去多余的混凝土，并用抹刀抹平。

③ 清除筒边底板上的混凝土后，垂直平稳地提起坍落度筒，应在 5～10s 内完成；从开始装料至提起坍落度筒的整个过程应不间断地进行，并应在 150s 内完成。

④ 提起坍落度筒后，量测筒高与坍落后混凝土试体最高点之间的高度差，即为该混凝土拌合物的坍落度值（以 mm 为单位，读数精确至 5mm）。如混凝土发生崩坍或一边剪坏的现象，则应重新取样进行测定。如第二次试验仍出现上述现象，则表示该混凝土和易性不好，应予以记录备查。见图 4-16。

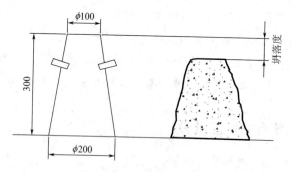

图 4-16　坍落度试验示意

⑤ 测定坍落度后，观察拌合物的下述性质，并记录。

黏聚性，用捣棒在已坍落的混凝土锥体侧面轻轻敲打，如果锥体逐渐下沉，表示黏聚性良好；如果锥体坍塌、部分崩裂或出现离析现象，表示黏聚性不好。

保水性，坍落度筒提起后如有较多的稀浆从底部析出，锥体部分的混凝土也因失浆而集料外露，则表明保水性不好；如无稀浆或只有少量稀浆自底部析出，则表明保水性良好。

⑥ 坍落度的调整

a. 在按初步配合比计算好试拌材料的同时，内外还须备好两份为调整坍落度用的水泥和水。备用水泥和水的比例符合原定水灰比，其用量可为原计算用量的 5% 和 10%。

b. 当测得的坍落度小于规定要求时，可掺入备用的水泥或水，掺量可根据坍落度相差的大小确定；当坍落度过大，黏聚性和保水性较差时，可保持砂率一定，适当增加砂和石子的用量。如保水性较差，可适当增大砂率，即其他材料不变，适当增加砂的用量。

（2）试验二　混凝土拌合物体积密度试验

1）主要仪器设备

容量筒（集料最大粒径不大于 40mm 时，容积为 5L；当粒径大于 40mm 时，容量筒内径与高均应大于集料最大粒径的 4 倍）；台秤（称量 50kg，感量 50g）；振动台（频率为 3000 次/min±200 次/min，空载振幅为 0.5mm±0.1mm）。

2）试验步骤

① 润湿容量筒，称其质量 m_1(kg)，精确至 50g。

② 将配制好的混凝土拌合物装入容量筒并使其密实。当拌合物坍落度不大于 70mm 时，可用振实台振实，大于 70mm 时用捣棒振实。

③ 用振动台振实时，将拌合物一次装满，振动时随时准备添料，振至表面出现水泥浆，没有气泡向上冒为止。用捣棒捣实时，混凝土分两层装入，每层插捣 25 次（对 5L 容量筒），每一层插捣完后可把捣棒垫在筒底，用双手扶筒左右交替颠击 15 次，使拌合物布满插孔。

④ 用刮尺齐筒口将多余的混凝土拌合物刮去，表面如有凹陷应予填平。将容量筒外壁擦净，称出拌合物与筒总质量 m_2(kg)。

3）结果评定

① 混凝土拌合物的体积密度 ρ_{c0} 按下式计算（kg/m³，精确至 10kg/m³）：

$$\rho_{c0} = \frac{m_2 - m_1}{V_0} \times 1000 \tag{4-29}$$

式中　m_1——容量筒质量，kg；

　　　m_2——拌合物与筒总质量，kg；

　　　V_0——容量筒体积，L。

4.6.3　混凝土抗压强度试验

（1）主要仪器设备

压力试验机（精度不低于±2%，试验时有试件最大荷载选择压力机量程。使试件破坏时的荷载位于全量程的 20%～80% 范围内）；振动台［频率（50±3）Hz，空载振幅约为

0.5mm]；搅拌机、试模、捣棒、抹刀等。

（2）试件制作与养护

① 混凝土立方体抗压强度测定，以三个试件为一组。

② 混凝土试件的尺寸按粗集料最大粒径选定，见表 4-26。

③ 制作试件前，应将试模擦干净并在试模内表面涂一层脱模剂，再将混凝土拌合物装入试模成型。

表 4-26　混凝土试件的尺寸

粗集料最大粒径/mm	试件尺寸/mm	结果乘以换算系数
31.5	100×100×100	0.95
40	150×150×150	1.00
60	200×200×200	1.05

④ 对于坍落度不大于 70mm 的混凝土拌合物，将其一次装入试模并高出试模表面，将试件移至振动台上，开动振动台振至混凝土表面出现水泥浆并无气泡向上冒时为止。振动时应防止试模在振动台上跳动。刮去多余的混凝土，用抹刀抹平。记录振动时间。

对于坍落度大于 70mm 的混凝土拌合物，将其分两层装入试模，每层厚度大约相等。用捣棒按螺旋方向从边缘向中心均匀插捣，次数一般每 100cm² 应不少于 12 次。用抹刀沿试模内壁插入数次，最后刮去多余混凝土并抹平。

⑤ 养护。按照试验目的不同，试件可采用标准养护或与构件同条件养护。采用标准养护的试件成型后表面应覆盖，以防止水分蒸发，并在 20℃±5℃ 的条件下静置 1～2 昼夜，然后编号拆模。拆模后的试件立即放入温度为 20℃±2℃、湿度为 95% 以上的标准养护室进行养护，直至试验龄期 28d。在标准养护室内试件应搁放在架上，彼此间隔为 10～20mm，避免用水直接冲淋试件。当无标准养护室时，混凝土试件可在温度为 20℃±2℃ 的不流动的氢氧化钙饱和溶液中养护。

（3）试验步骤

① 试件从养护室取出后尽快试验。将试件擦拭干净，测量其尺寸（精确至 1mm），据此计算出试件的受压面积。如实测尺寸与公称尺寸之差不超过 1mm，则按公称尺寸计算。

② 将试件安放在试验机的下压板上，试件的承压面与成型面垂直。开动试验机，当上压板与试件接近时，调整球座，使其接触均匀。

③ 加荷时应连续而均匀，加荷速度为：当混凝土强度等级低于 C30 时，取 (0.3～0.5)MPa/s；高于或等于 C30 时，取 (0.5～0.8)MPa/s。当试件接近破坏而开始迅速变形时，停止调整试验机油门，直至试件破坏，记录破坏荷载 P(N)。

（4）结果评定

① 混凝土立方体抗压强度 f_{cu} 按式(4-30) 计算（MPa，精确至 0.01MPa）：

$$f_{cu} = \frac{P}{A} \tag{4-30}$$

式中　f_{cu}——混凝土立方体试件抗压强度，MPa；

　　　P——破坏荷载，N；

　　　A——试件受压面积，mm^2。

② 取标准试件 150mm×150mm×150mm 的抗压强度值为标准，对于 100mm×100mm×100mm 和 200mm×200mm×200mm 的非标准试件，须将计算结果乘以相应的换算系数换算为标准强度。换算系数见表 4-26。

③ 以三个试件强度值的算术平均值作为该组试件的抗压强度代表值（精确至 0.1MPa）。三个测值中的最大值或最小值与中间值之差超过中间值的 15% 时，取中间值作为该组试件的抗压强度代表值；如最大值和最小值与中间值之差均超过中间值的 15% 时，则该组试件的试验结果无效。

小　结

1. 在混凝土组成材料中，水泥胶结材料是关键的、最重要的成分，应将已学过的水泥知识运用到混凝土中来。砂和石子是同一性状而只是粒径不同的骨料，而所起的作用基本相同，应掌握它们在配制混凝土时的技术要求。

2. 混凝土配合比设计，要求掌握水灰比、砂率、用水量及其他一些因素对混凝土全历程性能的影响。正确处理三者之间的关系及其定量的原则，熟练地掌握配合比计算及调整方法。应当明确配合比设计正确与否必须通过试验的检验确定。

3. 外加剂已成为改善混凝土性能的极有效措施之一，在国内外已得到广泛应用，被视为组成混凝土的第五种原材料。应着重了解它们的类别、性质和使用条件，同时也应知道它们的作用机理。

4. 砂浆实质上也是一种混凝土。它在工程中用量也很大。它与混凝土有很多的共性，砂浆按用途分为砌筑砂浆、抹面砂浆和特种砂浆。以砌筑砂浆为学习重点。

5. 砌筑砂浆主要技术性质包括和易性、强度和黏结力；熟练掌握砌筑砂浆的配合比设计；了解抹面砂浆的品种及应用。

复习思考题

4-1. 普通混凝土的组成材料有哪几种？在混凝土凝固硬化前后各起什么作用？

4-2. 何谓骨料级配？混凝土的骨料为什么要级配？骨料级配良好的标准是什么？

4-3. 什么是混凝土拌合物的和易性？它有哪些含义？

4-4. 影响混凝土拌合物和易性的因素有哪些？如何影响？

4-5. 什么是合理砂率？合理砂率有何技术及经济意义？

4-6. 影响混凝土强度的因素有哪些？采用哪些措施可提高混凝土强度？

4-7. 采用矿渣水泥、卵石和天然砂配制混凝土，水灰比为 0.5，制作 10cm×10cm×10cm 试件三块，在标准养护条件下养护 7d 后，测得破坏荷载分别为 140kN、135kN、142kN。试估算：①该混凝土 28d 的标准立方体抗压强度。②该混凝土采用的矿渣水泥的强度等级。

4-8. 引起混凝土产生变形的因素有哪些？采用什么措施可减小混凝土的变形？

4-9. 采用哪些措施可提高混凝土的抗渗性？抗渗性大小对混凝土耐久性的其他方面有何影响？

4-10. 什么是减水剂？简述减水剂的作用机理和掺入减水剂的技术经济效果。

4-11. 常用的早强剂有哪些？试评价其优缺点。

4-12. 混凝土配合比设计的任务是什么？需要确定的三个参数是什么？怎样确定？

4-13. 简述混凝土质量控制的方法。

4-14. 轻骨料混凝土的物理力学性能与普通混凝土相比，有何特点？

4-15. 现浇框架结构梁，混凝土设计强度等级 C25，施工要求坍落度 30～50mm，施工单位无历史统计资料。采用原材料为：普通水泥强度等级为 42.5，$\rho_c = 3000 kg/m^3$，$M_x = 2.6$；卵石 $D_{max} = 20mm$，$\rho_g = 2650 kg/m^3$；自来水。试求初步计算配合比。

4-16. 某混凝土试拌调整后，各材料用量分别为水泥 3.1kg、水 1.86kg、砂 6.24kg、碎石 12.84kg，并测得拌合物表观密度为 2450kg/m³。试求 1m³ 混凝土的各材料实际用量。

4-17. 砌筑砂浆的主要技术性质包括哪几个方面？

4-18. 新拌砂浆的和易性如何测定？和易性不良的砂浆对工程质量会有哪些影响？

4-19. 计算用于砌筑粉煤灰砌块的强度等级为 M2.5 的水泥混合砂浆的试配比例。采用强度等级为 32.5 的普通硅酸盐水泥，其 28d 抗压强度实测值为 34.5MPa；石灰膏的稠度为 120mm；中砂（含水率为 2.5%），堆积密度为 1450kg/m³；施工水平一般。

第5章

砌筑材料

5.1 天然石材

天然石材是指从天然岩体中开采出来的，并经加工成块状或板状材料的总称。建筑装饰用的天然石材主要有花岗岩和大理石两大种。

天然石材是最古老的建筑材料之一，由于其色彩和纹路有丰富的变化，所以受到很多人的钟爱。古代世界很多著名的建筑物都以天然石材作为主要构材，如中国长城、埃及金字塔、罗马教堂等。现在建筑的主要构材多为钢骨及钢筋混凝土，但是石材仍然起着建筑外观装饰等作用。

石材的种类繁多，不一定所有的石材都能应用于建筑业。一般而言，作为建筑材料的石材应具备几个特性：颜色、花纹必须美观一致，其内部应不含热膨胀系数大的成分，不宜有导热及导电率过高的成分潜藏其中，造成危险。此外，一些有害石材表面强度的物质如硫化铁、氧化铁、炭质等也不宜过多；硬度、强度适中，有利于加工成形并具有良好的耐风化性；产量丰富，可大量持续供应；解理及裂缝少，加工后成材率高且可供大块采取，以达成市场的经济性原则。

面对种类繁多的石材，设计者需要认识和了解石材种类及性能，如果产品应用不当的使用观念及设计，不仅无法发挥石材天然的美观，还会造成日后石材外观易受污染，维护成本增加的困扰。因此，要了解如何使用及设计石材，就必须了解石材的物理及化学性质，才能做好正确的设计及应用。

5.2 建筑上常用岩石

5.2.1 花岗石

花岗石属火成岩的深成岩，是火成岩中分布最广的一种岩石，其主要矿物成分为石英、长石及少量暗色矿物和云母。花岗岩是全晶质的岩石，其中所有成分皆为晶体，按结晶颗粒大小的不同，可分为细粒、中粒、粗粒及斑状等多种。花岗石的颜色由造岩矿物决定，通常呈灰、黄、红及蔷薇色。优质花岗岩晶粒细而均匀，构造密实，石英含量多，云母含量少，不含有害的黄铁矿等杂质，长石光泽明亮，没有风化迹象。花岗岩经加工后的成品叫花岗石。

花岗石的技术特性是：表观密度大（2500～2800kg/m³），抗压强度高（120～250MPa），孔隙率小，吸水率低（0.1%～0.7%），材质坚硬，耐磨性好，不易风化变质，耐久性高。花岗石的化学成分中含二氧化硅较高，约为67%～75%，故花岗石属酸性岩石，耐酸性好。花岗石不抗火，因其所含石英在573℃及870℃时发生晶态转变，体积膨胀，火灾时严重开裂。花岗石由于质地坚硬，耐磨、耐酸、耐久，外观稳重大方，所以被公认是一种优良的建筑结构及装饰材料，为许多大型建筑所采用。

在建筑上，花岗石常以条石、方石、拳石等形式用于基础、勒脚、柱子、踏步、广场地坪、庭院小径等。花岗石粗面板多用于室外地面、台阶、基座、踏步、檐口等处；亚光板常用于墙面、柱面、台阶、基座、纪念碑等，镜面板多用于室内外墙面、地面、柱面等装修部位。由于花岗石修琢和铺贴费工，因此是价格较高的装饰和地面材料之一。在我国各大城市的大型建筑中，曾广泛采用花岗石作为建筑物立面的主要材料，它们经历了风霜雨雪的长期考验，至今仍完好无损地巍然屹立。在国内新建的大型公共建筑和纪念建筑中，采用花岗石较为普遍。

我国花岗石的著名产地有山东泰山、崂山，四川石棉县、二郎山，湖南衡山，浙江莫干山，北京西山；此外，安徽、广东、福建、河南、山西、江苏等地均有出产。

5.2.2 砂岩

砂岩是母岩碎屑沉积物被天然胶结物胶结而成，其主要成分是石英，有时也含少量长石、方解石、白云石及云母等。

根据胶结物的不同，砂岩又分为：由二氧化硅胶结而成的硅质砂岩，常呈淡灰色或白色；由碳酸钙胶结而成的钙质砂岩，是白或灰色；由氧化铁胶结而成的铁质砂岩，常呈红色；由黏土胶结而成的黏土质砂岩，呈灰黄色。

砂岩的性能与胶结物种类及胶结的密实程度有关。密实的硅质砂岩，坚硬耐久，耐酸，性能接近于花岗岩，可用于纪念性建筑及耐酸工程。钙质砂岩，有一定的强度，加工较易，是砂岩中最常用的一种，但质地较软，不耐酸的侵蚀。铁质砂岩的性能稍差，其中胶结密实者，仍可用于一般建筑工程。黏土质砂岩的性能较差，易风化，长期受水作用会软化，甚至松散，在建筑中一般不用。

由于砂岩的胶结物和构造的不同，其性能波动很大，抗压强度为5～200MPa。同一产地的砂岩，性能也有很大差异。建筑上可根据砂岩技术性能的高低，使用于基础、勒脚、墙体、衬面、踏步等处。

砂岩产地分布极广，我国各地均有，以山东莱州产硅质砂岩质地较纯，俗称白玉石，常当作白色大理石用于雕刻装饰制品。

5.2.3　石灰石

石灰石的主要矿物组成为方解石。常含有少量黏土、二氧化硅、碳酸镁及有机物质等。当杂质含量高时，则过渡为其他岩石，如黏土含量为 25%～60% 时称为泥灰岩，碳酸镁含量为 40%～60% 时称为白云岩。石灰石的构造有致密、多孔和散粒等多种。松散土状的称作白垩，其组成几乎完全是碳酸钙，是制造玻璃、石灰、水泥的原料；多孔的如贝壳石灰岩可作保温建筑的墙体；密实的即普通石灰石。

各种致密石灰石表观密度一般为 $2000～2600kg/m^3$，相应的抗压强度为 20～120MPa。如黏土杂质含量超过 3%～4%，则其抗冻性、耐水性显著降低。含氧化硅的石灰石，硬度高、强度大、耐久性好。纯石灰岩遇稀盐酸立即起泡，致密的硅质及镁质石灰石则很少起泡。

石灰石的颜色随所含杂质而不同。含黏土或氧化铁等杂质，使石灰岩呈灰、黄或蔷薇色。若含有机物质碳，则其颜色呈深灰以至黑色。

石灰石分布极广，开采加工容易，常作为地方用建筑材料，广泛用于基础、墙体及一般砌石工程。密实石灰石加工成碎石，可用作碎石路面及混凝土骨料。石灰石不能用于酸性或含游离二氧化碳较多的水中，因方解石易被侵蚀溶解。石灰石是制造石灰和水泥的重要原料。

5.2.4　大理石

大理石是由石灰岩或白云岩变质而成，其主要矿物成分仍然是方解石或白云石。经变质后，大理石中结晶颗粒直接结合，呈整体构造，所以抗压强度高（100～300MPa），质地致密而硬度不大（3～4），比花岗石易于雕琢磨光。纯大理石为白色，我国常称为汉白玉、雪花白等。大理石中如含有氧化铁、云母、石墨、蛇纹石等杂质，则使板面呈现红、黄绿、棕、黑等各种斑驳纹理，具有良好的装饰性，是高级的室内装饰材料。

大理石主要化学成分为碱性物质碳酸钙，易被酸侵蚀，故不宜用作城市建筑的外部饰面材料，因为城市空气中常含有二氧化硫，遇水时生成亚硫酸，进而可变为硫酸，与大理石中的碳酸钙反应，生成易溶于水的石膏，使表面失去光泽，变得粗糙多孔而降低建筑性能和装饰效果。大理石抗风化耐久性不及花岗石，但耐碱性好。

大理石是以云南大理命名的，大理因盛产大理石而名扬中外。云南大理石品种繁多，石质细腻，光亮柔润，主要品种有云灰（酷似天空云彩花纹而得名）、白玉（又称苍山白玉、汉白玉）、彩花大理石。云灰大理石加工性能好，主要用来制作建筑饰面板材，是目前开采利用最多的一种。汉白玉洁白如玉、晶莹纯净，是大理石中的名贵品种，用作高档的装修材料。彩花大理石经过研磨抛光后呈现色彩斑斓、千姿百态的天然图画，如呈现山水园林、花草虫鱼、云雾雨雪、珍禽异兽、奇山怪石等。此外，我国大理石产地还有山东、四川、安徽、江苏、浙江、北京、辽宁、广东、福建、湖北等省市。意大利的大理石质量上乘，品种花式繁多，产量高，畅销于国际市场。

建筑上大理石主要以板材的形式用作室内墙面、柱面、地面、楼梯踏步及花饰雕刻。大理石板材厚度一般等于或小于20mm，有正方形、长方形和其他形状，表面经研磨抛光而获得镜面光泽，光耀夺目。大理石板材的质量主要以其外观质量、光泽度及花纹颜色作为依据，供评价和选择，其中以纯白、纯黑、浅灰、粉红、紫红及浅绿等颜色最受欢迎。在我国各种纪念性建筑、大型公共建筑、宾馆以及商场等均广泛采用各种大理石饰面。国产大理石饰面板的品种很多，具体规格尺寸和供应厂商可参阅有关手册和产品目录。

5.2.5　其他岩石

建筑工程中用的其他几种岩石的性能和用途见表5-1。

表 5-1　几种岩石的性能和用途

名称	产状	结构构造	颜色	表观密度/（kg/m³）	抗压强度/MPa	主要性能及用途
辉长岩橄榄岩	深成岩	等粒晶质结构，块状构造	黑、墨绿、古铜色	2900～3300	200～350	韧性及抗风化性好，可琢磨抛光，作承重及饰面材料
浮石	火山岩	玻璃质结构，多孔状构造	灰、褐、黑	300～400	2～3	孔隙率可达80%，抗冻性好，吸水率小，导热性低，可作保温墙体材料及轻质混土
片麻岩	由花岗岩变质而成	等粒或斑状体片状构造	同花岗岩	2000～2500	120～250	各向异性，可制成片、碎石、毛石，用于一般建筑工程
石英岩	由砂岩变质而成	细晶结构，均匀致密，块状构造	白、灰白	2800～3000	250～400	耐久性好，硬度大，加工困难，作承重及饰面材料或耐酸材料
板岩	由页岩变质而成	细晶结构，板状构造	灰、土红	2500～2800	50～80	各向异性，可劈成石板，透水性小，可作屋面材料

以上岩石的名称、产状均按岩石学分类，若用建筑学的观念划分，凡可研磨、抛光，具有装饰功能的深成岩和部分喷出岩、变质岩统称为"花岗石"，如闪长岩、正长岩、辉长岩、橄榄岩以及辉绿岩、安山岩、片麻岩等。如济南青是辉长岩，青岛的黑色花岗石为辉绿岩。凡可研磨抛光具有装饰功能的各种沉积岩和部分变质岩，均称为"大理石"，如

致密石灰岩、砂岩、白云岩以及石英岩、蛇纹石等。我国著名的汉白玉为北京房山产的白云岩，丹东绿为蛇纹岩。

为了规范石材品种的统一，国标 GB/T 17670—2008《天然石材统一编号》将天然石材分为三类。(a) 花岗石，代号"G"；(b) 大理石，代号"M"；(c) 板石（叠层岩），代号"S"。编号分两部分，第一部分为三种石材的英文字母，首位大写字母"G""M""S"，第二部分四位数字，前两位数字为各省、自治区、直辖市行政区划代码；后两位数字为各省、自治区、直辖市所编的石材品种编号，仅举例见表 5-2。

表 5-2　天然石材统一编号

花岗石名称与编号					
地区	名称	编号	地区	名称	编号
北京市	白虎涧红	G1151	福建省	罗源紫罗兰	G3564
	密云桃红	G1152	江西省	贵溪仙人红	G3601
	房山瑞雪	G1156	山东省	济南春	G3701
河北省	平山龟板玉	G1301		崂山灰	G3706
	承德燕山绿	G1306		崂山红	G3709
山西省	北岳黑	G1401		平度白	G3755
	灵丘太白青	G1405	河南省	淇县森林绿	G4101
内蒙古自治区	傲包黑	G1511	湖北省	麻城彩云花	G4226
	诺尔红	G1530		三峡红	G4251
辽宁省	绥中芝麻白	G2103	湖南省	衡阳黑白花	G4385
	绥中虎皮花	G2107		汨罗芝麻花	G4394
吉林省	吉林白	G2201	广东省	信宜星云黑	G4416
黑龙江省	楚山灰	G2301		普宁大白花	G4439
浙江省	安吉红	G3301	广西壮族自治区	岑溪红	G4562
	龙泉红	G3302		桂林红	G4572
	嵊川黑玉	G3314	四川省	芦山红	G5101
	仕阳青	G3316		石棉红	G5104
安徽省	岳西黑	G3401		二郎山冰花红	G5114
	岳西豹眼	G3403		甘孜樱花白	G5147
	天堂玉	G3406	甘肃省	陇南芝麻白	G6201
福建省	泉州白	G3506	新疆维吾尔自治区	天山冰花	G6504
	龙海黄玫瑰	G3510		天山绿	G6507
	武夷红	G3528		天山红	G6520

续表

大理石名称与编号					
地区	名称	编号	地区	名称	编号
北京市	房山高庄汉白玉	M1101	四川省	宝兴白	M5101
	房山艾叶青	M1102		宝兴红	M5107
	房山桃红	M1107		丹巴白	M5109
辽宁省	丹东绿	M2117		宝兴大花绿	M5112
	铁岭红	M2119	贵州省	贵阳纹脂奶油	M5201
江苏省	宜兴咖啡	M3252		遵义马蹄花	M5221
	宜兴红奶油	M3259		贵定红	M5241
浙江省	杭灰	M3301		毕节晶黑玉	M5261
山东省	莱州雪花白	M3711	云南省	河口雪花白	M5306
湖北省	通山中米黄	M4286		贡山白玉	M5322
	通山荷花绿	M4292		云南白海棠	M5325
湖南省	慈利虎皮黄	M4372		云南米黄	M5326
	芙蓉白	M4378	陕西省	汉中雪花白	M6101

板石名称与编号					
地区	名称	编号	地区	名称	编号
北京市	霞山岭青板石	S1115	湖南省	桃红灰	S4301
	霞山岭锈板石	S1118		凤凰黑	S4306
河南省	林州银晶板	S4101	贵州省	安顺青板石	S5201
	林州白沙岩	S4102		纳雍黑板石	S5202

5.3 砌 墙 砖

砌墙砖是以黏土、工业废料或其他地方资源为主要原料，以不同工艺制造的、用于砌筑承重和非承重墙体的墙砖。

砌墙砖按材质分类，可分为黏土砖、页岩砖、煤矸石砖、粉煤灰砖、灰砂砖、混凝土砖等。

按孔洞率分类，可分为实心砖（无孔洞或孔洞小于25%的砖）、多孔砖（孔洞率等于或大于25%，孔的尺寸小而数量多的砖）、空心砖（孔洞率等于或大于40%，孔的尺寸大而数量少的砖）。

按生产工艺分类，可分为烧结砖、蒸压砖、蒸养砖。

按外形分类，可分为实心砖、微孔砖、多孔砖、空心砖、普通砖和异形砖等。

建筑用的人造小型墙砖分为烧结砖和非烧结砖。

砖墙的组砌方式是指砖块中的排列方式。为了保证墙体的强度和稳定性，在砌筑时应遵循错缝搭接的原则。砖在墙体中的放置方式有顺式和丁式。顺式是指砖的长方向平行于墙面砌筑；丁式是指砖的长方向垂直于墙面砌筑。常见的砖墙的组砌方式有：一顺一丁式、多顺一丁式、十字式、全顺式、180 墙砌法、370 墙砌法。

5.3.1　烧结砖

凡以黏土、页岩、煤矸石和粉煤灰为原料，经成形和高温焙烧而制得的用于砌筑承重和非承重墙体的砖统称为烧结砖。

5.3.1.1　烧结普通砖

凡以黏土、页岩、煤矸石和粉煤灰等为主要原料，经成形、焙烧而成的实心或孔隙率不大于 15% 的砖，称为烧结普通砖。

烧结普通砖根据所使用原料不同分为烧结黏土砖、烧结页岩砖、烧结煤矸石砖、烧结粉煤灰砖等。

烧结普通砖的生产工艺过程为：原料—配料调制—制坯—干燥—焙烧—成品。

焙烧是制砖的关键过程，焙烧时火候的控制非常重要，要控制适当、均匀的火候，以免出现欠火砖或过火砖。欠火砖是在焙烧温度低于烧结范围，得到的色浅、敲击时声哑、孔隙率大、强度低、吸水率大、耐久性差的砖。过火砖是当焙烧温度过高时，砖内熔融物过多，造成高温下转体变软，此时，砖在点支撑下容易产生弯曲变形。过火砖色较深、敲击声清脆、较密实、强度高、耐久性好，但容易出现变形砖。因此，国标规定欠火砖和变形砖都为不合格品。

在烧砖时，窑内氧气要充足，使原料在氧化气氛中充分焙烧，原料中的铁元素被氧化成高价的铁，烧得红砖。若在焙烧的最后阶段使窑内缺氧，则窑内燃烧气氛呈还原气氛，砖中的三氧化二铁会被还原为青灰色的氧化铁，此时烧得青砖。青砖比红砖结实、耐久，价格较红砖高。

(1) 主要技术性能

1) 外观和尺寸

烧结普通砖为长方体，其标准尺寸为 240mm×115mm×53mm。考虑加上砌筑用灰缝的厚度，约 10mm，使每 1m 长内得到的砖的长、宽、厚均为整数，并保持整数比，则 4 块砖长、8 块砖宽、16 块砖厚分别恰好为 1m，故每一立方米砖砌体需用砖 512 块。这样既可以少砍砖，又便于排砖撂底计算和砌筑时错缝搭接。

烧结普通黏土砖各项技术要求应符合 (GB/T 5101—2017) 的规定，见表 5-3 和表 5-4《烧结普通砖》。

表 5-3　烧结普通黏土砖的尺寸偏差　　　　　　　　　　　　单位：mm

公称尺寸	指标	
	样本平均偏差	样本极差
240	±2.0	≤6
115	±1.5	≤5
53	±1.5	≤4

表 5-4　烧结普通黏土砖的外观质量　　　　　　　　　　　　单位：mm

项目		指标
两条面的高度差		≤2
弯曲		≤2
杂质凸出高度		≤2
缺棱掉角的三个破坏尺寸不得同时大于		5
裂纹长度	1.大面上宽度方向及其延伸至条面的长度	≤30
	2.大面上长度方向及其延伸至顶面的长度或条顶面水平裂纹的长度	≤50
完整面①不得少于		两条面和两顶面
颜色		基本一致

①凡有以下缺陷之一者，不得称为完整面。

a.缺损在条面或顶面上造成的破坏面尺寸同时大于 10mm×10mm；

b.条面或顶面上裂纹宽度大于 1mm，其长度超过 30mm；

c.压陷、粘底、焦花在条面或顶面上的凹陷或凸出超过 2mm，区域尺寸同时大于 10mm×10mm。

注：为装饰面而施加的色差，凹凸纹、拉毛、压花等不算作缺陷。

2）强度等级

烧结普通黏土砖的强度等级根据 10 块砖的抗压强度平均值、标准值或最小值划分，按《烧结普通砖》（GB/T 5101—2017）规定，烧结普通黏土砖根据抗压强度，分为 MU30、MU25、MU20、MU15、MU10 等 5 个强度等级，见表 5-5。

表 5-5　普通烧结黏土砖强度等级　　　　　　　　　　　　单位：MPa

强度等级	抗压强度平均值 $\overline{f}$	强度标准值 f_k
MU30	≥30.0	≥22.0
MU25	≥25.0	≥18.0
MU20	≥20.0	≥14.0
MU15	≥15.0	≥10.0
MU10	≥10.0	≥6.5

强度标准值、变异系数和强度标准值计算如下：

$$S = \sqrt{\frac{1}{9}\sum_{i=1}^{10}(f_i - \overline{f})^2}$$

$$\delta = \frac{S}{\overline{f}}$$

$$f_k = \overline{f} - 1.8S \tag{5-1}$$

式中　S——10 块砖试样的抗压强度标准差，MPa；

　　　δ——强度变异系数；

　　　$\overline{f}$——10 块砖试样的抗压强度平均值，MPa；

　　　f_i——单块砖试样的抗压强度测定，MPa；

　　　f_k——抗压强度标准值，MPa。

3）抗风化性能

烧结普通砖的抗风化性能是指能抵抗干湿变化、冻融变化等气候作用的性能。抗风化性能是烧结普通砖重要的耐久性指标之一，除了与砖本身性质有关外，与所处环境的风化指数也有关，各地区对砖的抗风化性能要求根据各地区的风化程度不同而不同。砖的抗风化性能常用吸水率、抗冻性及饱和系数三项指标划分。吸水率是指常温泡水 24h 的重量吸水率。抗冻性是指经 15 次冻融循环后不允许出现分层、掉皮、缺棱、掉角等冻坏现象，冻后裂纹长度不得大于表 5-4 中第 5 项裂纹长度的规定。饱和系数是指常温 24h 吸水率与 5h 沸煮吸水率之比。烧结普通砖的抗风化性能指标如表 5-6 所示，风化区划分如表 5-7 所示。

表 5-6　烧结普通砖的抗风化性能指标

砖种类	严重风化区				非严重风化区			
	5h 沸煮吸水率/%		饱和系数		5h 沸煮吸水率/%		饱和系数	
	平均值	单块最大值	平均值	单块最大值	平均值	单块最大值	平均值	单块最大值
黏土砖、建筑渣土砖	≤18	≤20	≤0.85	≤0.87	≤19	≤20	≤0.88	≤0.90
粉煤灰砖	≤21	≤23			≤23	≤25		
页岩砖	≤16	≤18	≤0.74	≤0.77	≤18	≤20	≤0.78	≤0.80
煤矸石砖								

烧结普通砖的抗风化性与砖的使用寿命密切相关，抗风化性能好的砖其使用寿命长。

4）泛霜

烧结普通砖在出窑后，暴露在潮湿环境中一段时间或者是在使用过程中，由于水的媒介作用，在其表面或者内部空隙中形成一种可溶于水的结晶盐类物质，这种现象称为泛霜。泛霜形成的盐不仅影响墙体外观，而且容易造成粉刷层的剥落，从而降低产品的耐久性。

表 5-7　我国部分省市风化区划分

严重风化区	非严重风化区	
1. 黑龙江省 2. 吉林省 3. 辽宁省 4. 内蒙古自治区 5. 新疆维吾尔自治区 6. 宁夏回族自治区 7. 甘肃省 8. 青海省 9. 陕西省 10. 山西省 11. 河北省 12. 北京市 13. 天津市 14. 西藏自治区	1. 山东省 2. 河南省 3. 安徽省 4. 江苏省 5. 湖北省 6. 江西省 7. 浙江省 8. 四川省 9. 贵州省 10. 湖南省	11. 福建省 12. 台湾 13. 广东省 14. 广西壮族自治区 15. 海南省 16. 云南省 17. 上海市 18. 重庆市

按标准《烧结普通砖》(GB/T 5101—2017) 规定：每块砖不允许出现严重泛霜。

5）石灰爆裂

由于烧结砖原料中含有石灰石，并且石灰石没有粉碎到一定的粒度，所以焙烧后变成氧化钙，在出窑后吸取了空气中的水分变成氢氧化钙，引起体积剧烈膨胀，使烧结砖局部产生爆裂，这种现象就是烧结普通砖石灰爆裂现象。如果砌在墙上，就会影响建筑质量。轻的石灰爆裂会造成制品表面破坏及墙体面层脱落，严重的石灰爆裂会直接破坏制品及砌筑墙体的结构，造成制品及砌筑墙体强度损失，甚至崩溃，并直接影响后期的装饰工程施工。按《烧结普通砖》(GB/T 5101—2017) 规定：最大破坏尺寸大于 2mm 且小于 15mm 的爆裂区域，每组砖不得多于 15 处；其中大于 10mm 的不得多于 7 处；不允许出现最大破坏尺寸大于 15mm 的爆裂区域；试验后抗压强度损失不得大于 5MPa。

（2）烧结普通砖的应用

烧结普通砖是传统的墙体材料，既有较高的强度和耐久性，又有较好的隔热、隔声性能，冬季室内墙面不会出现结霜现象，原料广泛、工艺简单，而且价格低廉。虽然各种新型的墙体材料不断出现，但在现在及今后一段时间内，砌筑工程中仍会以普通烧结砖作为一种主要材料。烧结普通砖可用于建筑维护结构，砌筑柱、拱、烟囱、窑身、沟道及基础等。

由于烧结黏土砖要以毁田取土烧制，加上其自重大、施工效率低及抗震性能差等缺点，在现代社会的发展中，将会有更好的材料来取代烧结黏土砖，从而适应建筑发展的需要。

5.3.1.2　烧结多孔砖和烧结空心砖

烧结普通砖具有体积小、自重大、生产能耗高、施工效率低等缺点，用烧结多孔砖和烧结空心砖取代烧结普通砖,建筑物自重可减轻30%左右,原料可节约20%~30%,燃料可节省10%~20%,并且烧成率高,造价相对降低20%,施工效率可提高40%,砖的绝热和隔声性能也得到改善。所以,推广使用烧结多孔砖和烧结空心砖是促进墙体材料工业技术进步的重要措施之一。烧结多孔砖使用时孔洞方向平行于受力方向;烧结空心砖使用时孔洞则垂直于受力方向。

（1）烧结多孔砖

烧结多孔砖是以黏土、页岩、煤矸石、粉煤灰、淤泥（江河湖淤泥）及其他固体废弃物等为主要原料,经焙烧而成,孔洞率等于或大于15%,孔的尺寸小而数量多,主要用于建筑物承重部位。

1）外观和尺寸

烧结多孔砖的规格尺寸有190mm×190mm×10mm（M型）和240mm×115mm×90mm（P型）,如图5-1所示。

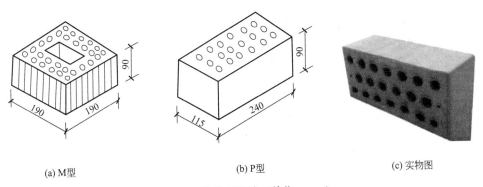

(a) M型　　　　　　　　(b) P型　　　　　　　　(c) 实物图

图5-1　烧结多孔砖（单位:mm）

2）强度等级

根据表5-8《烧结多孔砖和多孔砌块》（GB 13544—2011）规定,烧结多孔砖的抗压强度分为MU30、MU25、MU20、MU15、MU10五个强度等级。

表5-8　烧结多孔砖的强度等级　　　　　　　　单位:MPa

强度等级	抗压强度平均值 $f \geqslant$	强度标准差 $f_k \geqslant$
MU30	30.0	22.0
MU25	25.0	18.0
MU20	20.0	14.0
MU15	15.0	10.0
MU10	10.0	6.5

（2）烧结空心砖

烧结空心砖是以页岩、煤矸石或粉煤灰为主要原料,经焙烧而成的具有竖向孔洞的砖。烧结空心砖孔洞率大于 35%，孔尺寸大而少，主要用于非承重部位。烧结空心砖外形如图 5-2 所示。

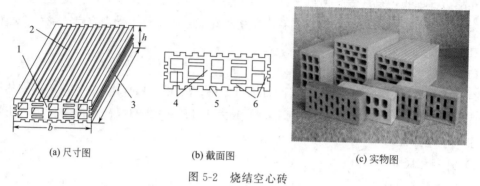

| (a) 尺寸图 | (b) 截面图 | (c) 实物图 |

图 5-2　烧结空心砖

1—顶面；2—大面；3—条面；4—肋；5—壁；6—外壁；l—长度；b—宽度；h—高度

1）外观和尺寸

烧结空心砖的尺寸较多，常见的有 290mm×190mm×90mm 和 240mm×180mm×115mm 两种。砖的壁厚应大于 10mm，肋厚应大于 7mm。

按体积密度，烧结空心砖分为 800 级、900 级、1000 级和 1100 4 个密度级别。

2）强度等级

烧结空心砖的强度等级根据 10 块砖样的大面和条面的抗压强度平均值和标准值或单块最小抗压强度值划分为 MU10.0、MU7.5、MU5.0、MU3.5 四个等级，如表 5-9 所示。

表 5-9　烧结空心砖的强度等级　　　　　　　　　　单位：MPa

强度等级	抗压强度平均值 $f \geqslant$	变异系数 $\delta \leqslant 0.21$ 强度标准差 $f_k \geqslant$	变异系数 $\delta > 0.21$ 单块最小抗压强度值 $f_{min} \geqslant$
MU10.0	10.0	7.0	8.0
MU7.5	7.5	5.0	5.8
MU5.0	5.0	3.5	4.0
MU3.5	3.5	2.5	2.8

5.3.2　非烧结砖

非烧结砖是不经过高温焙烧，经常压或高压蒸汽养护而成的砖。常见的非烧结砖有蒸养（压）灰砂砖和蒸养（压）粉煤灰砖等。

（1）蒸养（压）灰砂砖

蒸养（压）灰砂砖是以砂和石灰为主要原料，允许掺入颜料和外加剂，经坯料制备、压制成形、高压蒸汽养护而成的砖。蒸养（压）灰砂砖的外形尺寸与烧结普通砖相同，为

240mm×115mm×53mm，适用于公用建筑、民用建筑和工业厂房的内、外墙，以及房屋的基础，是国家大力发展替代烧结黏土砖的新型墙体材料。

按抗压强度和抗折强度，蒸养（压）灰砂砖分为 MU25、MU20、MU15、MU10 四个强度等级。蒸养（压）灰砂砖表面光滑平整，使用时应注意提高砖与砂浆之间的黏结力；氢氧化钙、水化硅酸钙、碳酸钙等组分不耐酸，耐热性差，不适宜用于长期受到酸性介质侵蚀的地方和温度在 200℃ 以上的环境中，否则，砖就会被分解而造成强度的降低；蒸养（压）灰砂砖耐水性良好，但抗流水冲刷能力较弱，可长期在潮湿、不易受到流水冲刷的环境中使用。MU15 级以上的砖可用于基础及其他建筑部位；MU10 级砖只可用于防潮层以上的建筑部位。

（2）蒸养（压）粉煤灰砖

蒸养（压）粉煤灰砖是以粉煤灰、石灰为主要原料，掺加适量石膏和集料，经胚料制备、压制成形、高压蒸汽养护而成的实心砖，有彩色、木色两种。蒸养（压）粉煤灰砖的尺寸与烧结普通砖相同，为 240mm×115mm×53mm，所以用蒸养（压）粉煤灰砖可以直接代替烧结普通砖。蒸养（压）粉煤灰砖可用于工业和民用建筑的墙体和基础。用蒸养（压）粉煤灰砖砌筑的建筑物，并且应适当增设圈梁、伸缩缝或采取其他措施，从而避免或减少收缩裂缝对建筑物造成的影响。

按抗压强度和抗折强度，蒸养（压）粉煤灰砖的强度等级分为 MU30、MU25、MU20、MU15、MU10 五个强度等级。用于基础、干湿交替和易受冻融的部位的砖，强度等级不得低于 MU15。蒸养（压）粉煤灰砖不宜用于长期受热高于 200℃、受急冷急热以及有酸性介质侵蚀的地方。

5.4　砌　　块

砌块是利用混凝土、工业废料（炉渣、粉煤灰等）或地方材料制成的砌筑用人造块材，外形多为直角六面体，根据需要还可以生产各种异形体砌块。由于砌块的制作原料可以使用粉煤灰、炉渣、煤矸石等工业废渣，砌块的生产可以充分利用地方资源和工业废料，并可节省宝贵的黏土资源、改善环境，具有原料来源广、生产工艺简单、制作及使用方便灵活等特点，是代替烧结普通砖的理想砌筑材料，因而逐渐成为我国建筑改革墙体材料的一个重要方法。砌块系列中主要规格的长度、宽度或高度有一项或一项以上分别超过 365mm、240mm 或 115mm，但砌块高度不大于长度或宽度的 6 倍，长度不超过高度的 3 倍。

砌块的分类有很多种。按尺寸和质量型规格不同，砌块分为大型砌块、中型砌块和小型砌块。其中主规格高度大于 980mm 的砌块称为大型砌块，高度大于 380mm 小于 980mm 的砌块称为中型砌块，高度大于 115mm 而小于 380mm 的砌块称作小型砌块。实际使用过程中多以中小型砌块为主。

按外观有无孔洞，砌块可以分为实心砌块和空心砌块。空心率小于 25％ 或无孔洞的砌块为实心砌块，空心率大于或等于 25％ 的砌块为空心砌块。空心砌块有单排方孔、单排圆孔和多排扁孔三种形式，其中多排扁孔对保温较为有利。

按用途不同，砌块可以分为承重砌块和非承重砌块。

按生产工艺不同，砌块可以分为烧结砌块和蒸养蒸压砌块。

5.4.1 混凝土小型空心砌块

混凝土小型空心砌块是以水泥、砂、石等普通混凝土材料加水拌合，经装模、振动成形、养护而成的空心块体墙材，其空心率为 25％～50％。混凝土空心砌块如图 5-3 所示。

图 5-3 混凝土空心砌块

建筑地震设计烈度为 8 度及 8 度以下地区，可选用混凝土小型空心砌块砌筑各种建筑墙体。

混凝土小型空心砌块主规格尺寸为 390mm×190mm×190mm，最小外壁厚度不小于 30mm，最小肋厚不小于 25mm，一般为单排孔，也有双排孔，其空心率为 25％～50％。另外还可根据具体需求，生产出不同规格尺寸的砌块。

按砌块抗压强度，混凝土小型空心砌块分为 MU3.5、MU5.0、MU7.5、MU10.0、MU15.0、MU20.0 六个强度等级。

根据《普通混凝土小型砌块》(GB/T 8239—2014)，混凝土空心砌块的尺寸偏差、外观质量见表 5-10。

表 5-10 混凝土空心砌块的尺寸允许偏差和外观质量

项目名称		技术指标
尺寸允许偏差	长度/mm	±2
	宽度/mm	±2
	高度/mm	+3，−2

续表

项目名称			技术指标
外观质量	弯曲≤/mm		2
	缺棱掉角	个数≤/个	1
		三个方向投影尺寸最小值≤/mm	20
	裂纹延伸的投影尺寸累计≤/mm		30

5.4.2　蒸压加气混凝土砌块

蒸压加气混凝土砌块是以钙质材料（水泥、石灰等）、硅质材料（砂、矿渣、粉煤灰等）以及加气剂（铝粉等）为原料，经过磨细、计量配料、搅拌、浇筑、发气、切割、高温蒸压养护 10~12h 等工艺加工而成的多孔轻质的建筑块体材料。蒸压加气混凝土砌块具有保温、耐火性好、表观密度小、易加工、施工方便、抗震性好等优点，缺点是耐水性和耐腐蚀性差。

蒸压加气混凝土砌块规格尺寸如下。

长度：600mm。

宽度：100mm、120mm、125mm、150mm、180mm、200mm、240mm、250mm、300mm。

高度：200mm、240mm、250mm、300mm。

按尺寸偏差、外观质量、抗压强度、干密度和抗冻性，蒸压加气混凝土砌块分为优等品（A）、合格品（B）两个等级。根据《蒸压加气混凝土砌块》（GB 11968—2006），蒸压加气混凝土砌块外观质量和尺寸允许偏差如表 5-11 所示。

表 5-11　蒸压加气混凝土砌块外观质量和尺寸允许偏差

项目名称				指标	
				优等品（A）	合格品（B）
尺寸允许偏差/mm	长度		L	±3	±4
	宽度		B	±1	±2
	高度		H	±1	±2
缺棱掉角	最小尺寸≤/mm			0	30
	最大尺寸≤/mm			0	70
	大于以上尺寸的缺棱掉角个数≤/个			0	2
裂纹长度	贯穿一棱二面的裂纹长度不得大于裂纹所在面的裂纹方向尺寸总和的			0	1/3
	任一面上的裂纹长度不得大于裂纹方向尺寸的			0	1/2
	大于以上尺寸的裂纹条数≤/条			0	2

续表

项目名称	指标	
	优等品(A)	合格品(B)
爆裂、黏膜和损坏深度≤/mm	10	30
平面弯曲	不允许	
表面疏松、层裂	不允许	
表面油污	不允许	

按强度，蒸压加气混凝土砌块分为 A1.0、A2.0、A2.5、A3.5、A5.0、A7.5、A10 七个级别。

按干密度，蒸压加气混凝土砌块分为 B03、B04、B05、B06、B07、B08 六个级别。

5.4.3 粉煤灰砌块

粉煤灰砌块是以粉煤灰、石灰为主要原料，掺加适量石膏、外加剂和集料等，经坯料配制、轮碾碾练、机械成形、水化和水热合成反心而制成的实心砖。粉煤灰砌块的常用规格尺寸为 800m×380mm×240mm 和 880mm×430mm×240mm 两种。根据《蒸压粉煤灰空气砖和空心砌块》(GB/T 36535—2018)，粉煤灰砌块外观质量和尺寸允许偏差如表 5-12 所示。

表 5-12 粉煤灰空心砌块的外观质量和尺寸允许偏差　　　　　　单位：mm

项目名称			技术指标
外观质量	缺棱掉角	个数应不大于/个	2
		三个方向投影尺寸的最大值应不大于/mm	15
	裂纹	裂纹延伸的投影尺寸累计应不大于/mm	20
	层裂		不允许
尺寸偏差	长度/mm		+2，−1
	宽度/mm		+2，−1
	高度/mm	空心砖	±1
		空心砖	±2

粉煤灰砌块适用于民用建筑和一般工业的基础和墙体，不适用于密封性要求较高、具有酸性侵蚀及振动影响较大的建筑物，同时，也不适用于经常受潮、高温的承重墙。

小　　结

本章主要讲述烧结类墙体材料、蒸压（养）砖、非烧结砌块的主要性能和应用以及砖的强度等级评定方法；混凝土砌块、加气混凝土砌块的性能及应用特点；岩石的组成与分类、岩石的技术性质、土木工程中常用石料的品种和选用。

复习思考题

5-1. 烧结砖有哪几种？它们各有什么特点？

5-2. 简述烧结普通砖的强度等级的评定方法。

5-3. 什么是砖的泛霜？它对砖的性能有何影响？

5-4. 什么是砌块？常用的砌块有哪些？

5-5. 如何减少和控制混凝土空心砌块的收缩？

5-6. 砌筑用石材有哪些？其强度等级是如何划分的？

5-7. 石材选用的基本原则是什么？

第6章

沥青和沥青混合料

6.1 沥青概述

沥青是原油加工过程的一种产品，在常温下是黑色或黑褐色的黏稠液体或者是固体，主要含有可溶液三氯乙烯烃类衍生物，其性质和组成随来源和生成方法的不同而变化。

根据《防水沥青与防水卷材术语》(GB/T 18378—2008)，沥青 (bitumen) 是由高分子碳氢化合物及其衍生物组成的，黑色或深褐色，不溶于水而几乎全溶于二硫化碳的一种非晶态有机材料。沥青在常温下呈固体、半固体或液体的状态。它的颜色呈亮褐色以致黑色，富有高黏滞性，能溶解于汽油、苯、二硫化碳、四氯化碳、二氯甲烷等有机溶剂。

沥青是憎水性材料，具有良好的防水性、不导电性；能与砖、石、木材及混凝土等牢固黏结，并能抵抗一般的酸、碱及盐类物质的侵蚀；具有良好的耐久性；高温时易于进行加工处理，常温下很快变硬，并且能适应基材的变形；相对便宜，可以大量获得。因此，其被广泛地应用于建筑、铁路、道路、桥梁及水利工程中。

对于沥青材料的命名和分类，目前世界各国尚未取得统一的认识。现就我国通用的命名和分类简述如下。

沥青因其在自然界中获得的方式，可分为地沥青（包括石油沥青、天然沥青）和焦油沥青（包括煤沥青、页岩沥青、木沥青）两大类。

在土木工程中应用最为广泛的是石油沥青，其次是煤沥青，以及以沥青为原料通过加入表面活性物质而得到的乳化沥青，或加入改性材料而得到的改性沥青。

6.2 石油沥青

石油沥青是由极其复杂的高分子碳氢化合物及其非金属衍生物组成的混合物，主要化学组成元素为碳（C）和氢（H），此外还含有少量的非金属硫（S）、氮（N）、氧（O）等一些金属元素，如钠、镍、铁、镁和钙等。在石油沥青中，碳和氢的含量占 98%～99%，其中，碳的含量为 83%～87%，氢为 11%～14%。

6.2.1　石油沥青的组成及结构

（1）石油沥青的基本组成

由于石油沥青化学组成的复杂性，对组成进行分析的难度很大，且化学组成也不能完全反映出沥青的性质。因此，从工程使用角度出发将石油沥青中化学成分和物理性质相近的成分或化合物作为一个组分，以便于理解掌握石油沥青的性质。

我国现行规范《公路工程沥青及沥青混合料试验规程》（JTG E20—2011）采用三组分和四组分分析法分析。

三组分分析是将石油沥青分离为油分、树脂质和沥青质 3 个组分。因我国的石油多为石蜡基和中间基石油，在油分中常含有蜡，故在分析时还应将油、蜡进行分离。

1）油分

油分为沥青中最轻的组分，呈淡黄色至红褐色，密度为 $0.7\sim1\mathrm{g/cm^3}$。它能溶于大多数有机溶剂，如丙酮、苯、三氯甲烷等，但不溶于酒精。在石油沥青含量为 40%～60%。油分使沥青具有流动性。

2）树脂质

树脂质为密度略大于 $1\mathrm{g/cm^3}$ 的黑褐色或红褐色黏稠物质。它能溶于汽油、三氯甲烷和苯等有机溶剂，但在丙酮和酒精中溶解度很低。在石油沥青中含量为 15%～30%，它使石油沥青具有塑性与黏结性。

3）沥青质

沥青质为密度大于 $1\mathrm{g/cm^3}$ 的固体物质，黑色。它不溶于汽油，但能溶于二硫化碳和三氯甲烷中。在石油沥青中含量为 10%～30%。它决定石油沥青的温度稳定性和黏结性。

4）固体石蜡

固体石蜡会降低沥青的黏结性、塑性温度稳定性和耐热性。由于存在于沥青油分中的蜡是有害成分，故常采用氯盐处理或高温吹氧、溶剂脱蜡等方法处理。

我国习惯于采用的四组分分析方法又称科尔贝特法，目前四组分分析法已经成为国际上通用的沥青组分评价方法。四组分分析是将沥青分离为饱和分、芳香分、胶质、沥青质。

1）饱和分

饱和分由直链烃和支链烃所组成，是一种非极性稠状油类，H/C 原子比在 2 左右，在沥青中占 5%～20%，对温度较为敏感。

2）芳香分

芳香分由沥青中最低分子量的环烷芳香化合物组成，是胶溶沥青的分散介质。芳香分在沥青中占 40%～60%，原子比 H/C 为 1.56～1.67。

3）胶质

胶质也称为树脂或极性芳烃，有很强的极性。这一突出的特性使胶质有很好黏结力。在沥青中含量为 15%～30%。胶质溶于石油醚、汽油、苯等有机溶剂，H/C/原子比为 1.30～0.47。胶质是沥青的扩散剂或胶溶剂，胶质与沥青质的比例在一定程度上决定沥青是溶胶或是凝胶的特性。胶质赋予沥青以可塑性、流动性和黏结性，对沥青的延性、黏结力有很大的影响。

4）沥青质

沥青质是无定形物质，又称为沥青烯，相对密度大于 1，不溶于乙醇石油醚；易溶于苯氯仿四氯化碳等溶剂，颗粒的粒径为 5～30mm，H/C 原子比为 1.16～1.28。沥青质在沥青中含量一般为 5%～25%。随着沥青质含量的增加，沥青的黏结力、黏度增加，温度稳定性、硬度提高。所以，优质沥青必须含有一定数量的沥青质。

石油沥青中各组分是不稳定的。在阳光、空气、水等外界因素作用下，各组分之间会不断演变，油分树脂质会逐渐减少，沥青质逐渐增多，这一演变过程称为沥青的老化。沥青老化后，其流动性、塑性变差，使沥青失去防水、防腐作用。

（2）石油沥青的结构

现代胶体学说认为，沥青中沥青质是分散相，油分是分散介质，但沥青质不能直接分散在油分中，而胶质作为一种"胶溶剂"，沥青吸附了胶质形成胶团后分散于油分（饱和分和芳香分）中。所以沥青的胶体结构是以沥青质为核，胶质被吸附其表面，并逐渐向外扩散形成胶团，胶团再分散于油分中。

根据沥青中各组分的相对含量不同，可以形成不同结构类型的胶体。

1）溶胶型结构

当胶体结构中的沥青较少，芳香分、饱和分和胶质足够多时，沥青质形成的胶团全部分散，胶团能在分散介质中自由运动，形成溶胶型结构。液体沥青多属于溶胶型沥青，在路用性质上具有较好的黏结性、自愈性和低温变形能力，但温度感应性较差。

2）凝胶型结构

沥青中沥青质含量很多，形成空间网络结构，油分分散在网络空间，这种沥青弹性和黏性较高，温度敏感性较小，塑性较低。氧化沥青多属于凝胶型沥青，具有较低的温度敏感性，但低温变形能力差。

3）溶胶-凝胶型结构

沥青中的沥青含量适当并有较多的芳香度较高的胶质，形成的胶团数量较多，胶团间由一定的吸引力，介于溶胶与凝胶结构之间，这种胶体结构的沥青称为溶凝胶型沥青。这类沥青在外力作用时间短或外力作用小时具有明显的弹性，当应力超过屈服值则表现为黏弹性。凝胶型结构的沥青具有高温稳定性好的优点。

6.2.2　石油沥青的技术性质

（1）物理特征常数

1）密度

沥青密度是在沥青质量与体积之间相互换算以及沥青混合料配合比设计中必不可少的重要参数，也是沥青使用、储存、运输销售过程中不可或缺的参数。根据我国现行的试验法《公路工程沥青及沥青混合料试验规程》（JTG E20—2011）规定沥青密度为温度为15℃条件下，单位体积的质量，单位为 kg/m³ 或 g/cm³。也可用相对密度进行表示，相对密度是指在规定温度下，沥青质量与同体积水质量之比。通常黏稠沥青的密度波动在 0.96～1.04g/cm³ 范围。

2）热力学参数

热胀系数包括热胀系数，热导率和比热。

热胀系数与沥青路面性能有着密切的关系，热胀系数越大，沥青路面在夏季越易泛油，冬季收缩易产生开裂。特别是含蜡沥青，当温度降低时，蜡由液态转变为固态，比容突然增大，沥青的温缩系数发生突变，因而易导致路面产生开裂。沥青的热胀系数是指温度上升1℃时的长度或体积的变化，分别称为线胀系数和体胀系数，统称为热膨胀系数。

热导率：单位厚度内温差为10℃时，在1h通过1m² 面积的热量。

比热：每克沥青升高10℃所需的热量。

3）介电常数

沥青的介电常数与沥青使用的耐久性有关。根据英国道路研究所的研究报告，沥青的介电常数与沥青路面抗滑性有关。

4）溶解度

溶解度是指石油沥青在三氯乙烯四氯化碳或苯中溶解的百分率。不溶解的物质会降低石油沥青的性能（如黏性等），因而溶解度可以表示石油沥青中有效物质的含量。

（2）黏滞性

黏滞性是沥青技术性质中与沥青路面力学性能联系最密切的一种性质，它是划分沥青牌号的主要技术指标。沥青的黏滞性是指石油沥青内部阻碍其相对流动的一种特性，是沥青材料软硬稀稠程度的反映。黏滞性应以绝对黏度表示，但因测定方法复杂，故工程上常用相对黏度来表示黏滞性，而对使用黏稠（固体或半固体）的石油沥青要用针入度表示，对液体石油沥青则用黏滞度表示。

针入度反映了石油沥青抵抗剪切变形的能力。针入度值越小，表明黏度越大。黏稠石油沥青的针入度是指在规定温度（25℃）条件下，以规定质量（100g）的标准针，在规定的时间（5s）内贯入试样中的深度，单位以 0.1mm 计。

液体沥青的标准黏滞度是在某温度下经一定直径的小孔流出50mL所需的时间，单位为 s，常用符号 $C_{T,d}$ 表示黏滞度，其中 d 为流孔直径（mm），T 为试验温度，d 有

3mm、4mm、5mm 和 10mm 四种，T 通常为 25℃ 或 60℃。例如，某沥青在 60℃ 时，自 5mm 孔径流出 50mL 所需时间为 100s，表示为 $C_{60,5}=100s$。试验温度和流孔直径根据液体状态沥青的黏度选择。

各种石油沥青的黏滞性变化范围较大。黏滞性受组分影响，石油沥青中沥青质含量较多，同时有适量树脂，而油分含量较少时，黏滞性较大。黏滞性受温度影响较大，在一定温度范围内，温度升高，黏度降低；反之，黏度增大。

（3）塑性

塑性是指沥青在外力作用下产生变形而不破坏的性质。

石油沥青的塑性与其组分有关，当其中树脂含量较多，且其他组分含量又适当时，则塑性较好。温度及沥青膜层厚度也影响塑性。温度升高，则塑性增大，当膜层增厚，塑性也增大，反之则塑性越差。

石油沥青的塑性用延伸度表示，是指将标准试件在规定温度（25℃）和拉伸速度（50mm/min）条件下进行拉伸，以试件拉断时的伸长值（mm）表示，石油沥青的延伸度越大，则塑性越好。

当膜层薄至 $1\mu m$ 时，塑性近于消失，即接近于弹性。在常温下，塑性较好的沥青在产生裂缝时，也可能由于特有的黏塑性而自行愈合，故塑性也反映了沥青开裂后的自愈能力。沥青之所以能配制成性能良好的柔性防水材料，很大程度上取决于沥青的塑性。沥青的塑性对冲击振动载荷有一定的吸收能力，并能减少摩擦时的噪声，故沥青是一种优良的道路路面材料。

（4）温度敏感性

温度敏感性是指石油沥青的黏滞性和塑性随温度升降而变化的性质。温度敏感性较小的沥青其黏滞性、塑性随温度升降变化较小。

温度敏感性用软化点来表示，即沥青受热时由固态转变为具有一定流动性的膏体时的温度。软化点越高，表明沥青的温度敏感性越小。另外，石油沥青的脆化点也是反映沥青温度敏感性的另一个指标。它是指沥青的状态随着温度从高到低变化，而由高弹状态向玻璃体状态转变的温度，反映沥青的低温变形能力。

沥青的温度敏感性对其施工和使用都有重要影响，土木工程中宜选用温度稳定性较高的沥青。一般认为，沥青的温度稳定习性取决于沥青的组分和掺入沥青中的矿物颗粒的细度性质等。石油沥青中沥青质的含量增多，在一定程度上能提高其温度稳定性。在工程使用时往往加入滑石粉、石灰石粉或其他矿物填料来提高温度稳定性。在组分不变的情况下，矿物颗粒越细，分散度越大，则温度稳定性越高。沥青中含蜡量较多时，其温度稳定性会降低，因此多蜡沥青不能够直接用于土木工程。

沥青温度敏感性与沥青路面的施工（如拌合，摊铺碾压）和使用性能（如高温稳定性和低温抗裂性）都有密切关系，所以它是评价沥青技术性质的一个重要指标。沥青的温度敏感性是采用"黏度"随"温度"而变化的行为（黏-温关系）来表达，常用的方法有针入度指数（PI）法、针入度-黏度（PVN）指数法等。

（5）耐久性

耐久性是指路用沥青在使用过程中受到储运、加热、拌合、摊铺、碾压、交通载荷以及各种自然因素的作用，而使沥青发生一系列的物理-化学变化，如蒸发、氧化、脱氢、缩合等，沥青的化学组成发生变化，使沥青老化，路面变硬变脆。沥青性质随时间而产生"不可逆"的化学组成结构和物理力学性能变化的过程，称为沥青的老化，也就是沥青的耐久性。石油沥青的耐久性主要取决于其自身的化学组成和化学结构。

由于沥青组分中沥青质和沥青碳等脆性成分增加，会导致沥青的塑性降低，软化点和脆点升高，与矿料颗粒黏附性变差，黏滞性先升高，随后逐渐降低，技术性能劣化。

（6）大气稳定性。

大气稳定性是指石油沥青在大气综合因素（热、阳光、氧气和潮湿等）长期作用下抵抗老化的性能。大气稳定性好的石油沥青可以在长期使用中保持其原有性质。石油沥青的大气稳定性常以蒸发损失和蒸发后针入度比来评定，蒸发损失百分率越小，蒸发后针入度比越大，则表示沥青大气稳定性越好，沥青的耐久性越高。

（7）施工安全性

沥青材料在使用时必须加热，当加热至一定温度时，沥青材料中挥发的油分蒸气与周围空气组成混合气体，此混合气体遇火焰则发生闪火。若继续加热，油分蒸气的饱和度增加，由于此种蒸气与空气组成的混合气体遇火焰极易燃烧，从而引起溶油车间发生火灾或使沥青烧坏的损失。为此，必须测定沥青加热闪火和燃烧的温度，即沥青的闪点和燃点。

闪点和燃点是保证沥青加热质量和施工安全的一项重要指标。我国现行规范《公路工程沥青及沥青混合料试验规程》（JTG E20—2011）规定，对黏稠石油沥青采用克利夫开口杯法测定闪点和燃点。

闪点（也称闪火点）是指沥青加热挥发出可燃气体，与火焰接触闪火时的最低温度。

燃点（也称着火点）是指沥青加热挥发出的可燃气体和空气混合，与火焰接触能持续燃烧时的最低温度。

闪点和燃点的高低表明沥青引起火灾或爆炸的可能性的大小，它关系到运输储存和加热使用等方面的安全。例如，建筑石油沥青闪点约230℃，在熬制时一般温度为185～200℃，为安全起见，沥青还应与火焰隔离。

6.2.3　石油沥青技术要求

选用石油沥青时应根据工程性质（房屋道路防腐）、当地气候条件所处工程部位（屋面地下）等因素来综合考虑。由于高牌号沥青比低牌号沥青含油分多，抗老化能力强，故在满足要求的前提下，应尽量选用牌号高的石油沥青，以保证有较长的使用年限。

建筑石油沥青主要用作制造油纸、油毡、防水涂料和沥青嵌缝膏等，绝大部分用于建筑屋面工程、地下防水工程、沟槽、防水防腐蚀工程及管道防腐工程等。一般屋面用沥青材料的软化点应比本地区屋面最大温度高 20～25℃，可选用 10 号或 30 号石油沥青。

道路石油沥青分为普通石油沥青、乳化石油沥青、液体石油沥青和改性沥青等。道路工程中选用沥青材料应考虑交通量和气候特点。南方高温地区宜选用高黏度的石油沥青，以保证夏季沥青路面具有足够的稳定性，不出现车辙等；而北方寒冷地区宜选用低黏度的石油沥青，以保证沥青路面在低温下仍具有一定的变形能力，避免出现开裂。

普通石油沥青由于含有较多的蜡，故温度敏感性较大，当沥青温度达到软化点时，容易产生流淌现象；沥青中的石蜡的渗透还会使沥青黏结层的耐热性和黏结力降低，故在工程中一般不宜采用普通石油沥青，可以采用吹气氧化法改善其性能。

6.3　煤　沥　青

各种天然有机物（如煤、木材、泥炭或页岩等）在隔绝空气的条件下，经焦化、干馏得到的黏性液体，通称"焦油"，俗称"柏油"。焦油再经进一步加工得到黏稠液体以至半固体的产品称为"焦油沥青"。通常加工焦油沥青的原料为煤，故称"煤焦油沥青"，简称"煤沥青"。

各种煤沥青按其稠度可分为软煤沥青和硬煤沥青两类。软煤沥青是煤焦油在加工时仅馏出其中部分轻油和中油而得到的黏稠液体或半固体的产品。硬煤沥青是煤焦油在分馏时馏出轻油、中油，重油以至蒽油等大部分油品成为脆硬的固体产品。根据干馏的温度不同，分为高温煤焦油（700℃以上）和低温煤焦油（450～700℃）。

路用煤沥青主要是由高温煤焦油加工而得。

6.3.1　煤沥青组成和结构

（1）煤沥青的化学组成

煤沥青主要是由碳、氢、氧、硫和氮等 5 种元素所组成。由于它的高度缩聚和短侧链的特点，所以它的碳氢比要比石油沥青大得多。通过组分分析，通常将煤沥青分离为游离碳、树脂和油分三组分。

1）游离碳

又称自由碳，是高分子有机化合物的固态碳质微粒，不溶于任何有机溶剂。加热不熔，高温易分解。煤沥青的游离碳含量增加，可提高其黏度和温度稳定性，但低温脆性亦随之增加。

2）树脂

树脂为环心含氧碳氢化合物。分为硬树脂和软树脂，硬树脂类似石油沥青中的沥青质，固态晶体结构，在沥青中能增加其黏滞性；软树脂是一种赤褐色黏-塑性物，溶于氯仿，能使煤沥青具有塑性，类似石油沥青中的树脂质。

3）油分

油分主要由液体未饱和的芳香族碳氢化合物组成，使煤沥青具有流动性。与其他组分比较，为最简单结构的物质。

除了上述基本的组分外，煤沥青的油分中还含有茶、蒽和酚等。萘和蒽能溶解于油分中，在含量较高或低温时能呈固态晶状体析出，影响煤沥青的低温变形能力。酚为苯环中含羟物质，能溶于水，且易被氧化。煤沥青中酚萘和水均为有害物质，它们含量必须加以限制。

（2）煤沥青的结构

煤沥青和石油沥青相类似，也是复杂的胶体分散系，游离碳和硬树脂组成的胶体微粒为分散相，油分为分散介质，而软树脂为保护物质，它吸附于固态分散胶粒周围，逐渐向外扩散并溶解于油分中，使分散系形成稳定的胶体体系。

6.3.2　煤沥青的技术性质

煤沥青与石油沥青相比，在技术性质上有下列差异。

① 温度稳定性差。煤沥青是较粗的分散系，同时可溶性树脂含量较多，受热易软化，温度稳定性差。因此，加热温度和时间都要控制，更不宜反复加热，否则易引起性质急剧恶化。

② 大气稳定性差。由于煤沥青中含有较多不饱和碳氢化合物，在热、阳光、氧气等长期综合作用下使煤沥青的组分变化较大，易老化变脆。

③ 与矿质材料表面黏附性能好。煤沥青组分中含有酸、碱性物质较多，它们都是极性物质，赋予煤沥青较高的表面活性和较好的黏附力，对酸、碱性集料均能较好地黏附。

④ 塑性较差。因煤沥青中含有较多的游离碳，使塑性降低，使用时易因受力变形而开裂。

⑤ 防腐性能好。煤沥青中含有酚萘蒽油等成分，所以防腐性能好，故宜用于地下防水层及防腐材料。

6.3.3　煤沥青的工程应用

煤沥青的技术性能与石油沥青类似，但另有不同的特性，因而使用要求有一定区别。如煤沥青加热温度一般应低于石油沥青，加热时间宜短不宜长等。在通常情况下，煤沥青不能与石油沥青混用，否则会因两者在物理化学性质上的差异而导致絮凝结块现象。在储存和加工时必须将这两种沥青严格区分开来。

6.4　改性沥青

改性沥青是指掺加橡胶、树脂等高分子聚合物、磨细的橡胶粉或其他填料等掺加剂

（改性剂），或采用对沥青轻度氧化加工等措施，使沥青的性能得以改善而制成的沥青材料。

改性沥青的优良性能来源于它所添加的改性剂，这种改性剂在温度和动能的作用下不仅可以互相合并，而且还可以与沥青发生反应，从而极大地改善了沥青的力学性质，犹如在混凝土中加入了钢筋。

为了阻止一般改性沥青可能发生的离析现象，沥青的改性过程是在一种特殊的移动设备中完成的，将液态的包含沥青和改性剂的混合料通过布满沟槽的胶体磨，在高速旋转的胶体磨的作用下，改性剂的分子被裂解，形成了新的结构然后碰撞到磨壁上再反弹回来，均匀地混合到沥青当中。如此循环往复，不仅使沥青与改性剂得到了均化处理，而且使改性剂的分子链相互牵拉，网状分布，提高了混合料的强度，增强了抗疲劳能力。当车轮压过改性沥青时，沥青层面发生相应的轻微变形，当车轮过后，由于改性沥青对骨料的黏结力强，弹性恢复好，使受挤压的部分迅速恢复平展的原状。

6.4.1 改性沥青的分类

在土木工程中使用的沥青应具有一定的物理性质和黏附性。在低温条件下有弹性和塑性，在高温条件下要有足够的强度和稳定性，在加工和使用条件下具有抗"老化"能力，还应与各种矿料和结构表面有较强的黏附力，以及对变形的适应性和耐疲劳性。通常，石油加工厂加工制备的沥青不一定能全面满足这些要求，为此，常用橡胶、树脂、纤维和矿物粉料等改性，一般按所用掺加剂不同将改性沥青分为以下几类。

① 橡胶类改性沥青掺加剂　主要有天然橡胶乳液、丁苯橡胶、氯丁橡胶、聚丁二烯橡胶、嵌段共聚物（苯乙烯-丁二烯-苯乙烯，即 SBS）及再生橡胶。橡胶改性沥青的特点是低温变形能力提高，韧性增大，高温黏度增大。目前国际上 40% 左右的改性沥青都采用了 SBS。

② 树脂类改性沥青掺加剂　主要有聚乙烯（PE）、聚丙烯（PP）、聚氯乙烯等热塑性树脂。由于它们的价格较为便宜，所以很早就被用来改善沥青。聚乙烯和聚丙烯改性沥青的性能，主要是提高沥青的黏度，改善高温稳定性，同时可增大沥青的韧性。

③ 纤维类改性沥青掺加剂　主要有石棉、聚丙烯纤维、聚酯纤维、纤维素纤维等。纤维类材料加入沥青中，可显著提高沥青的高温稳定性，同时可增加低温抗拉强度。纤维类改性沥青对纤维的掺配工艺要求很高。

④ 矿粉类改性沥青掺加剂　主要有滑石粉、石灰粉、云母粉和硅藻土粉等。这类矿物粉料的掺入，可提高沥青的黏结能力和耐热性，减少沥青的温度敏感性。

6.4.2 改性沥青的工程应用

建筑工程中常使用改性沥青制作防水卷材，如弹性体 SBS 改性沥青防水卷材和塑性体 APP（无规聚丙烯）改性沥青防水卷材。

弹性体 SBS 改性沥青防水卷材是以 SBS 热塑性弹性体改性沥青为涂层，以优质聚酯毡、玻纤毡、玻纤增强聚酯毡为胎基，以细砂、矿物粒料、PE 膜、铝膜等为覆面材料，采用专用机械搅拌、研磨而成的弹性体改性沥青防水卷材。

SBS 改性沥青防水卷材的特点是：不透水性能强，抗拉强度高，延伸率大，尺寸稳定性能好，对基层收缩变形和开裂适应能力强；耐高低温性能好，耐穿刺、耐硌破、耐撕裂、耐腐蚀、耐得变、耐候化性能好；施工方便，热熔法施工四季均可操作，接缝可靠。这种卷材适用于工业与民用建筑的屋面、地下等的防水防潮以及桥梁、停车场、游泳池、隧道等建筑物的防水，尤其适用于高温或有强烈太阳辐照地区的建筑物防水。

塑性体 APP 改性沥青防水卷材是以 APP 或 APAO（非晶态 α-烯烃共聚物），APO（聚烯烃类聚合物）改性沥青为浸涂材料，以优质聚酯毡、玻纤毡为胎基，以细砂、矿物粒（片）料、PE 膜为覆面材料，采用先进工艺精制而成的塑性体改性沥青防水卷材。

APP 改性沥青防水卷材属热塑性体防水材料，常温施工，操作简便，高温（110～130℃）不流淌，低温（－15～－5℃）不脆裂，韧性强，弹性好，抗腐蚀，耐老化。

SBS 防水卷材适用于较低气温环境的建筑防水。APP 防水卷材适用于较高气温环境的建筑防水。

6.4.3　沥青的掺配

掺配沥青一般是指以同种沥青的不同标号按一定比例互相掺配而制成的沥青。

在工程中，往往一种牌号的沥青不能满足工程要求，因此常常需要不同牌号的沥青进行掺配。在进行掺配时，为了不使掺配后的沥青胶体结构破坏，应选用表面张力相近和化学性质相似的沥青。试验证明同产源的沥青容易保证掺配后的沥青胶体结构的均匀性。所谓同源是指同属石油沥青或同属煤沥青。当使用两种沥青时，每种沥青的配合量宜按下列公式计算：

$$Q_1 = \frac{T_2 - T}{T_2 - T_1} \times 100\%$$

式中　Q_1——较软沥青用量百分比；

Q_2——较硬沥青用量百分比；

T_1——掺配后沥青软化点，℃；

T_2——较硬沥青软化点，℃。

【例 6-1】某工程需用软化点为 85℃的石油沥青，现有 10 号及 60 号石油沥青，其软化点分别为 95℃和 45℃，试估算如何掺配才能满足工程需要？

【解】由题目可知：较软的 60 号沥青的软化点为 45℃，较硬的 10 号沥青软化点为 95℃，掺配后沥青软化点为 85℃。

代入公式：

$$Q_1 = \frac{T_2 - T}{T_2 - T_1} \times 100\%\ 可得：$$

$$Q_1 = \frac{95 - 85}{95 - 45} \times 100\% = 20\%$$

$$Q_2 = 100\% - 20\% = 80\%$$

解得：需用 20% 的 60 号沥青和 80% 的 10 号沥青掺配。

注：如果用三种沥青进行掺配，则可先算出两种沥青的配比，再掺入第三种沥青进行计算。

6.5　沥青混合料

沥青混合料是用适量的沥青材料与一定级配的矿质集料经过充分拌合而形成的混合物。将这种混合物加以摊铺、碾压成型，即成为各种类型的沥青路面。

沥青混合料是一种黏弹性材料，具有良好的力学性质，用其摊铺的路面平整，无接缝，而且具有一定的粗糙度，具有路面减震、吸声功能，无强烈反光，使行车舒适、安全。另外，沥青混合料施工方便，不需养护，能及时开放交通，且能再生利用。因此，沥青混合料广泛应用于高速公路、干线公路和城市道路路面。但是，沥青混合料目前也存在易老化和温度稳定性差的缺点。

6.5.1　沥青混合料的组成材料的技术要求

沥青混合料的技术性质决定于组成材料的性质配合比及制备工艺等因素，其中组成材料的质量是首先需要关注的问题。

（1）沥青材料

沥青是沥青混合料中最重要的组成材料，其性能直接影响沥青混合料的各种技术性质。沥青路面所用的沥青标号，宜按照公路等级、气候条件、交通性质、路面类型及其在结构层中的层位及受力特点、施工方法等，结合当地的使用经验确定。沥青标号可根据道路所属的气候分区按《公路沥青路面施工技术规范》（JTG F40—2004）中的规定选用。

（2）粗集料

粗集料可采用碎石、破碎砾石、筛选砾石、钢渣、矿渣等，但高速公路和一级公路不得使用筛选砾石和矿渣。粗集料要求洁净、干燥、坚硬、表面粗糙、形状接近立方体，且无风化、无杂质，并具有足够的强度、耐磨耗性。

（3）细集料

细集料可采用天然砂、机制砂、石屑。细集料应洁净、干燥、无风化、无杂质，并有适当的颗粒级配。细集料的洁净程度，天然砂以小于 0.075mm 含量的百分数表示，石屑和机制砂以砂当量（适用于 0～4.75mm）或亚甲蓝值（适用于 0～2.36mm 或 0～0.15mm）表示。

（4）填料

填料的作用非常重要，沥青混合料主要依靠沥青与矿粉的交互作用形成具有较高黏结力的沥青胶浆，将粗、细集料结合成一个整体。沥青混合料所用矿粉可采用石灰岩或岩浆岩中的强基性岩石等憎水性石料经磨细得到的矿粉。

6.5.2 沥青混合料结构

按级配原则构成的沥青混合料，其结构通常可按下列三种方式组成（见图 6.1）。

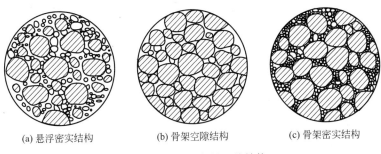

| (a) 悬浮密实结构 | (b) 骨架空隙结构 | (c) 骨架密实结构 |

图 6-1 沥青混合料三种结构

① 悬浮密实结构 由连续级配矿质混合料组成的密实混合料，由于材料从大到小连续存在，并且各有一定数量，实际上同一档较大颗粒都被较小一档颗粒挤开，大颗粒犹如以悬浮状态处于较小颗粒之中，如图 6-1(a) 所示。这种结构通常按最佳级配原理进行设计，因为密实度与强度较高，但受沥青材料的性质和物理状态的影响较大，故稳定性较差。

② 骨架空隙结构 较粗石料彼此紧密相接，较细粒料的数量较少，不足以充分填充空隙。因此，混合料的空隙较大，石料能够充分形成骨架。在这种结构中，粗骨料之间的内摩阻力起着重要的作用，其结构强度受沥青的性质和物理状态的影响较小，因而稳定性较好。

对于间断级配的沥青混合料，由于细集料的数量较少，且有较多的空隙，粗集料能够相互靠拢，不被细集料所推开，细集料填充在粗集料的空隙之中，形成骨架空隙结构，如图 6-1(b) 所示。

从理论上来说，骨架空隙结构的粗集料充分发挥了嵌挤作用，使集料之间的摩阻力增大，从而使沥青混合料受沥青材料的影响较小，稳定性较好，且能够形成较高的强度，是一种比连续级配更为理想的组成结构。但是，由于间断级配的粗、细集料容易分离，所以在一般工程中应用不多。当沥青路面采用这种形式的沥青混合料时，沥青面层下必须做下封层。

③ 骨架密实结构 骨架密实结构是综合以上两种方式组成的结构。混合料中既有一定数量的粗集料形成骨架结构，又有足够的细集料填充到粗集料之间的空隙中去，形成较高密实度的结构，如图 6-1(c) 所示。间断密级配的沥青混合料，即是上面两种结构形式

的有机结合。这种结构的沥青混合料，其密实度、强度和稳定性都比较好，但目前采用这种结构形式的沥青混合料路面还不多。

6.5.3 沥青混合料技术性质

（1）高温稳定性

沥青是热塑性材料，沥青混合料在夏季高温下，因沥青黏度降低而软化，以致在车轮荷载作用下产生永久变形，路面出现泛油、推挤、车辙等病害，影响行车舒适和安全。因此，沥青混合料必须在高温下仍具有足够的强度和刚度，即具有良好的高温稳定性。沥青混合料高温稳定性，是指沥青混合料在夏季高温（通常为60℃）条件下，经车辆荷载长期重复作用后，不产生车辙和波浪等破坏现象的性能。

影响沥青混合料高温稳定性的主要因素有：沥青的用量、沥青的黏度、矿料的级配、矿料的尺寸与形态、沥青混合料摊铺面积等。要增强沥青混合料的高温稳定性，就要提高沥青混合料的抗剪强度和减少塑性变形。

当沥青过量时，会降低沥青混合料的内摩阻力，而且在夏季容易产生泛油现象。因此，适当减少沥青的用量，可以使矿料颗粒更多地以结构沥青的形式相联结，增加混合料黏聚力和内摩阻力，提高沥青黏度，增加沥青混合料抗剪变形的能力。由合理矿料级配组成的沥青混合料，可以形成骨架密实结构，这种混合料的黏聚力和内摩阻力都比较大。在矿料的选择上，尽量选用有棱角的矿料颗粒，以提高混合料的内摩擦角。另外，还可加入一些外加剂来改善沥青混合料的性能。以上这些措施都可提高沥青混合料的抗剪强度和减少塑性变形，从而增强沥青混合料的高温稳定性。

（2）水稳定性

高速公路沥青路面的水损害是导致我国高速公路沥青路面早期损坏的主要原因之一。大量的研究资料表明，进入路面结构内的自由水是造成路面损坏的首要因素。水损害很大地降低了路面的使用寿命，提高了路面养护成本，给国民经济造成巨大的损失。在规定的试验条件下进行浸水马歇尔试验和冻融劈裂试验检验沥青混合料的水稳定性，达不到要求时必须按要求采取抗剥落措施，调整最佳沥青用量后再次试验。

（3）低温抗裂性

低温抗裂性是指沥青混合料出现低温脆化、低温缩裂、温度疲劳等现象，从而导致出现低温裂缝的性能。沥青混合料不仅应具备高温的稳定性，同时还要具有低温的抗裂性，以保证路面在冬季低温时不产生裂缝。沥青混合料低温抗裂性要求的指标尚处于研究阶段，目前尚未列入技术标准。

混合料的低温脆化是指在低温条件下变形能力下降，低温缩裂通常是由于材料本身的抗拉强度不足而造成的，可通过沥青混合料的劈裂试验和线性收缩系数试验来反映。

宜对密级配沥青混合料在温度−10℃、加载速率50mm/min的条件下进行弯曲试验，测定破坏强度、破坏应变、破坏劲度模量，并根据应力应变曲线的形状，综合评价沥青混合料的低温抗裂性能。

(4) 耐久性

沥青混合料的耐久性是指其在外界各种因素（如阳光、空气、水、车辆荷载等）的长期作用下不破坏的性能。影响沥青混合料耐久性的主要因素有：沥青的性质、矿料的性质、沥青混合料的组成与结构（沥青用量、混合料压实度）等。

沥青的抗老化性越好，矿料越坚硬，不易风化和破碎，与沥青的黏结性好，沥青混合料的寿命越长。从耐久性角度出发，沥青混合料空隙率减少，可防止水的渗入和日光紫外线对沥青的老化作用，但是一般沥青混合料中均应残留一定量的空隙，以备夏季沥青混合料膨胀。

当沥青用量较正常用量减少时，沥青膜变薄，混合料的延伸能力降低，脆性增加。如沥青用量过少，将使混合料的空隙率增加，沥青膜暴露较多，加速了老化作用，同时增加了渗水率，加强了水对沥青的剥落作用。沥青混合料的耐久性用马歇尔试验来评价，可用马歇尔试验测得的空隙率、沥青饱和度和残留稳定度等指标来表示耐久性。

(5) 抗滑性

随着现代高速公路的发展以及车辆行驶速度的增加，对沥青混合料路面的抗滑性提出了更高的要求。路面抗滑性可用路面构造深度、路面抗滑值以及摩擦系数来评定。构造深度、路面抗滑值和摩擦系数越大，说明路面的抗滑性越好。

沥青混合料的抗滑性的影响因素有：矿料的表面性质、沥青用量、混合料的级配及宏观构造等。应选用质地坚硬、具有棱角的粗集料，高速公路通常采用玄武岩。为节省投资，也可采用玄武岩与石灰岩混合使用的方法，这样，待路面经过一段时间的使用后，石灰岩骨料被磨平，玄武岩骨料相对突出，更能增加路面的粗糙性。沥青用量偏多，会明显降低路面的抗滑性。

(6) 施工和易性

为保证室内配料在现场条件下顺利施工，沥青混合料应具备良好的施工和易性。影响混合料施工和易性的主要因素有：矿料级配、沥青用量、环境温度、搅拌工艺等。

矿料的级配对其和易性影响较大。粗细集料的颗粒级配不当，混合料容易分层沉积（粗集料在面层，细集料在底部）；细集料偏少，沥青不易均匀地分布在矿料表面；细集料偏多，则拌合困难。此外，当沥青用量偏小，或矿粉用量偏多，混合料容易产生疏松，不易压实；如沥青用量过多，或矿粉质量不好，则易导致混合料黏结成团，不易摊铺。生产上对沥青混合料的和易性一般凭经验来判定。

6.6 沥青试验

(1) 试验目的及依据

测定石油沥青的针入度、延度软化点等主要技术性质，作为评定石油沥青牌号的主要依据。本试验按《公路工程沥青及沥青混合料试验规程》（JTG E20—2011）规定进行。

（2）取样方法

进行沥青性质常规检验取样数量为：黏稠或固体沥青不少于 4.0kg；液体沥青不少于 1.1kg。从桶装、袋装、箱装或散装整块中取样，应在表面以下及容器侧面以内至少 5cm 处采取。如沥青能够打碎，可用干净的工具将沥青打碎后取中间部分试样；如沥青是软塑的，则用干净的热工具切割取样。

6.6.1 针入度试验

针入度是指在温度为 25℃的条件下，以质量 100g 的标准针，经 5s 沉入沥青中的深度（0.1mm 称为 1 度）来表示，可表示为 P（25℃，100g，5s）。针入度值越大，说明沥青流动性大，黏性差，稠度越小。

（1）试验目的

测定石油沥青的针入度，以评价黏稠石油沥青的黏滞性，并确定其标号。还可进一步计算沥青的针入度指数 P，用以描述沥青的温度敏感性。

（2）主要仪器设备

① 针入度仪。凡能保证针和连杆在无明显摩擦下垂直运动，并能指示针贯入深度准确至 0.1mm 的仪器均可使用。针和针连杆组合件总质量为（50＋0.05)g，另附（50＋0.05)g 砝码，试验时总质量为（100＋0.05)g。

② 标准针。由硬化回火的不锈钢制成，洛氏硬度 HRC54～60，表面粗糙度 Ra 为 0.2～0.3μm，针及针杆总质量为（2.5＋0.05)g。

③ 盛样皿。金属制圆柱形平底器皿。小盛样皿内径 55mm，深 35mm（适用于针入度小于 200 的试样）；大盛样皿内径 70mm，深 45mm（适用于针入度为 200～300 的试样）；针入度大于 350 的试样需使用特殊盛样皿，其深度不小于 60mm，体积不少于 125mL。

④ 恒温水槽。容量不小于 10L，控温的准确度为 0.1℃。距水底部为 50mm 处有一个带孔的支架，这一支架离水面至少有 100mm。

⑤ 温度计。液体玻璃温度计，刻度范围为 0～50℃，分度为 0.1℃。

⑥ 平底玻璃皿、计时器、砂浴或电炉。

（3）试验准备

① 加热样品，不断搅拌防止局部过热，石油沥青加热温度不超过软化点 100℃，加热时间不超过 30min。加热搅拌过程应避免试样中进入气泡。

② 将试样倒入预先选好的盛样皿中，试样深度应大于预计穿入深度 10mm。

③ 盛样皿在 15～30℃的室温中冷却不少于 1.5h（小盛样皿）、2h（大盛样皿）或 3h（特殊盛样皿）后，移入保持规定试验温度＋0.1℃恒温水槽中，并保温不少于 1.5h（小盛样皿）、2h（大盛样皿）或 2.5h（特殊盛样皿）。

（4）试验步骤

① 调节针入度仪使之水平，检查连杆和导轨是否无明显摩擦。用三氯乙烯或其他溶剂清洗标准针并擦干。将标准针插入针连杆，用螺丝固定。按试验条件放好附加砝码。

② 取出达到恒温的盛样，移入水温控制在试验温度+0.1℃的平底玻璃皿中的三脚支架上，试样表面以上的水层深度不少于 10mm。

③ 将平底玻璃皿置于针入度仪的平台上。慢慢放下针连杆，用适当位置的反光镜或灯光反射观察，使针尖恰好与试样表面接触，将位移计或刻度盘指针复位为零。

④ 开始试验，按下释放键，标准针落下贯入试样的同时开始计时，至 5s 时自动停止。

⑤ 读取位移计或刻度盘指针的读数准确至 0.1mm。

⑥ 同一试样平行试验至少 3 次，各测试点之间及与盛样皿边缘的距离不应小于 10mm。每次试验后应将盛有盛样皿的平底玻璃皿放入恒温水槽，使平底玻璃皿中水温保持试验温度。每次试验应换一根干净标准针，或将标准针取下用蘸有三氯乙烯溶剂的棉花或布揩净，再用干棉花或布擦干。

⑦ 测定针入度大于 200℃的沥青试样时，至少用 3 根标准针，每次测定后将针留在试样中，直到 3 次测定完毕后，才能将标准针取出。

（5）试验结果

同一试样 3 次平行试验结果的最大值和最小值之差符合表 6-1 规定时，取 3 次试验结果的平均值，取整数作为针入度试验结果。若差值超过规定，应重新进行试验。

表 6-1　允许偏差范围

针入度/0.1mm	允许差值/0.1mm
0～49	2
50～149	4
150～249	6
250～500	10

6.6.2　软化点试验

软化点是沥青材料由固体状态转变为具有一定流动性的膏体时的温度。高温敏感性常用软化点来表示，高温敏感性较小的石油沥青，其黏滞性、塑性随温度的变化较小。

（1）试验目的

测定沥青软化点，了解沥青的温度敏感性。

（2）主要仪器设备

① 沥青软化点测定仪，如图 6-2 所示，包括：钢球，直径 9.53mm，质量 (3.5+0.05)g；试样环，黄铜或不锈钢等制成；钢球定位环，亦由黄铜或不锈钢等制成；金属支架，由两个主杆和 3 层平行的金属板组成，中层板下表面距下层底板为 25.4mm；耐热玻

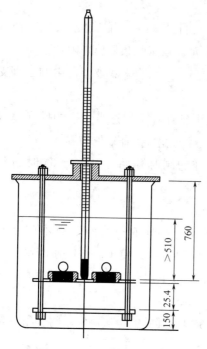

图 6-2　沥青软化点测定仪

璃烧杯，容量 800～1000mL，直径不小于 86mm，高不小于 120mm；温度计，测温范围在 0～100℃，最小分度值为 0.5℃。

② 恒温水槽、电炉及其他加热器、金属板或玻璃板、筛（筛孔为 0.3～0.5mm 的金属网）、平直刮刀、甘油滑石粉隔离剂、新煮沸过的蒸馏水、甘油。

（3）试验准备

① 将黄铜环置于涂有隔离剂的金属板或玻璃上，将沥青加热熔化至流动状态，石油沥青加热温度不得高于估计软化点 110℃，煤焦油沥青加热温度不得高于估计软化点 55℃。注入黄铜环内至略高出环面为止（如估计软化点在 120℃ 以上时，应将金属板与黄铜环预热至 80～100℃）。

② 试样在空气中冷却 30min 后，用热刀刮去高出环面的试样，使之与环面齐平。

③ 将盛有试样的黄铜环及板置于盛满水（或甘油，估计软化点为 80～157℃ 的试样）的保温槽内，或将盛试样的环水平地安在环架中层板的圆孔内，然后放在烧杯中，恒温 15min，水温保持 5℃±0.5℃（甘油温度保持 30℃±1℃），同时钢球也置于恒温的水（或甘油中）。

④ 烧杯内注入新煮沸并冷却至约 5℃ 的蒸馏水（或注入预先加热至约 30℃ 的甘油），使水面（或甘油液面）略低于连接杆上的深度标记。

（4）试验步骤

① 从水（或甘油）保温槽中，取出盛有试样的黄铜环放置在环架中层板上的圆孔中，为了使钢球居中，应套上钢球定位器，把整个环架放入烧杯内，调整水面（或甘油液面）至深度标记，环架上任何部位均不得有气泡，将温度计由上层板中心孔垂直插入，使水银球与铜环下面齐平。

② 将烧杯移至放有石棉网的三脚架上或电炉上，然后将钢球放在试样上（须使各环的平面在全部加热时间内，完全处于水平状态），立即加热，使烧杯内水（或甘油）温度在 3min 后保持 5℃±0.5℃/min 上升速度，在整个测定过程中如温度上升速度超出此范围时，则试验应重做。

③ 当试样受热软化下坠至下层底面接触时的温度，即为试样的软化点（精确至 0.5℃）。

（5）试验结果

取平行测定的两个试样软化点的平均值作为试验结果。两个数值的差数不得大于 1℃。

6.6.3　延度试验

石油沥青的延度是用规定的试件在一定温度下以一定速度拉伸到断裂时的长度，以 cm 表示。非经特殊说明，试验温度为 25℃±0.5℃，延伸速度为 5cm/min±0.25cm/min。

(1) 试验目的

测定沥青的延度。延度是表示沥青塑性的指标，也是评定沥青牌号的指标之一。

(2) 主要仪器设备

① 沥青延度仪。将试件浸没于水中，能保持规定的试验温度及按照规定拉伸速度拉伸试件且试验时无明显振动的延度仪均可使用，其形状及组成如图 6-3 所示，由一个内衬镀锌白铁或涂磁漆的长形箱所构成。

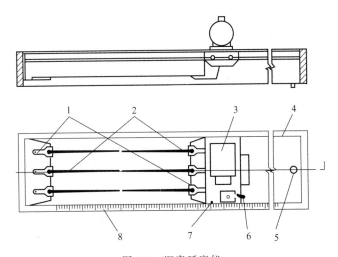

图 6-3　沥青延度仪

1—试模；2—试样；3—电机；4—水槽；5—泄水孔；6—开关手柄；7—指针；8—标尺

箱内装有一个可以转动的螺旋杆，其上附有滑动板。滑动板可由一端向另一端移动，其速度为 5cm/min±0.25cm/min 或 1cm/min±0.05cm/min（低温时），误差不得大于 5%。滑动板上有一指针。借箱壁上所装标尺指示滑动距离，延度可自此尺上直接读出。螺旋杆用于电动机转动，试验时，试样不可有振动。

② 试模。黄铜制，由两个端模和两个侧模组成，其形状尺寸见图 6-4。

③ 试模底板。玻璃板或磨光的铜板、不锈钢板（表面粗糙度 Ra0.2μm）。

④ 恒温水槽。容量不少于 10L，控制温度的准确度为 0.1℃，水槽中应设有带孔搁架，搁架距水槽底不得少于 50mm。试件浸入水中深度不小于 100mm。

⑤ 温度计。0～50℃。分度为 0.1℃。

⑥ 砂浴或其他加热炉具。

⑦ 甘油滑石粉隔离剂（甘油与滑石粉的质量比 2∶1）。

⑧ 其他。刮平刀、石棉网、滤筛（筛孔边长为 0.6mm）、食盐等。

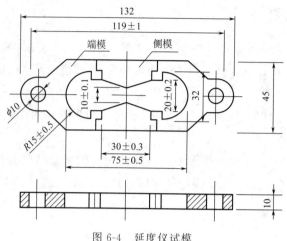

图 6-4　延度仪试模

（3）试验准备

① 将隔离剂拌合均匀，涂于支撑板表面和铜模侧模的内表面，将模具组装在支撑板上。

② 将除去水分的试样，在砂浴上小心加热并防止局部过热，加热温度不得高于估计软化点 100℃，用过滤筛，充分搅拌，勿混入气泡。然后将试样呈细流状，自试模的一端向另一端往返数次缓缓注入模中，最后略高出模具。

③ 试件在 15～30℃ 的空气中冷却 30min，然后置于 25℃±0.1℃ 的水浴中，保持 30min 后取出，用热刮刀刮除高出模具的沥青，使沥青面与试模面齐平。沥青的刮法应自试模的中间刮向两端，且表面应刮得十分光滑。将试模连同金属板再浸入 25℃±0.1℃ 的水浴中 1～1.5h。

④ 检查延度仪拉伸速度是否符合要求。移动滑板使指针对准标尺的零点。保持水槽中水温为 25℃±0.5℃。

（4）试验步骤

① 将试件移至延度仪水槽中，将试模两端的孔分别套在滑板及槽端固定板的金属柱上，并取 F 侧模。水面距试件表面不小于 25mm。

② 开动延度仪，观察沥青试样延伸情况。在拉伸过程中，水温应始终保持在试验温度规定范围内，且仪器不得有振动，水面不得有晃动。当水槽采用循环水时，应暂时中断循环，停止水流。在试验中，若发现沥青细丝浮于水面或沉入槽底，则应在水中加入乙醇或食盐，调整水的密度至与试样的密度相近后，重新试验。

③ 试件拉断时，读取指针所指标尺上的读数，以 cm 计。在正常情况下，试件应拉伸成锥尖状，在拉断时实际横断面接近于零。如不能得到这种结果，则应在报告中注明。

（5）试验结果

① 同一试样，每次平行试验不少于 3 个，如 3 个测定结果均大于 100cm，试验结果记作 "＞100cm"；特殊需要也可分别记录实测值。3 个测定结果中，当有一个以上的测定

值小于 100cm 时，若最大值或最小值与平均值之差满足重复性试验要求，则取 3 个测定结果的平均值的整数作为延度试验结果，若平均值大于 100cm，记作"＞100cm"；若最大值或最小值与平均值之差不符合重复性试验要求，应重新试验。

② 允许误差。当试验结果小于 100cm 时，重复性试验的允许偏差为平均值的 20％，再现性试验的允许偏差为平均值的 30％。

6.7 沥青混合料试验

6.7.1 沥青混合料试件制作（击实法）

(1) 试验目的和依据

标准击实法适用于马歇尔试验、间接抗拉试验等所使用的 101.6mm×63.5mm 圆柱体试件的成型。大型击实法适用于 152.4mm×95.3mm 的大型圆性体试件的成型，供试验室进行沥青混合料物理力学性质试验使用。

本试验按《公路工程沥青及沥青混合料试验规程》(JTG E20—2011) 规定进行。沥青混合料试件制作时的矿料规格及试件数量应符合试验规程的规定。

(2) 主要仪器设备

① 击实仪。由击实锤、98.5 平圆形压实头及带手柄的导向棒（直径 15.9mm）组成。

② 标准击实台。

③ 试验室用沥青混合料拌合机。

④ 脱模器。

⑤ 试模。每种至少 3 组。

⑥ 烘箱。大、中型各一台，装有温度调节器。

⑦ 天平或电子秤。用于称量矿料的，感量不大于 0.5g；用于称量沥青的，感量不大于 0.1g。

⑧ 沥青运动黏度测定设备。毛细管黏度计、赛波特重油黏度计或布洛克菲尔德黏度计。

⑨ 工具。插刀或大螺丝刀。

⑩ 温度计。分度值不大于 1℃。

⑪ 其他。电炉或煤气炉、沥青熔化锅、拌合铲、标准筛、滤纸（或普通纸）、胶布、卡尺、秒表、粉笔、棉纱等。

(3) 试验准备

① 确定制作沥青混合料试件的拌合与压实温度。

a.按本规程测定沥青的黏度，绘制黏温曲线。按表 6-2 的要求确定适宜于沥青混合料拌合及压实的等黏温度。

表 6-2　沥青混合料拌合及压实的等黏温度

沥青结合料种类	黏度与测定方法	适用于拌合的沥青 结合料黏度	适用于压实的沥青 结合料黏度
石油沥青 （含改性沥青）	表观黏度，T0625	(0.17 ± 0.02)Pa·s	(0.28 ± 0.03)Pa·s
	运动黏度，T0619	(170 ± 20)mm^2/s	(280 ± 30)mm^2/s
	赛波特黏度，T0623	(85 ± 10)s	(140 ± 15)s
煤沥青	恩格拉度，T0622	25 ± 3	40 ± 5

注：液体沥青混合料的压实成型温度按石油沥青要求执行。

b. 当缺乏沥青黏度测定条件时，试件的拌合与压实温度可按表 6-3 选用，并根据沥青品种和标号做适当调整。针入度小、稠度大的沥青取高限，针入度大、稠度小的沥青取低限，一般取中值。

对改性沥青，应根据改性剂的品种和用量，适当提高混合料的拌合和压实温度，对大部分聚合物改性沥青，需要在基质沥青的基础上提高 15～30℃ 左右，掺加纤维时，尚需再提高 10℃ 左右。

表 6-3　沥青混合料拌合及压实温度参考表

沥青结合料种类	拌合温度/℃	压实温度/℃
石油沥青	130～160	120～150
煤沥青	90～120	80～110
改性沥青	160～175	140～170

② 常温沥青混合料的拌合及压实在常温下进行。

③ 在试验室人工配制沥青混合料时，材料准备按下列步骤进行。

a. 将各种规格的矿料置于 105℃±5℃ 的烘箱中烘干至恒重（一般不少于 4～6h）。根据需要，粗集料可先用水冲洗干净后烘干，也可将粗、细集料过筛后用水冲洗，烘干备用。

b. 按规定试验方法分别测定不同粒径规格粗、细集料及填料（矿粉）的各种密度，按 T0603 测定沥青的密度。

c. 将烘干分级的粗、细集料，按每个试件设计级配要求称其质量，在一金属盘中混合均匀，矿粉单独加热，置烘箱中预热至沥青拌合温度以上约 15℃（采用石油沥青时通常为 163℃；采用改性沥青时通常需 180℃）备用。一般按一组试件（每组 4～6 个）备料，但进行配合比设计时宜对每个试件分别备料。当采用替代法时，对粗集料中粒径大于 26.5mm 的部分，以 13.2～26.5mm 粗集料等量代替。常温沥青混合料的矿料不应加热。

④ 将规定方法采集的沥青试样，用恒温烘箱、油浴或电热套熔化加热至规定的沥青混合料拌合温度备用，但不得超过 175℃。当不得已采用燃气炉或电炉直接加热进行脱水时，必须使用石棉垫隔开。

⑤ 用沾有少许黄油的棉纱擦净试模、套筒及击实座等，置于 100℃ 左右烘箱中加热 1h 备用。常温沥青混合料用试模不加热。

（4）拌制沥青混合

① 黏稠石油沥青或煤沥青混合

a.将沥青混合料拌合机预热至拌合温度以上10℃左右备用（对试验室试验研究、配合比设计及采用机械拌合施工的工程，严禁用人工炒拌法热拌沥青混合料）。

b.将每个试件预热的粗集料置于拌合机中，用小铲子适当混合，然后再加入需要数量的已加热至拌合温度的沥青（如沥青已称量在一专用容器内时，可在倒掉沥青后用一部分热矿粉将沾在容器壁上的沥青擦拭一起倒入拌合锅中），开动拌合机，一边搅拌一边将拌合叶片插入混合料中拌合1~1.5min，然后暂停拌合，加入单独加热的矿粉，继续拌合至均匀为止，并使沥青混合料保持在要求的拌合温度范围内。标准的总拌合时间为3min。

② 液体石油沥青混合料　将每组（或每个）试件的矿料置于已加热至55~100℃的沥青混合料拌合机中，注入要求数量的液体沥青，并将混合料边加热边拌合，使液体沥青中的溶剂挥发至50%以下。拌合时间应事先试拌决定。

③ 乳化沥青混合料　将每个试件的粗细集料，置于沥青混合料拌合机（不加热、也可用人工炒拌）中，注入计算的用水量（阴离子乳化沥青不加水）后，拌合均匀并使矿料表面完全湿润，再注入设计的沥青乳液用量，在1min内使混合料拌匀，然后加入矿粉迅速拌合，使混合料拌成褐色为止。

（5）马歇尔标准击实法成型方法

马歇尔标准击实法的成型步骤如下。

a.将拌好的沥青混合料，均匀称取一个试件所需的用量（标准马歇尔试件约1200g，大型马歇尔试件约4050g）。当已知沥青混合料的密度时，可根据试件的标准尺寸计算并乘以1.03得到要求的混合料数量。当一次拌合几个试件时，宜将其倒入经预热的金属盘中，用小铲适当拌合均匀分成几份，分别取用。在试件制作过程中，为防止混合料温度下降，应连盘放在烘箱中保温。

b.从烘箱中取出预热的试模及套筒，用沾有少许黄油的棉纱擦拭套筒、底座及击实锤底面，将试模装在底座上，垫一张圆形的吸油性小的纸，按四分法从四个方向用小铲将混合料铲入试模中，用插刀或大螺丝刀沿周边插捣15次，中间10次。插捣后将沥青混合料表面整平成凸圆弧面。对大型马歇尔试件，混合料分两次加入，每次插捣次数同上。

c.插入温度计，至混合料中心附近，检查混合料温度。

d.待混合料温度符合要求的压实温度后，将试模连同底座一起放在击实台上固定，在装好的混合料上面垫一张吸油性小的圆纸，再将装有击实锤及导向棒的压实头插入试模中，然后开启电动机或人工将击实锤从457mm的高度自由落下击实规定的次数（75、50或35次）。对大型马歇尔试件，击实次数为75次（相应于标准击实50次的情况）或112次（相当于标准击实75次的情况）。

e.试件击实一面后，取下套筒，将试模掉头，装上套筒，然后以同样的方法和次数击实另一面。乳化沥青混合料试件在两面击实后，将一组试件在常温下横向放置24h，另一组试件置温度为105℃±5℃的烘箱中养生24h。将养生试件取出后再立即两面锤击各

25 次。

f. 试件击实结束后，立即用镊子取掉上下面的纸，用卡尺量取试件离试模上口的高度并由此计算试件高度。如高度不符合要求时，试件应作废，并按下式调整试件的混合料质量，以保证高度符合 63.5mm±1.3mm（标准试件）或 95.3mm±2.5mm（大型试件）的要求。

$$调整后沥青混合料质量 = \frac{要求试件高度 \times 原用混合料质量}{所得试件的高度}$$

g. 卸去套筒和底座，将装有试件的试模横向放置冷却至室温后（不少于 12h），置脱模机上脱出试件。用于做现场马歇尔指标检验的试件，在施工质量检验过程中如急需试验，允许采用电风扇吹冷 1h 或浸水冷却 3min 以上的方法脱模，但浸水脱模法不能用于测量密度、空隙率等各项物理指标。

h. 将试件仔细置于干燥洁净的平面上，供试验用。

6.7.2　沥青混合料车辙试验

车辙试验的试验温度与轮压可根据有关规定和需要选用，非经注明，试验温度为 60℃，轮压为 0.7MPa。计算动稳定度的时间原则上为试验开始后 45～60min。

（1）试验目的

测定沥青混合料的高温抗车辙能力，供沥青混合料配合比设计的高温稳定性检验使用。

（2）试验准备

车辙试验用的试件是采用轮碾法制成的尺寸为 300mm×300mm×50mm 的板块状试件。

1）仪器设备

① 轮碾成型机。具有与钢筒式压路机相似的圆弧形碾压轮，轮宽 300mm，压实线荷载为 300N/cm，碾压行程等于试件长度，碾压后试件可达到马歇尔试验标准击实密度的（100±1）%。

② 实验室用沥青混合料拌合机。能保证拌合温度并充分拌合均匀，可控制拌合时间，宜采用容量大于 30L 的大型沥青混合料拌合机，也可采用容量大于 10L 的小型拌合机。

③ 试模。由高碳钢或工具钢制成，内部平面尺寸为 300mm×300mm，高 50mm（或 40mm）或 100mm。

④ 烘箱。大、中型各一台，装有温度调节器。

⑤ 台秤、天平或电子秤。称量 5kg 以上时，感量不大于 1g。称量 5kg 以下时，用于称量矿料的，感量不大于 0.5g；用于称量沥青的，感量不大于 0.1g。

⑥ 沥青运动黏度测定设备。布洛克菲尔德黏度计、毛细管黏度计或赛波特黏度计。

⑦ 小型击实锤。钢制端部断面 80mm×80mm，厚 10mm，带手柄，总质量 0.5kg 左右。

⑧ 温度计。分度为 1℃。宜采用有金属插杆的热电偶沥青温度计，金属插杆的长度不小于 300mm，量程 0～300℃，数字显示或度盘指针的分度 0.1℃，宜有留置读数功能。

⑨ 其他。电炉或煤气炉、沥青熔化锅、标准筛、滤纸卡尺、秒表、棉纱等。

2）试件制作方法

① 按"沥青混合料试件制作（击实法）"的试件成型方法，确定沥青混合料的拌合温度与压实温度。

② 将金属试模及小型击实锤等置于 100℃ 左右烘箱中加热 1h 备用。

③ 计算出制作 1 块试件所需要的各种材料的用量。先按试件体积（V）乘以马歇尔标准击实密度（po），再乘以系数 1.03，即得材料总用量。再按配合比计算出各种材料用量。分别将各种材料放入烘箱中预热备用。

④ 将预热的试模从烘箱中取出，装上试模框架，在试模中铺一张裁好的普通纸（可用报纸），使底面及侧面均被纸隔离，将拌合好的全部沥青混合料，用小铲稍加拌合后均匀地沿试模由边至中按顺序转圈装入试模，中部要略高于四周。

⑤ 取下试模框架，用预热的小型击实锤由边至中压实一遍，整平成凸圆弧形。

⑥ 插入温度计，待混合料冷却至规定的压实温度（为使冷却均匀，试模底下可用垫木支起）时，在表面铺一张裁好尺寸的普通纸。

⑦ 当用轮碾机碾压时，宜先将碾压轮预热至 100℃ 左右（如不加热，应铺牛皮纸）。然后，将盛有沥青混合料的试模置于轮碾机的平台上，轻轻放下碾压轮，调整总荷载为 9kN（线荷载 300N/cm）。

⑧ 启动轮碾机，先在一个方向碾压两个往返（4 次），卸荷，再抬起碾压轮，将试件掉转方向，再加相同荷载碾压至马歇尔标准密实度（100＋1）％为止。试件正式压实前，应经试压，决定碾压次数，一般 12 个往返（24 次）左右可达到要求。如试件厚度为 100mm 时，宜按先轻后重的原则分两层碾压。

⑨ 压实成型后，揭去表面的纸，用粉笔在试件表面标明碾压方向。

⑩ 盛有压实试件的试模，置室温下冷却至少 12h 后方可脱模。

（3）主要仪器设备

① 车辙试验机。构造如图 6-5 所示，主要由试件固定模板、变形量测定用百分表、螺旋形横向输送装置、纵向输送装置、荷载载重部分、荷载调整用铅板组成。

② 恒温室。车辙试验机必须整机安放在恒温室内，装有加热器、气流循环装置及自动温度控制设备，能保持恒温室温度（60±1）℃（试件内部温度（60±0.5）℃，根据需要亦可为其他需要的温度。恒温室用于保温试件并进行试验，温度应能自动连续记录。

③ 台秤。称量 15kg，感量不大于 5g。

（4）试验步骤

① 试验轮接地压强测定。在 60℃ 进行，在试验台上放一块 50mm 厚的钢板，其上铺一张毫米方格纸，上铺一张新的复写纸，以规定的 700N 荷载后，试验轮静压复写纸，即可在方格纸上得出轮压面积，并由此求得接地压强。压强应符合（0.7±0.05）MPa，否则

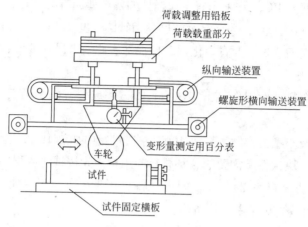

图 6-5　车辙试验机

荷载应予适当调整。

　　② 将试件连同试模一起，置于已达到试验温度 (60±1)℃ 的恒温室中，保温不少于 5h，也不得多于 24h。在试件的试验轮不行走的部位上，粘贴一个热电偶温度计 (也可在试件制作时预先将热电隅导线埋入试件一角)，控制试件温度稳定在 (60+0.5)℃。

　　③ 将试件连同试模移置于车辙试验机的试验台上，试验轮在试件的中央部位，其行走方向须与试件碾压方向一致。开动车辙变形自动记录仪，然后启动试验机，使试验轮往返行走，时间约 1h，或最大变形达到 25mm 时为止。试验时，记录仪自动记录变形曲线 (图 6-6) 及试件温度。对 300mm 宽且试验时变形较小的试件，也可对一块试件在两侧 1/3 位置上进行两次试验取平均值。

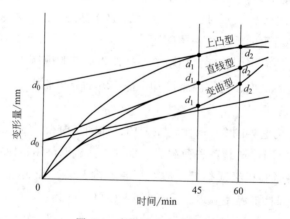

图 6-6　车辙试验变形曲线

　　(5) 试验结果

　　① 从图 6-6 上读取 45min (t_1) 及 60min (t_2) 时车辙变形 d_1 及 d_2，精确至 0.01mm。当变形过大，在未到 60min 变形已达 25mm 时，则以达 25mm (d_2) 时的时间为 t_2，取其前 15min 为 t_1，此时的变形量为 d_1。

② 沥青混合料试件的动稳定度按下式计算：

$$DS = \frac{(t_2 - t_1)N}{d_2 - d_1} C_1 C_2$$

式中　DS——沥青混合料的动稳定度，次/mm；

d_1——对应于时间 t_2 的变形量，mm；

d_2——对应于时间 t_1 的变形量，mm；

N——试验轮往返碾压速度，通常为 42 次/min；

C_1——试验机类型修正系数，曲柄连杆驱动试件的变速行走方式为 1.0，链驱动试验轮的等速方式为 1.5；

C_2——试件系数，实验室制备的宽 300mm 的试件为 1.0，从路面切割的宽 150mm 的试件为 0.8。

③ 同一沥青混合料或同一路段的路面，至少平行试验 3 个试样，当 3 个试件动稳定度变异系数小于 20% 时，取其平均值作为试验结果。变异系数大于 20% 时应分析原因，并追加试验。如计算动稳定度值大于 6000 次/mm 时，记作：＞6000 次/mm。

④ 重复性试验动稳定度变异系数的允许差为 20%。

小　　结

1.通过本章学习，要求掌握石油沥青的化学成分、胶体结构和技术性质，同时对其他各类沥青材料的组成结构和技术性质有一定了解。

2.掌握沥青混合料的强度形成原理、技术性质和技术要求，并能按现行方法设计沥青和混合料的组成。

3.本章的学习可查阅行业标准：《公路沥青路面施工技术规范》(JTG F40—2004)

复习思考题

6-1.石油沥青的标号是依据什么划分的？标号大小与沥青主要性能的关系如何？

6-2.请比较煤沥青与石油沥青的性能与应用的差别。

6-3.马歇尔试验方法简便，世界各国广泛使用，其主要作用是什么？可否正确反映沥青混合料的抗车辙能力？

第 7 章

无机结合料稳定材料

土木工程材料中，凡是自身经过一系列物理、化学作用，或与其他物质（如水等）混合后一起经过一系列物理、化学作用，能由浆体变成坚硬的固体，并能将散粒材料（如砂、石等）或块、片状材料（如砖、石块等）胶结成整体的物质，称为胶凝材料。根据胶凝材料的化学组成，一股可分为有机胶凝材料与无机胶凝材料。无机胶凝材料以无机化合物为基本成分，常用的有石膏、石灰、各种水泥等。

根据无机胶凝材料凝结硬化条件的不同，其可分为气硬性胶凝材料与水硬性胶凝材料。气硬性胶凝材料只能在空气中（即在干燥条件下）凝结、硬化并继续发展和保持其强度，如石灰、石膏、水玻璃等。

7.1 石 灰

石灰是人类使用较早的无机胶凝材料之一。由于其原料分布广，生产工艺简单，成本低廉，在土木工程中应用广泛。

7.1.1 石灰的原料及生产

凡是以碳酸钙为主要成分的天然岩石，如石灰石、白垩、白云质石灰岩等，都可用来生产石灰。

（1）生石灰和熟石灰

将主要成分为碳酸钙的天然岩石，在适当温度下煅烧，排除分解出的二氧化碳后，所得的以氧化钙为主要成分的产品即石灰，又称生石灰。它的原料是石灰石，主要成分为碳酸钙，常含有一定的碳酸镁。因其原料分布广泛，生产工艺简单，使用方便，成本低廉，所以目前广泛用于建筑工程中。

石灰石经过煅烧生成石灰（亦称生石灰）反应如下：

$$CaCO_3 \xrightarrow{900\sim1100℃} CaO + CO_2 \uparrow \tag{7-1}$$

$$MgCO_3 \xrightarrow{900\sim1100℃} MgO + CO_2 \uparrow \tag{7-2}$$

在实际生产中，为加快分解，煅烧温度常提到 1000～1100℃。由于石灰石原料的尺寸大或煅烧时窑中温度分布不匀等，石灰中常含有欠火石灰和过火石灰。

欠火石灰中的碳酸钙未完全分解，使用时缺乏黏结力。过火石灰结构密实，表面常包裹一层熔融物，熟化很慢。由于生产原料中常含有碳酸镁，因此生石灰中还含有次要成分氧化镁，根据氧化镁含量的多少，生石灰分为钙质石灰（MgO≤5%）和镁质石灰（MgO>5%）。

生石灰呈白色或灰色块状，为便于使用，块状生石灰常需加工成生石灰粉、消石灰粉或石灰膏。生石灰粉是由块状生石灰磨细而得到的细粉，其主要成分是 CaO；消石灰粉是块状生石灰用适量水熟化而得到的粉末，又称熟石灰，其主要成分是 $Ca(OH)_2$；石灰膏是块状生石灰用较多的水（为生石灰体积的 3～4 倍）熟化而得到的膏状物，也称石灰浆，其主要成分也是 $Ca(OH)_2$。

（2）石灰的熟化与硬化

生石灰（CaO）与水反应生成氢氧化钙的过程，称为石灰的熟化或消化。反应生成的产物氢氧化钙称为熟石灰或消石灰。

$$CaO + H_2O \longrightarrow Ca(OH)_2 + 64.88kJ \tag{7-3}$$

石灰熟化时放出大量的热，体积增大 1～2.5 倍。煅烧良好、氧化钙含量高的石灰熟化较快，放热量和体积增大也较多。

根据加水量的不同，石灰可熟化成消石灰粉或石灰膏。石灰熟化的理论需水量为石灰重量的 32%。在生石灰中，均匀加入 60%～80% 的水，可得到颗粒细小、分散均匀的消石灰粉。若用过量的水熟化，将得到具有一定稠度的石灰膏。石灰中一般都含有过火石灰，过火石灰熟化慢，若在石灰浆体硬化后再发生熟化，会因熟化产生的膨胀而引起隆起和开裂。为了消除过火石灰的这种危害，石灰在熟化后，还应"陈伏"2 周左右。

石灰浆体的硬化包括干燥结晶和碳化两个同时进行的过程。石灰浆体因水分蒸发或被吸收而干燥，在浆体内的孔隙网中，产生毛细管压力，使石灰颗粒更加紧密而获得强度。这种强度类似于黏土失水而获得的强度，其值不大，遇水会丧失。同时，由于干燥失水，引起浆体中氢氧化钙溶液过饱和，结晶出氢氧化钙晶体，产生强度；但析出的晶体数量少，强度增长也不大。在大气环境中，氢氧化钙在潮湿状态下会与空气中的二氧化碳反应生成碳酸钙，并释放出水分，即发生碳化。碳化所生成的碳酸钙晶体相互交叉连生或与氢氧化钙共生，形成紧密交织的结晶网，使硬化石灰浆体的强度进一步提高。但是，由于空气中的二氧化碳含量很低，表面形成的碳酸钙层结构较致密，会阻碍二氧化碳的进一步渗入，因此，碳化过程是十分缓慢的。

7.1.2 石灰的特性及技术标准

（1）石灰的特性

① 良好的保水性。生石灰熟化成的熟石灰膏具有良好的保水性能，因此可掺入水泥砂浆中，提高砂浆的保水能力，便于施工。

② 凝结硬化慢、强度低。由于石灰浆在空气中的碳化过程十分缓慢，所以导致氢氧化钙和碳酸钙结晶的生成量少，且缓慢，其最终的强度也不高。

③ 耐水性差。氢氧化钙易溶于水，若长期受潮或被水浸泡会使已硬化的石灰溃散。如果石灰浆体在完全硬化之前就处于潮湿的环境中，由于石灰中水分不能蒸发出去，则其硬化就会被阻止，所以石灰不宜在潮湿的环境中使用。

④ 体积收缩大。石灰浆体硬化过程中，由于蒸发出大量的水分而引起体积收缩，则会使石灰制品开裂，因此石灰除调成石灰乳作粉刷外不宜单独使用。

（2）石灰的技术性质

生石灰熟化后形成的石灰浆中，石灰粒子形成氢氧化钙胶体结构，颗粒极细（粒径约为 $1\mu m$），比表面积很大（达 $10\sim30m^2/g$），其表面吸附一层较厚的水膜，可吸附大量的水，因而有较强保持水分的能力，即保水性好。将它掺入水泥砂浆中，配成混合砂浆，可显著提高砂浆的和易性。

石灰依靠干燥结晶以及碳化作用而硬化，由于空气中的二氧化碳含量低，且碳化后形成的碳酸钙硬硬壳阻止二氧化碳向内部渗透，也妨碍水分向外蒸发，因而硬化缓慢，硬化后的强度也不高，1:3 的石灰砂浆 28d 的抗压强度只有 $0.2\sim0.5MPa$。在处于潮湿环境时，石灰中的水分不蒸发，二氧化碳也无法渗入，硬化将停止；加上氢氧化钙易溶于水，已硬化的石灰遇水还会溶解溃散。因此，石灰不宜在长期潮湿和受水浸泡的环境中使用。

石灰在硬化过程中，要蒸发掉大量的水分，引起体积显著收缩，易出现干缩裂缝。所以，石灰不宜单独使用，一般要掺入砂、纸筋、麻刀等材料，以减少收缩，增加抗拉强度，并能节约石灰。

石灰具有较强的碱性，在常温下，能与玻璃态的活性氧化硅或活性氧化铝反应，生成有水硬性的产物，产生胶结。因此，石灰还是建筑材料工业中重要的原材料。

（3）石灰的质量要求

石灰中产生胶结性的成分是有效氧化钙和氧化镁，它们的含量是评价石灰质量的主要指标。石灰中的有效氧化钙和氧化镁的含量可以直接测定，也可以通过氧化钙与氧化镁的总量和二氧化碳的含量反映。除了有效氧化钙和氧化镁这一主要指标外，生石灰还有未消化残渣含量的要求；生石灰粉有细度的要求；消石灰粉则还有体积安定性、细度和游离水含量的要求。

按生石灰的加工情况分为建筑生石灰和建筑生石灰粉。按生石灰的化学成分分为钙质生石灰和镁质生石灰。根据《建筑生石灰》JC/T 479—2013 规定，根据化学成分的含量每类分成各个等级，见表 7-1；建筑生石灰的化学成分见表 7-2；物理性质见表 7-3。

表 7-1　建筑生石灰的分类

类别	名称	代号
钙质石灰	钙质石灰 90	CL 90
钙质石灰	钙质石灰 85	CL 85
钙质石灰	钙质石灰 75	CL 75
镁质石灰	镁质石灰 85	ML 85
镁质石灰	镁质石灰 80	ML 80

表 7-2　建筑生石灰的化学成分　　　　　　　　单位：%

名称	氧化钙＋氧化镁	氧化镁	二氧化碳	三氧化硫
CL 90-Q	≥90	≤5	≤4	≤2
CL 90-QP	≥90	≤5	≤4	≤2
CL 85-Q	≥85	≤5	≤7	≤2
CL 85-QP	≥85	≤5	≤7	≤2
CL 75-Q	≥75	≤5	≤12	≤2
CL 75-QP	≥75	≤5	≤12	≤2
ML 85-Q	≥85	>5	≤7	≤2
ML 85-QP	≥85	>5	≤7	≤2
ML 80-Q	≥80	>5	≤7	≤2
ML 80-QP	≥80	>5	≤7	≤2

表 7-3　建筑生石灰粉的物理性质　　　　　　　　单位：%

名称	氧化钙＋氧化镁	细度	
		0.2mm 筛余量/%	90μm 筛余量/%
CL 90-Q	≥26	—	—
CL 90-QP	—	≤2	≤7
CL 85-Q	≥26	—	—
CL 85-QP	—	≤2	≤7
CL 75-Q	≥26	—	—
CL 75-QP	—	≤2	≤7
ML 85-Q	—	—	—
ML 85-QP	—	≤2	≤7
ML 80-Q	—	—	—
ML 80-QP	—	≤7	≤2

7.1.3　石灰的应用

石灰在土木工程中应用范围很广，主要用途如下。

（1）石灰乳和砂浆

将消石灰粉或石灰膏掺加大量水搅拌稀释成为石灰乳，是一种廉价易得的涂料。石灰砂浆是将石灰膏、砂加水拌制而成的。

（2）石灰稳定土

将消石灰粉或生石灰粉掺入各种粉碎或原来松散的土中，经拌合、压实及养护后得到的混合料，称为石灰稳定土，其包括石灰土、石灰稳定砂砾土、石灰碎石土等。石灰稳定土具有一定的强度和耐水性。广泛用作建筑物的基础、地面的垫层及道路的路面基层。

（3）硅酸盐制品

以石灰（消石灰粉或生石灰粉）与硅质材料（砂、粉煤灰、火山灰、矿渣等）为主要原料，经过配料、拌合、成形和养护后可制得砖、砌块等各种制品。因内部的胶凝物质主要是水化硅酸钙，所以称为硅酸盐制品，常用的有灰砂砖、粉煤灰砖等。

7.1.4 石灰的验收、运输及保管

生石灰会吸收空气中的水分和二氧化碳，生成白色粉末状的碳酸钙，从而失去黏结力。所以，在工地上储存生石灰时要防止受潮，而且不宜放置太多、太久。一般采用符合标准规定的牛皮纸袋、复合纸袋或塑料编织包装，袋上应标明厂名、产品名称、商标、净重、批量编号，放在干燥的仓库内且不宜长期储存。运输、储存时不得受潮和混入杂物。另外，由于生石灰熟化时有大量的热放出，因此应将生石灰与可燃物分开保管，以免引起火灾。通常运进工地后应立即陈伏，将储存期变为熟化期。

7.2 石　　膏

我国的石膏资源丰富，分布广。石膏可以用于生产各种建筑制品，如石膏板、石膏装饰品等。石膏也可以用于水泥、水泥制品及硅酸盐制品的重要外加剂。

7.2.1 石膏的原料、分类及生产

石膏是以硫酸钙为主要成分的矿物，当石膏中含有结晶水不同时可形成多种性能不同的石膏。

根据石膏中含有结晶水的多少不同可分为以下几种。

① 无水石膏（$CaSO_4$）。也称硬石膏，它结晶紧密，质地较硬，是生产硬石膏水泥的原料。

② 天然石膏（$CaSO_4 \cdot 2H_2O$）。也称生石膏或二水石膏，大部分自然石膏矿为生石膏，是生产建筑石膏的主要原料。

③ 建筑石膏（$CaSO_4 \cdot \frac{1}{2}H_2O$）。也称熟石膏或半水石膏。它是由生石青加工而成

的，根据其内部结构不同可分为 α 型半水石膏和 β 型半水石膏。

建筑石膏通常是由天然石膏经压蒸或煅烧加热而成的。常压下煅烧加热到 $107 \sim 170℃$，可产生 β 型建筑石膏：

$$CaSO_4 \cdot 2H_2O \xrightarrow{107 \sim 170℃} \beta\text{-}CaSO_4 \cdot \frac{1}{2}H_2O + \frac{3}{2}H_2O \tag{7-4}$$

$124℃$ 条件下压蒸（1.3 大气压）加热可产生 α 型建筑石膏：

$$CaSO_4 \cdot 2H_2O \xrightarrow{压蒸\ 124℃} \alpha\text{-}CaSO_4 \cdot \frac{1}{2}H_2O + \frac{3}{2}H_2O \tag{7-5}$$

α 型半水石膏与 β 型半水石膏相比，结晶颗粒较粗，比表面积较小，强度高，因此又称为高强石膏。当加热温度超过 170℃ 时，可生成无水石膏，只要温度不超过 200℃，此无水石膏就具有良好的凝结硬化性能。

7.2.2　建筑石膏的水化与硬化

建筑石膏与适量水拌合后，能形成可塑性良好的浆体，随着石膏与水的反应，浆体的可塑性很快消失而发生凝结，此后进一步产生和发展强度而硬化。

建筑石膏与水之间产生化学反应的反应式为：

$$CaSO_4 \cdot \frac{1}{2}H_2O + \frac{3}{2}H_2O =\!=\!= CaSO_4 \cdot 2H_2O \downarrow \tag{7-6}$$

此反应实际上也是半水石膏的溶解和二水石膏沉淀的可逆反应，因为二水石膏溶解度比半水石膏的溶解度小得多，所以此反应总体表现为向右进行，二水石膏以胶体微粒自水中析出。随着二水石膏沉淀的不断增加，就会产生结晶，结晶体的不断生成和长大，晶体颗粒之间便产生了摩擦力和黏结力，造成浆体的塑性开始下降，这一现象称为石膏的初凝；而后随着晶体颗粒间摩擦力和黏结力的增大，浆体的塑性很快下降，直至消失，这种现象称为石膏的终凝。

石膏终凝后，其晶体颗粒仍在不断长大和连生，形成相互交错且孔隙率逐渐减小的结构，其强度也会不断增大，直至水分完全蒸发，形成硬化后的石膏结构，这一过程称为石膏的硬化。石膏浆体的凝结和硬化，实际上是交叉进行的。

7.2.3　建筑石膏的性能特点

建筑石膏主要性能特点随煅烧温度、条件以及杂质含量不同而异，一般来说具有以下特点。

（1）凝结硬化快，强度较高

建筑石膏一般在加水以后经 30min 左右凝结。实际操作时，为了延缓凝结时间，往往加入缓凝剂。常用的缓凝剂有硼砂、柠檬酸、亚硫酸盐、纸浆废液、聚乙烯醇等。若要加速石膏的硬化，也可加入促凝剂。常用的促凝剂有氟硅酸钠、氯化钠、氯化镁、硫酸钠、硫酸镁等，或加入少量二水石膏作为晶胚，也可加速凝结硬化过程。

（2）硬化后石膏的抗拉和抗压强度比石灰高，在凝结硬化时显现膨胀性

建筑石膏凝结硬化是石膏吸收结晶水后的结晶过程，其体积不仅不会收缩，还稍有膨胀（0.2%～1.5%），这种膨胀不会对石膏造成危害，还能使石膏的表面较为光滑饱满，棱角清晰完整，避免了普通材料干燥时的开裂。

（3）成形性能优良

建筑石膏浆体在凝结硬化早期体积略有膨胀，因此有优良的成形性。在浇筑成形时，可以制得尺寸准确且表面致密光滑的制品、装饰图案和雕塑品。

（4）表观密度小

建筑石膏在使用时，为获得良好的流动性，常加入的水分要比水化所需的水量多，建筑石膏与水反应的理论需水量为石膏质量的15.6%，而实际用水量为理论用水量的3～5倍，因此，石膏在硬化过程中由于水分的蒸发，使原来的充水部分空间形成孔隙，造成石膏内部的大量微孔，使其重量减轻，但是抗压强度也因此下降。通常石膏硬化后的表观密度为800～1000kg/m³，抗压强度为3～5MPa。石膏硬化体中大量的微孔，使其传热性显著下降，因此具有良好的绝热能力；石膏的大量微孔，特别是表面微孔对声音传导或反射的能力也显著下降，使其具有较强的吸声能力。大热容量和大的孔隙率及开口孔结构，使石膏具有呼吸水蒸气的功能。

（5）防火性好

当石膏遇火时，二水石膏的结晶水会析出，一方面可吸收热量，同时又在石膏制品表面形成水蒸气汽幕，阻止火的蔓延，因此具有很好的防火性。

（6）耐水性差

建筑石膏有很强的吸湿性，吸湿后的石膏晶体粒子间的黏结力减弱，强度显著下降，如果吸水后再受冻，则会产生崩裂。

（7）有良好的装饰性和可加工性

石膏表面光滑饱满，颜色洁白，质地细腻，加入颜料可以调配成各种色彩的石膏浆，调色性好，具有良好的装饰性。微孔结构使其脆性有所改善，硬度也较低，所以硬化石膏可锯、可刨、可钉，具有良好的可加工性。

7.2.4 建筑石膏的质量标准

（1）分类

按原材料种类不同分成三类，见表7-4。

表7-4 建筑石膏

类型	天然建筑石膏	脱硫建筑石膏	磷建筑石膏
代号	N	S	P

（2）质量等级

建筑石膏按 Z_h 强度（抗折）不同，可分为3.0、2.0和1.6三个等级。

（3）标记

按产品名称、代号、等级及标准编号的顺序标记。例如，等级为2.0的天然建筑石膏标记为建筑石膏 N2.0 见《建筑石膏》GB/T 9776—2008。

（4）技术要求

建筑石膏组分中 β 型半水硫酸钙的含量应不小于60.0%。

建筑石膏的物理力学性能应符合表7-5的要求。

表 7-5   建筑石膏的物理力学性能

等级	细度(0.2mm 方孔筛筛余)/%	凝结时间/min		Z_h 强度/MPa	
		初凝	终凝	抗折	抗压
3.0				≥3.0	≥6.0
2.0	≤10	≥3	≤30	≥2.0	≥4.0
1.6				≥1.6	≥3.0

注：指标中有一项不合格，应予降级或报废

7.2.5   建筑石膏制品的应用

石膏具有上述诸多优良性能，因而是一种良好的建筑功能材料。当前应用较多的是在建筑石膏中掺入各种填料加工制成名种石膏装饰制品和石膏板材，用于建筑物的内隔墙、墙面和顶棚的装饰、装修等。

（1）石膏板

我国目前生产的石膏板主要有纸面石膏板、石膏装饰板、纤维石膏板、石膏空心条板、石膏砌块和石膏吊顶板等。

1）纸面石膏板

纸面石膏板是用石膏作芯材、两面用纸做护面而成，规格为：宽度 900～1200mm，厚度 9～12mm，长度可根据需要而定。纸面石膏板主要用于建筑内墙、隔墙和吊顶板等。

2）石膏装饰板

石膏装饰板是以建筑石膏为主要原料制成的平板、多孔板、花纹板、浮雕板及装饰薄板等，规格为边长 300mm、400mm、500mm、600m、900mm 的正方形。装饰板的主要特点是花色品种多样、颜色鲜艳、造型美观，主要用于大型公共建筑的墙面和吊顶罩面板。

3）纤维石膏板

纤维石膏板以建筑石膏为主要原料，掺入适量的纸筋和无机短纤维制成。这种板的主要特点是抗弯强度高，一般用于建筑物内墙和隔墙，也可用来替代木材制作一般家具。

4）石膏空心条板

这种板以石膏为主要原料制成。板材的孔洞率为30％～40％，质量轻、强度高、保温、隔声性能好。板材的规格为（2000～3500)mm×(450～600)mm×(60～100)mm，7～9孔平行于板的长度方向，一般用于住宅和公共建筑的内墙、隔墙等。

此外，还有石膏蜂窝板、防潮石膏板、石膏矿棉复合板等，可分别用来作绝热板、吸声板、内墙和隔墙板及天花板等。

（2）石膏装饰制品

建筑石膏中掺入适量的无机纤维增强材料和黏结剂等可以制成各种石膏角线、角花、线板、灯圈、罗马柱和雕塑等艺术装饰石膏制品，用于住宅或公共建筑的室内装饰。

（3）室内抹灰及粉刷

建筑石膏加水、缓凝剂调成均匀的石膏浆，再掺入适量的石灰可用于室内粉刷。粉刷后的墙面光滑、细腻，洁白美观。

石膏加水搅拌成石膏浆，再掺入砂子形成石膏砂浆，可用于内墙抹灰，这种抹灰层具有隔声、阻燃、绝热和舒适美观的特点，抹灰层还可直接刷涂料或裱糊墙纸、墙布。

建筑石膏在储存过程中要注意防潮，储存期不得超过三个月。

7.3 水　玻　璃

水玻璃是一种能溶于水的硅酸盐。它是由不同比例的碱金属和二氧化硅所组成的。常用的水玻璃分为钠水玻璃和钾水玻璃两类，俗称泡花碱。钠水玻璃为硅酸钠水溶液，分子式为$Na_2O \cdot nSiO_2$。钾水玻璃为硅酸钾水溶液，分子式为$K_2O \cdot nSiO_2$。土木工程中主要使用钠水玻璃。当工程技术要求较高时也可采用钾水玻璃。优质纯净的水玻璃为无色透明的黏稠液体、溶于水。当含有杂质时呈淡黄色或青灰色。

通常把水玻璃组成中的二氧化硅和氧化钠（或氧化钾）的摩尔数之比，称为模数n。例如，钠水玻璃分子式中的n称为水玻璃的模数，代表Na_2O和SiO_2的摩尔比，是非常重要的参数。n值越大，水玻璃的黏度越高，但水中的溶解能力下降。当n大于3.0时，只能溶于热水中，给使用带来麻烦。n值越小，水玻璃的黏度越低，越易溶于水。土木工程中常用模数n为2.6～2.8，既易溶于水又有较高的强度。

我国生产的水玻璃模数一般为2.4～3.3。水玻璃在水溶液中的含量（或称浓度）常用密度或者波美度表示。土木工程中常用水玻璃的密度一般为1.36～1.50g/cm³，相当于波美度38.4～48.3。密度越大，水玻璃含量越高，黏度越大。

水玻璃通常采用石英粉（SiO_2）加上纯碱（Na_2CO_3），在1300～1400℃的高温下煅烧生成液体硅酸钠，从炉出料口流出，制块或水淬成颗粒，再在高温或高温高压水中溶解，制得溶液状水玻璃产品。

7.3.1　水玻璃的原料及生产

（1）水玻璃的原料

1）碳酸钠

无水碳酸钠（Na_2CO_3），俗称纯碱，白色粉末或细粒状，密度为 $2.532kg/cm^3$，熔点 851℃，易溶于水且水溶性呈碱性；不溶于乙醇，吸湿性很强，能吸湿而结成硬块，并能在潮湿空气中逐渐吸收二氧化碳生成碳酸氢钠。

2）石英砂

石英砂又称石英粉、硅石粉、硅砂。主要由石英矿石粉碎而成，但亦有天然的砂矿，石英砂主要由晶体二氧化硅（SiO_2）组成，优良的石英砂含 SiO_2 在 99％以上，硅酸钠生产中，所用的石英砂含 SiO_2 大于等于98％。

石英砂根据颗粒的大小分为以下几种，颗粒大于 0.5mm 为粗砂；小于 0.5mm 为细砂；介于二者之间为中砂；0.1mm 左右的称为粉状砂。石英砂的颜色随杂质氧化物的含量而改变。氧化物含量小于 0.05％的石英砂呈白色，随含铁量的增加，则由白色逐渐向淡红色过渡。若将石英砂加热到 800～1000℃，可使砂中的淡色氧化物变成深色。有些石英砂在煅烧后还会变成棕色。同时，石英砂中的氧化铝、氧化铁、氧化钙、氧化镁等杂质，能显著降低固体硅酸钠的溶解度，并增加液体硅酸钠的沉淀物。用于硅胶、硅溶胶、沸石分子筛精细化工产品的硅酸钠，对含铁量要求十分严格，必须控制在 500mg/kg 以下。石英砂的含水量，一般在 5％以下，含水量以 2％～3％为宜。

（2）水玻璃的生产技术

硅酸钠的生产方法分干法和湿法两种。目前用于干法生产的有纯碱和石英砂以及硫酸钠和石英砂两种工艺路线。湿法生产的有石英砂和苛性钠水溶液为原料的加压法和以硅尘与苛性钠水溶液为原料的常压法工艺路线。干法工艺流程如图 7-1 所示。

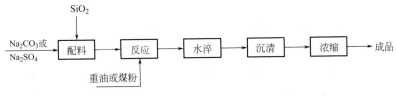

图 7-1　干法工艺流程

以石英砂和纯碱为原料的干法生产是将石英砂粉碎至 60～80 目细度，与纯碱粉混合，由搅拌熟料器和提升机把混合料加入高位料仓，再定量加入反射窑中，混合料在 1350℃ 条件下进行熔融反应，其化学反应方程式：

$$Na_2CO_3 + nSiO_2 \xrightarrow{1350℃} Na_2O \cdot nSiO_2 + CO_2 \qquad (7\text{-}7)$$

以芒硝（Na_2SO_4）和石英砂为原料的干法生产，其特点是由芒硝取代纯碱为原料的生产方法，其反应方程式：

$$2Na_2SO_4 + C + nSiO_2 \xrightarrow{1300 \sim 1350℃} 2Na_2O \cdot nSiO_2 + 2SO_2 + CO_2 \qquad (7\text{-}8)$$

由芒硝和煤粉按比例混合再与硅粉混合均匀，配成适当比例的混合料。其关键是还原剂媒粉的掺加量，理论计算占芒硝的 4.22%，考虑氧化损耗，实际加入量占芒硝的 6%。活性 SiO_2 常压生产水玻璃工艺流程如图 7-2 所示。

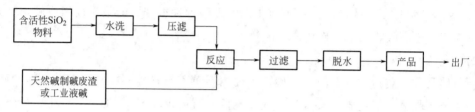

图 7-2 活性 SiO_2 常压生产水玻璃工艺流程

湿法中的加压法，是由苛性钠溶液与硅石粉在加压锅中进行溶解反应制取硅酸钠溶液，苛性钠溶液浓度是根据产品浓度要求而定。硅石粉要求 100～200 目，越细越好。反应是在加热蒸汽条件下经搅拌反应而成，压力保持在 0.7～0.8MPa，始终保持硅石粉过量为 7%～8%，反应液放出后，经沉淀过滤，即得硅酸钠产品。

常压操作中的湿法是用苛性钠溶液与硅尘（即制硅系合金时，集尘设备捕集到的粉尘），在常压下进行溶解反应制取硅酸钠溶液，这是在加热搅拌情况下进行的，温度在90～100℃，便能很好地进行反应。例如，在窑中加水 570kg、加硅尘 360kg、加火碱140kg 的配料，可在 30～40min 完成反应，经冷却到 40℃以下，得到硅酸盐产品。

湿法生产硅酸钠水玻璃是根据石英砂能在高温烧碱中溶解生成硅酸钠的原理进行的，其反应方程式：

$$2NaOH + nSiO_2 \xrightarrow{\triangle} Na_2O \cdot nSiO_2 + H_2O \qquad (7\text{-}9)$$

7.3.2 水玻璃的硬化

建筑上通常使用的水玻璃是硅酸钠（$Na_2O \cdot nSiO_2$）的水溶液，又称钠水玻璃。其制造方法就是将石英砂粉或石英岩粉加入 Na_2CO_3 或 Na_2SO_4，在玻璃熔炉内 1300～1400℃熔化，冷却后即形成固化水玻璃。然后在压力为 0.18～0.3MPa 的蒸汽锅炉内将其溶解成黏稠状的液体。水玻璃能溶解于水，使用时可以用水稀释。溶解的难易因水玻璃硅酸盐的模数不同而异。模数 n 越大，水玻璃的黏度越大，越难溶于水。建筑上常用的水玻璃 n 值一般为 2.5～2.8。

水玻璃的干燥硬化是由于硅酸钠与空气中的 CO_2 作用生成无定形硅酸凝胶，反应式为：

$$Na_2O \cdot nSiO_2 + CO_2 + mH_2O === Na_2CO_3 + nSiO_2 + mH_2O \qquad (7\text{-}10)$$

由于空气中的 CO_2 含量有限，这个过程进行得很缓慢。为了加速水玻璃的硬化，可加入固化剂氟硅酸钠，分子式为 Na_2SiF_6。氟硅酸钠的掺量一般为 12%～15%。掺量少，凝结固化慢，且强度低；掺量太多，则凝结硬化过快，不便施工操作，而且硬化后的早期强度虽高，但后期强度明显降低。因此，使用时应严格控制固化剂掺量，并根据气温、湿度、水玻璃的模数、密度在上述范围内适当调整。即气温高、模数大、密度小时选下限，反之亦然。

7.3.3　水玻璃的特征

（1）黏结力和强度较高

水玻璃硬化后的主要成分为硅凝胶和固体，比表面积大，因而具有较高的黏结力。但水玻璃自身质量、配合料性能及施工养护对强度有显著影响。

（2）耐酸性好

可以抵抗除氢氟酸（HF）、热磷酸和高级脂肪酸以外的几乎所有无机和有机酸。

（3）耐热性好

硬化后形成的二氧化硅网状骨架，在高温下强度下降很小，当采用耐热火骨料配制水玻璃砂浆和混凝土时，耐热度可达 1000℃。因此水玻璃混凝土的耐热度，也可以理解为主要取决于骨料的耐热度。

（4）耐碱性和耐水性差

因为混合后易均溶于碱，故水玻璃不能在碱性环境中使用。同样由于 NaF、Na_2CO_3 均溶于水而不耐水，但可采用中等浓度的酸对已硬化水玻璃进行酸洗处理，提高耐水性。

7.3.4　水玻璃在建筑工业中的应用

发达工业国的许多工业部门和技术领域都不同程度地使用水玻璃，在诸多工业部门中，使用最早、最广泛的还是建筑业。

（1）用于混凝土养生

将水玻璃溶液喷涂在混凝土表面，可阻止水分蒸发，保持水泥凝结硬化过程中所需水分不减少，从而可省去养生过程中按时浇水这一环节。混凝土在这种条件下，不仅保证水化所需要的水分，而且由于水玻璃中碱金属硅酸盐与水泥制品中的钙、铝氧化物及其水合物组分发生化学反应，从而增强混凝土的强度。

（2）用于修补混凝土材料

在用于混凝土表面损坏修复时可预先将损坏部位用水润湿，涂一层模数为 3.3～3.5 的浆状水玻璃，再在上面撒上水泥粉。由于碱金属硅酸盐与水泥组分的化学反应进行得很快，在短时间内稠厚膏状涂料即可硬结，硬化后的泥料能坚固地黏附在混凝土表面，起到修补作用。

（3）用于修补砖墙裂缝

由液体水玻璃和粒化高炉矿渣粉、砂粉以及氟硅酸钠按表 7-6 比例（质量比）配合，压入砖墙裂缝，可起到修补砖墙裂缝的作用。

表 7-6　液体水玻璃与矿渣粉等的配比

液体水玻璃			矿渣粉质量 /kg	砂粉质量 /kg	氟硅酸钠质量 (Na_2SiF_6)/kg
模数	相对密度	质量/kg			
2.3	1.52	1.5	1	2	8
3.36	1.36	1.15	1	2	15

其中，活性高炉矿渣粉，不仅有填充和减少砂浆收缩作用，还能与水玻璃反应，成为增强砂浆强度的因素。

（4）用于促进混凝土硬化过程

拌合混凝土时，掺入水玻璃溶液，能起加速凝结硬化作用。在冬季施工中，由于加速凝结硬化，可有效地防止混凝土的冻害损伤。我国 20 世纪 60 年代使用的速凝剂、防冻剂均以水玻璃为主要原料，取得了一定成效。

在混凝土中加入 2% 的水玻璃后，其初凝时间可加快 2 倍，终凝时间加快 3 倍。当掺量超过 10% 后，对初凝时间影响不大，而终凝时间可加快 5 倍。

（5）用于涂刷建筑材料表面

用水将液体水玻璃稀释至比例为 1.35 的溶液，对多孔性材料多次涂刷或浸渍，可提高材料密实度和强度，并提高其抗风化的能力。对黏土砖、水泥混凝土硅酸盐制品及石灰石等均有良好效果，其化学反应方程式为

$$Na_2O \cdot nSiO_2 + Ca(OH)_2 = Na_2O \cdot (n-1)SiO_2 + CaO \cdot SiO_2 + H_2O \quad (7-11)$$

水玻璃与制品中的氢氧化钙反应，生成的硅酸钙起增强作用。但对以硫酸钙为主要成分的石膏制品，不能用此法涂刷，因硅酸钠与硫酸钙反应生成的硫酸钠在制品孔隙中结晶膨胀，导致制品破坏，其反应方程式为

$$Na_2O \cdot nSiO_2 + CaSO_4 = Na_2SO_4 + CaO \cdot SiO_2 \quad (7-12)$$

（6）用于软土地基加固

用以水玻璃为主体的混合浆液进行化学加固软土地基的方法称为硅化加固法。新中国成立初期，在天安门城楼前、人民大会堂等处的软土地基，就采用了这种化学加固法，试用至今效果一直很好。

此法是将模数为 2.5～3 的液体水玻璃和氯化钙溶液用金属管注入软土地基中，发生化学反应，生成一种能吸水膨胀的冻状胶体：

$$Na_2O \cdot nSiO_2 + CaCl_2 + mH_2O = nSiO_2 \cdot (m-1)H_2O + Ca(OH)_2 + 2NaCl \quad (7-13)$$

胶体沉淀后将土粒包裹起来，并将孔隙填实，此过程周而复始，使胶体系统变得密实，并逐渐变为固态胶体结构，使软土强度显著提高。

采用此法处理后的软土地基，其强度、防水性以及地基承载力均能大幅度地提高，其优点是工期短，作用快，并可处理已建工程的隐蔽部分。其缺点是一般市售水玻璃均为碱

性水玻璃（pH 为 12），用它加固地基时，经一段时间后，碱就游离出来，常给水源和环境造成污染。为此，有些国家目前研制出一种 pH 为 9 的弱碱性水玻璃，基本上可以满足加固地基的使用要求。

（7）制造人工块石

用水玻璃和砂、少量石灰石粉或石灰等填充料混匀后，模压成形再浸入加固剂中固化，然后将硬化的块石取出自然干燥后即可使用。常用加固剂有氯化钙（$CaCl_2$）、硫酸铝 $[Al_2(SO_4)_3]$、氟硅酸钠（Na_2SiF_6）等，以比例为 1.4 的氯化钙溶液使用最多。所以水玻璃比例大多为 1.6～1.7。

此外，用水玻璃还可制造很多建筑制品，如多孔性的硅酸盐保温材料、耐酸性水泥以及用于不同场合的灰泥等。

7.4 菱 苦 土

镁质胶凝材料是以氧化镁为主要成分的气硬性胶凝材料。常用天然菱镁矿作原料。菱镁矿经 800～850℃ 高温煅烧、磨细而成的粉末即为苛性菱苦土，简称菱苦土。

菱苦土呈白色或浅黄色，密度 3.1～3.4g/cm³，堆积密度为 800～900kg/m³。菱苦土的密度为鉴定煅烧是否正常的重要指标，如煅烧温度过高，氧化镁由于烧结而产生收缩，颗粒变得紧密，得到密度大、硬化慢、活性低的产物；如煅烧温度过低，碳酸镁分解不充分，则产物的密度小，胶结能力差，强度低。

镁质胶凝材料如用水拌合，氧化镁与水作用生成松散的无定形氢氧化镁，氧化镁在水中溶解度小，所得浆体凝结硬化速度慢，硬化后强度甚低，所以镁质胶凝材料不能用水拌和。为加速菱苦土的凝结硬化速度，提高强度，充分发挥镁质胶凝材料的特性，常用氯化镁、硫酸镁、氧化铁等盐类的水溶液拌合，其中氯化镁溶液应用较多。调制的菱苦土，在干燥条件下具有硬化快、强度高等优点。氯化镁溶液的浓度和密度对镁质胶凝材料的强度，吸湿性等性能有很大影响。常用氯化镁溶液的密度为 1.15～1.20g/cm³。

由于氯盐的吸湿性大，易返潮，起白霜，制品受潮后会使强度下降，甚至遭到破坏。为提高其耐水性，可掺加适量填充材料，如砖粉、滑石粉、粉煤灰、磨细石英砂等，也可掺加少量外加剂，如磷酸或磷酸盐、水溶性树脂等。用硫酸镁、铁矾等溶液拌合，能提高耐水性，但强度与用氯化镁溶液拌制者相比，略有降低。

镁质胶凝材料与刨花、木丝、亚麻皮或其他植物纤维材料拌合，经加压成型、硬化而成的刨花板、木丝板等，可做内墙、隔墙、顶棚等用。

菱苦土与木屑、颜料等配制而成的板材铺设于地面，即为菱苦土地板。菱苦土地板保温性好，无噪声，不起灰，表面光滑，弹性良好，防火、耐磨，是民用建筑和纺织厂的车间地面材料，用以代替木地板。如掺加不同的颜料，可拼装成色彩鲜艳、图案美丽的地面。

菱苦土与砂石骨料或纤维材料拌合，可配成菱苦土混凝土，用于制作不重要的板材。在镁质胶凝材料中掺加适量泡沫剂，可制成泡沫菱苦土，是一种多孔的轻质材料。

菱苦土的碱性较小，与木材等植物纤维胶结良好。但菱苦土与水泥的黏结较差，易于脱落。拌制菱苦土的各种盐类溶液对钢筋有腐蚀作用，故菱苦土制品不能配置钢筋。菱苦土制品不适用于潮湿环境。菱苦土地板也不适用于经常受潮、遇水和遭受酸类侵蚀的地面。

小　结

1. 本章介绍了气硬性胶凝材料的基本概念和基本性质，主要讲述了石灰、石膏、水玻璃和菱苦土硬化机理、技术性质和使用要点。

2. 学习本章时应注意气硬性胶凝材料与水硬性胶凝材料性质的区别。要求熟悉不同材料硬化原理与其性质的关系，熟练运用其性质，合理选择和使用材料，体会到用途是受材料性质制约的。

复习思考题

7-1. 建筑石灰的品种有哪几种？石灰有哪些性质？有哪些用途？

7-2. 建筑石膏有哪些特性？

7-3. 常用的石膏制品有哪些？

7-4. 水玻璃的用途都有哪些？

7-5. 什么是石灰的熟化与硬化？熟化与硬化后石灰的性能发生了什么变化？

7-6. 什么是石膏的水化与硬化？水化与硬化后的石膏的性能发生了什么变化？

第8章

钢材

8.1 钢材化学成分和分类

钢材是钢锭、钢坯或钢材通过压力加工制成我们所需要的各种形状、尺寸和性能的材料。钢材是现代化建设的基础，在国民经济各个领域都得到了非常广泛的应用。钢材的种类繁多，不同化学成分的含量对其性能应用会产生巨大的影响，因建设结构复杂、投资大、工艺多等特点，掌握钢材基本知识，有效利用其化学成分开发有利于提高施工效率和质量的钢材种类，对推动土木工程建设的快速发展具有重要意义。

8.1.1 钢材分类

(1) 按化学成分分类

根据不同化学成分对钢材进行分类应从不同含碳量、合金元素含量、钢杂质含量三个方面考虑，具体分类情况见表8-1。

表8-1 不同化学成分的钢材分类

分类名称		化学成分含量
按含碳量分	低碳钢	0.02%～0.25%
	中碳钢	0.25%～0.6%
	高碳钢	0.6%～2.06%
按合金元素含量分	低合金钢	≤5%
	中合金钢	5%～10%
	高合金钢	>10%
按钢杂质含量分	普通钢	S≤0.050%、P≤0.045%
	优质钢	S≤0.035%、P≤0.035%
	高级优质钢	S≤0.025%、P≤0.025%
	特级优质钢	S≤0.015%、P≤0.025%

（2）按用途分类

按钢材的用途可分为结构钢、工具钢、特殊钢及专业用钢四大类。

① 结构钢　结构钢是主要用于工程结构构件及机械零件的钢，一般为低碳钢和中碳钢。

② 工具钢　工具钢一般用于制造各种工具、量具及模具，一般为高碳钢。

③ 特殊钢　特殊钢是具有特殊物理、化学及力学性能的钢，如不锈钢、耐热钢、磁性钢等，一般为合金钢。

④ 专业用钢　专业用钢指各个工业部门专业用途的钢，如汽车用钢、农机用钢、航空用钢、化工机械用钢、锅炉用钢、电工用钢、焊条用钢等。

（3）按钢材冶炼方法的分类

1）根据冶炼设备的不同，钢可以分为电炉钢、平炉钢和转炉钢三大类。

① 电炉钢　用电炉炼制的钢，有电弧炉钢、感应炉钢及真空感应炉钢等。工业上大量生产的，是碱性电弧炉钢。

② 平炉钢　用平炉炼制的钢，按炉衬材料的不同分为酸性和碱性两种。一般平炉钢多为碱性平炉钢，由于冶炼时间长、能耗高，在我国已被逐步淘汰。

③ 转炉钢　用转炉吹炼的钢，可分为底吹、侧吹、顶吹和空气吹炼、纯氧吹炼等转炉钢；根据炉衬的不同，又分酸性和碱性两种。

2）按冶炼浇注时脱氧剂与脱氧程度

按冶炼浇注时脱氧剂与脱氧程度可以分为沸腾钢、镇静钢、半镇静钢及特殊镇静钢四种。

① 沸腾钢　沸腾钢炼钢时仅加入锰铁进行脱氧，脱氧不完全。这种钢液铸锭时，有大量的一氧化碳气体逸出，钢液呈沸腾状，故称为沸腾钢，代号为"F"。沸腾钢组织不够致密，成分不太均匀，硫、磷等杂质偏析较严重，故质量较差，但因其成本低、产量高，故被广泛用于一般工程。

② 镇静钢　镇静钢炼钢时采用锰铁、硅铁和铝锭等作为脱氧剂，脱氧完全。这种钢液铸锭时能平静地充满锭模并冷却凝固，故称为镇静钢，代号为"Z"。镇静钢虽成本较高，但其组织致密，成分均匀，含硫量较少，性能稳定，故质量好。适用于预应力混凝土等重要结构工程。

③ 半镇静钢　半镇静钢脱氧程度介于沸腾钢和镇静钢之间，故称为半镇静钢。代号为"b"。半镇静钢是质量较好的钢。

④ 特殊镇静钢　特殊镇静钢是比镇静钢脱氧程度更充分彻底的钢，故称为特殊镇静钢，代号为"TZ"。特殊镇静钢的质量最好，适用于特别重要的结构工程。

8.1.2　常用建筑钢材的牌号表示方法

常用建筑钢材的牌号表示方法如下。

1）碳素结构钢和低合金高强度钢

通用结构钢采用代表屈服点的拼音字母"Q"、屈服点数值（单位为 MPa）和质量等级（A、B、C、D、E）、脱氧方法（F、b、Z、TZ）等符号按顺序组成牌号，镇静钢符号"Z"和特殊镇静钢符号"TZ"可省略。根据需要，通用低合金高强度结构钢的牌号也可以采用两位阿拉伯数字（表示平均含碳量，以万分之几计）和化学元素符号按顺序表示。

2）优质碳素结构钢

优质碳素结构钢采用两位阿拉伯数字（表示平均含碳量，以万分之几计）或阿拉伯数字和元素符号组合成牌号。

① 沸腾钢和半镇静钢，在牌号尾部分别加符号"F"和"b"。

② 镇静钢（S、P 分别≤0.035%）一般不标符号。

③ 较高含锰量的优质碳素结构钢，在表示平均含碳量的阿拉伯数字后加锰元素符号。

④ 高级优质碳素结构钢（S≤0.030%、P≤0.030%），在牌号后加符号"A"。

⑤ 特级优质碳素结构钢（S≤0.020%、P≤0.025%），在牌号后加符号"E"。

3）合金结构钢

合金结构钢牌号采用两位阿拉伯数字（表示平均含碳量，万分之几计）和标准的化学元素符号表示。合金元素含量表示方法为：平均含量小于 1.50% 时，牌号中仅标明元素，一般不标明含量；平均合金含量为 1.50%～2.49%、2.50%～3.49%、3.50%～4.49%、…时，在合金元素后相应写成 2、3、4、…。高级优质合金结构钢（S、P 含量分别≤0.025%），在牌号尾部加符号"A"表示。特级优质合金结构钢（S≤0.015%、P≤0.025%），在牌号尾部加符号"E"。

4）焊接用钢

焊接用钢包括焊接用碳素钢、焊接用合金钢和焊接用不锈钢等，其牌号表示方法是在各类焊接用钢牌号头部加符号"H"。高级优质焊接用钢，在牌号尾部加符号"A"。

8.2 建筑钢材的主要技术性质

建筑钢材的技术性质主要包括力学性能（抗拉性能、塑性、冲击韧性、耐疲劳性和硬度等）和工艺性能（冷弯和焊接）两个方面。

8.2.1 力学性能

建筑钢材的力学性能主要有抗拉性能、塑性、冲击韧性、耐疲劳性和硬度等。

（1）抗拉性能

拉伸是建筑钢材的主要受力形式，所以拉伸性能是表示钢材性能和选用钢材的重要指标。在外力作用下，材料抵抗变形和断裂的能力称为强度。测定钢材强度的主要方法是低碳钢拉伸试验，钢材受拉时，在产生应力的同时，相应地产生应变。应力和应变的关系反映出钢材的主要力学特征。

将低碳钢（软钢）制成一定规格的试件，放在材料试验机上进行拉伸试验，可以绘出应力-应变关系曲线，见图 8-1。

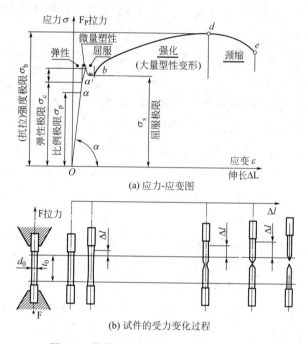

(a) 应力-应变图

(b) 试件的受力变化过程

图 8-1 低碳钢试件的应力-应变关系曲线

从图 8-1 中可以看出，低碳钢受拉至拉断，经历了四个阶段：弹性阶段（*O-a*）、屈服阶段（*a-b*）、强化阶段（*b-d*）和颈缩阶段（*d-e*）。

1）弹性阶段（*O-a*）

曲线中 *O-a* 段是一条通过原点的直线，应力与应变成正比。如卸去外力，试件能恢复原来的形状，这种性质即为弹性，此阶段的变形为弹性变形。与 *a* 点对应的应力称为弹性极限，以 σ_p 表示。应力与应变的比值为常数，即弹性模量 E，$E = \sigma / \varepsilon$。弹性模量反映钢材抵抗弹性变形的能力，是钢材在受力条件下计算结构变形的重要指标。弹性模量的大小反映抵抗变形的能力。

2）屈服阶段（*a-b*）

应力超过 *a* 点后，应力、应变不再成正比关系，开始出现塑性变形。应力的增长滞后于应变的增长，当应力达 $b_\text{上}$ 点后（上屈服点），瞬时下降至 $b_\text{下}$ 点（下屈服点），变形迅速增加，而此时外力则大致在恒定的位置上波动，直到 *b* 点，这就是所谓的"屈服现象"，似乎钢材不能承受外力而屈服，所以 *ab* 段称为屈服阶段。与 $b_\text{下}$ 点（此点较稳定、易测定）对应的应力称为屈服点（屈服强度），用 σ_s 表示。

钢材受力大于屈服点后，会出现较大的塑性变形，已不能满足使用要求，因此屈服强度是设计时钢材强度取值的依据，是工程结构计算中非常重要的一个参数。结构计算是以屈服强度为依据。

屈服强度对钢材使用意义重大，一方面，当构件的实际应力超过屈服强度时，将产生不可恢复的永久变形；另一方面，当应力超过屈服强度时，受力较高部位的应力不再提高，而自动将荷载重新分配给某些应力较低部位。因此，屈服强度是确定容许应力的主要依据。

3）强化阶段（*b-d*）

当应力超过屈服强度后，由于钢材内部组织中的晶格发生了畸变，阻止了晶格进一步滑移，所以钢材抵抗塑性变形的能力又重新提高，*b-d* 呈上升曲线，称为强化阶段。对应于最高点 *d* 的应力值（σ_b）称为极限抗拉强度，简称抗拉强度。此后，钢材抵抗变形的能力明显降低，并在最薄弱处发生较大塑性变形，此处试件界面迅速缩小，出现颈缩现象，直到断裂破坏。

显然，σ_b 是钢材受拉时所能承受的最大应力值，即当拉应力达到强度极限时，钢材完全丧失了对变形的抵抗能力而断裂。抗拉强度虽然不能直接作为计算依据，但屈服强度与抗拉强度的比值，即屈强比能反映钢材的利用率和结构安全可靠程度，对工程应用有较大意义。屈强比越小，反映钢材在应力超过屈服强度工作时的可靠性越大，延缓结构损坏过程的潜力也越大，其结构的安全可靠程度越高。但屈强比过小，又说明钢材强度的利用率偏低，造成钢材浪费。建筑结构合理的屈强比一般为 0.60～0.75。

4）颈缩阶段（*d-e*）

试件受力达到最高点 *d* 点后，其抵抗变形的能力明显降低，变形迅速发展，应力逐渐下降，试件被拉长，在有杂质或缺陷处，断面急剧缩小，直到断裂，故 *d-e* 段称为颈缩阶段。

中碳钢与高碳钢（硬钢）的拉伸曲线与低碳钢不同，屈服现象不明显，难以测定屈服点，则规定产生残余变形为原标距长度的 0.2％时所对应的应力值，作为硬钢的屈服强度，也称条件屈服点，用 $\sigma_{0.2}$ 表示。

（2）塑性

塑性表示钢材在外力作用下产生塑性变形而不破坏的能力。它是钢材的一个重要指标，钢材的塑性通常用拉伸试验时的伸长率或断面缩减率来表示。

1）伸长率

伸长率反映钢材拉伸断裂时所能承受的塑性变形能力，是衡量钢材塑性的重要技术指标。伸长率是以试件拉断后标距长度的增量与原标距长度之比的百分率来表示，见图 8-1（b）。从图 8-1 中可见，试件原标距为 l_0(mm)，长度增量为 Δl(mm)，则伸长率 δ 的公式为

$$\delta = \frac{\Delta l}{l_0} \times 100\% \tag{8-1}$$

伸长率 δ 越大，说明钢材的塑性越好。对于钢材而言，一定的塑性变形能力，可保证应力重新分布，避免应力集中，结构安全性大。钢材的塑性除主要取决于其组织结构、化学成分和结构缺陷等外，还与标距的大小有关。变形在试件标距内部的分布是不均匀的，颈缩处的变形最大，离颈缩部位越远其变形越小。所以原标距 l_0 与直径 d_0 之比越小，则

颈缩处伸长值在整个伸长值的比例越大，计算出来的 δ 值就大。通常以 δ_5 和 δ_{10} 分别表示 $l_0=5d_0$ 和 $l_0=10d_0$ 时的伸长率。对于同一种钢材，其 $\delta_5 > \delta_{10}$。

2）断面缩减率

断面缩减率用 Ψ 表示，是以试件拉断后颈缩处截面面积 A_1 的缩减量与原始截面面积 A_0 之比的百分率来表示，公式应为

$$\Psi = \frac{A_0 - A_1}{A_0} \times 100\% \tag{8-2}$$

伸长率和断面缩减率都表示钢材断裂前经受塑性变形的能力。伸长率越大或断面缩减率越高，说明钢材塑性越大。钢材塑性大，不仅便于进行各种加工，而且能保证钢材在建筑上安全使用。因为钢材的塑性变形能调整局部高峰应力，使之趋于平缓，以免引起建筑结构的局部破坏及其所导致的整个结构的破坏；钢材在塑性破坏前，有很明显的变形和较长的变形持续时间，便于人们发现和补救。

（3）冲击韧性

冲击韧性是指钢材抵抗冲击荷载而不被破坏的能力。它是指钢材在冲击荷载作用下断裂时吸收机械能的一种能力，是衡量钢材抵抗可能因低温、应力集中、冲击荷载作用等而致脆性断裂能力的一项机械性能。

冲击韧性是通过冲击试验来测定的，见图 8-2。将有缺口的标准试件放在冲击试验机的支座上，用摆锤打断试件，测得试件单位面积上所消耗的功。虽然试验中测定的冲击吸收功或冲击韧性，不能直接用于工程计算，但它可以作为判断材料脆化趋势的一个定性指标，还可作为检验材质热处理工艺的一个重要手段，因为它对材料的品质、宏观缺陷、显微组织十分敏感，而这点恰是静载试验所无法揭示的。

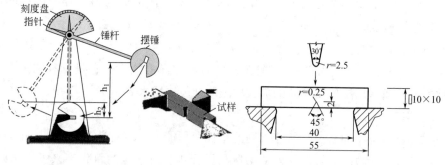

图 8-2 冲击韧性试验

它用材料在断裂时所吸收的总能量（包括弹性和非弹性能）来量度，其值为应力-应变关系曲线与横坐标所包围的总面积，总面积愈大韧性愈高，故韧性是钢材强度和塑性的综合指标。影响钢材冲击韧性的因素很多，如化学成分、冶炼质量、冷作及时效、环境温度等。

冲击韧性 α_k 值越大，表明钢材在断裂时所吸收的能量越多，则冲击韧性越好，即其抵抗冲击作用的能力越强，脆性破坏的危险性越小。对于重要的结构物以及承受动荷载作用的结构，特别是处于低温条件下，为了防止钢材的脆性破坏，应保证钢材具有一定的冲击韧性。

（4）耐疲劳性

钢材在交变荷载的反复作用下，往往在最大应力远小于其抗拉强度时就发生破坏，这种现象称为钢材的疲劳性。受交变荷载反复作用，钢材在应力低于其屈服强度的情况下突然发生脆性断裂破坏的现象，称为疲劳破坏。

疲劳破坏首先是从局部缺陷处形成细小裂纹，由于裂纹尖端处的应力集中使其逐渐扩展，直至最后断裂。疲劳破坏是在低应力状态下突然发生的，所以危害极大，往往造成灾难性的事故。疲劳破坏的危险应力用疲劳强度（或称疲劳极限）来表示，它是指疲劳试验时，试件在交变应力作用下，于规定的周期基数内不发生断裂所能承受的最大应力。一般把钢材承受交变荷载 $10^6 \sim 10^7$ 次时不发生破坏的最大应力作为疲劳强度。钢材的内部成分的偏析、夹杂物的多少以及最大应力处的表面光洁程度、加工损伤等，都是影响钢材疲劳强度的因素。

（5）硬度

硬度是指金属材料在表面局部体积内，抵抗硬物压入表面的能力，亦即材料表面抵抗塑性变形的能力。测定钢材硬度采用压入法，即以一定的静荷载（压力），把一定的压头压在金属表面，然后测定压痕的面积或深度来确定硬度。按压头或压力不同，有布氏法、洛氏法等，相应的硬度试验指标称布氏硬度和洛氏硬度。较常用的方法是布氏法，其硬度指标是布氏硬度值。

布氏硬度的含义：用一定直径的淬硬钢球，在一定的载荷作用下，压入试件表面，停留一段时间，然后除去载荷，测量压痕的面积，压痕越小表示抵抗塑性变形能力（即硬度）越大，用"HB"来表示。

各类钢材的 HB 值与抗拉强度之间有一定的相关关系。材料的强度越高，塑性变形抵抗力越强，硬度值也就越大。由试验得出，其抗拉强度与布氏硬度的经验关系如下：

当 HB<175 时，$\sigma_b \approx 0.36HB$；

当 HB>175 时，$\sigma_b \approx 0.35HB$。

根据这一关系，可以直接在钢结构上测出钢材的 HB 值，并估算该钢材的 σ_b。

8.2.2 工艺性能

建筑钢材的工艺性能包括冷弯、冷拉、冷拔及焊接性能等工艺性能。良好的工艺性能，可以保证钢材顺利通过各种加工，而使钢材制品的质量不受影响。

（1）冷弯性能

冷弯性能是指钢材在常温下承受弯曲变形的能力。钢材的冷弯性能指标是以试件弯曲的角度 α（外角）和弯心直径 d 对试件厚度 a（或直径）的比值（d/a）表示，见图 8-3。

钢材的冷弯试验，是通过直径（或厚度）为 a 的试件，采用标准规定的弯心直径 d（$d = na$），弯曲到规定的弯曲角（180°或 90°）时，试件的弯曲处不发生裂缝、裂断或起层，即认为冷弯性能合格。钢材弯曲时的弯曲角越大，弯心直径越小，则表示其冷弯性能越好。

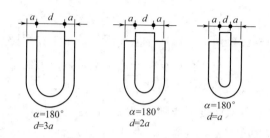

图 8-3　冷弯性能指标

通过冷弯试验，更有助于暴露钢材的某些内在缺陷，如钢材是否存在内部组织不均匀、内应力和夹杂物等缺陷。而在拉伸试验中，这些缺陷常由于均匀的塑性变形导致应力重新分布而被掩饰，故在工程中，冷弯试验还被用作对钢材焊接质量进行严格检验的一种手段。

（2）焊接性能

焊接是把两块金属局部加热并使其接缝处迅速呈熔融或半熔融状态，从而使之更牢固地连接起来。

焊接性能是指钢材在通常的焊接方法与工艺条件下获得良好焊接接头的性能。可焊性好的钢材易于用一般焊接方法和工艺施焊，焊口处不易形成裂纹、气孔、夹渣等缺陷；焊接后钢材的力学性能，特别是强度，不低于原有钢材，硬脆倾向小。钢材可焊性能的好坏，主要取决于钢材的化学成分。含碳量高将增加焊接接头的硬脆性，含碳量小于0.25%的碳素钢具有良好的可焊性。根据钢材应用范围的不同，可焊性还应分为以下两种形式。

1）施工上的可焊性

施工上的可焊性是指焊缝金属产生裂纹的敏感性以及由于焊接加热的影响，近缝区钢材硬化和产生裂纹的敏感性。可焊性好，是指在一定的焊接工艺条件下，焊缝金属和近缝区钢材均不产生裂纹。

2）使用性能上的可焊性

使用性能上的可焊性是指焊接接头和焊缝的缺口韧性（冲击韧性）和热影响区的延伸性（塑性）。要求焊接构件在施焊后的机械性能（力学性能）不低于母材的机械性能。

在建筑工程中，焊接结构应用广泛，如钢结构构件的连接、钢筋混凝土的钢筋骨架、接头及预埋件、连接件等。这就要求钢材要有良好的焊接性能。低碳钢有优良的可焊接性，高碳钢的焊接性能较差。

（3）冷加工性能及时效处理

1）冷加工性能

在常温下，对钢材进行冷拉、冷拔或冷轧等机械加工，使之产生一定的塑性变形，强度明显提高，塑性和韧性有所降低，这个过程称为钢材的冷加工强化。冷加工强化的目的是提高钢材的强度和节约钢材。

建筑工地或预制构件厂常用的冷加工方法是冷拉和冷拔。

冷拉是将钢筋用冷拉设备加力进行张拉，使之伸长。钢材经冷拉后屈服强度可提高 20%～30%，可节约钢材 10%～20%，钢材经冷拉后屈服阶段，伸长率降低，材质变硬。

冷拔是将光面圆钢筋通过硬质合金拔丝模孔强行拉拔，每次拉拔断面缩小应在 10% 以下。钢筋在冷拔过程中，不仅受拉，同时还受到挤压作用，因而冷拔的作用比纯冷拉作用更强烈。经过一次或多次冷拔后的钢筋，表面光洁度高，屈服强度提高 40%～60%，但塑性大大降低，具有硬钢的性质。

建筑工程常采用对钢筋进行冷拉和对盘条进行冷拔的方法，以达节约钢材的目的。

2）时效处理

钢材经冷加工后，随着时间的延长，钢筋强度进一步提高，这个过程称为时效处理。时效处理包括自然时效和人工时效。自然时效是钢材经冷加工后，在常温下存放 15～20d，其屈服强度、抗拉强度及硬度进一步提高，而塑性及韧性继续降低。人工时效是钢材经冷加工后，为了提高时效处理速度，将钢材加热至 100～200℃并保持 2h 左右。通常对强度较低的钢筋采用自然时效，强度较高的钢筋采用人工时效。

钢材经冷加工及时效处理后，其性质变化的规律，可明显地在应力-应变图上得到反映，见图 8-4。将试件拉至超过屈服点的任意一点 K，然后卸去荷载，在卸荷过程中，由于试件已经产生塑性变形，故曲线沿 KO' 下降，KO' 大致与 BO 平行。如立即重新拉伸，则新的屈服点将升高至原来达到的 K 点，以后的应力-应变关系将与原来曲线 KCD 相似。表明钢筋经冷拉以后，屈服点将提高。如在 K 点卸荷后，不立即拉伸，将试件进行自然时效或人

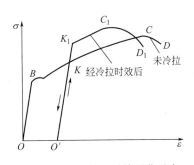

图 8-4　钢材冷拉及时效强化示意

工时效，然后再拉伸，则其屈服点将升高至 K_1 点。继续拉伸，曲线将沿 $K_1C_1D_1$ 发展，表明钢筋经冷拉时效以后，屈服点和抗拉强度都得到提高，但塑性和韧性则相应降低。

在建筑工程中，常对钢材进行冷加工和时效处理来提高其屈服强度，以节约钢材。冷拉和时效处理后的钢筋，在冷拉的同时还被调直和清除了锈皮，简化了施工工序。

对于承受动荷载或经常处于负温条件下工作的钢结构，如桥梁、吊车梁、钢轨等结构用钢，为防止出现突然断裂，应避免过大的脆性，采用时效敏感性小的钢材。

8.3　建筑用钢材及其制品

建筑用钢材可分为钢结构用钢和混凝土结构用钢两类。

8.3.1 钢结构用钢

钢结构用钢的主要品种包括碳素结构钢和低合金高强度结构钢。

（1）碳素结构钢

碳素结构钢是碳素钢中的一类，可加工成各种型钢、钢筋和钢丝，适用于一般工程结构。构件可进行焊接、铆接和栓接。钢的牌号由代表屈服点的字母（Q）、屈服点数值、质量等级符号、脱氧方法符号 4 个部分按顺序组成。牌号共有 Q195、Q215、Q235、Q275 四个；质量等级以硫、磷等杂质含量由多到少，分别以 A、B、C、D 符号表示，其中 A、B 为普通质量钢，C、D 为磷、硫杂质控制较严格的优质钢；脱氧方法以 F 表示沸腾钢，Z 和 TZ 分别表示镇静钢和特殊镇静钢，Z 和 TZ 在钢的牌号中可以省略。例如：Q235AF 表示屈服点为 235MPa 的 A 级沸腾钢。

① 牌号 Q195，含碳量低，强度不高，塑性、韧性、加工性能和焊接性能好。用于轧制薄板和盘条。

② 牌号 Q215，强度稍高于 Q195 钢，用途与 Q195 大体相同。此外，还大量用作焊接钢管、镀锌焊管、炉撑、地脚螺钉、螺栓、圆钉、木螺钉、冲制铁铰链等五金零件。

③ 牌号 Q235，含碳适中，综合性能较好，强度、塑性和焊接等性能得到较好配合，用途最广泛。常轧制成盘条或圆钢、方钢、扁钢、角钢、工字钢、槽钢、窗框钢等型钢、中厚钢板。大量用于建筑及工程结构，用以制作钢筋或建造厂房房架、高压输电铁塔、桥梁、车辆、锅炉、容器、船舶等，也大量用作对性能要求不太高的机械零件。C、D 级钢还可作某些专业用钢使用。

④ 牌号 Q275，强度、硬度较高，耐磨性较好。用于制造轴类、农业机具、耐磨零件、钢轨接头夹板、垫板、车轮、轧辊等。

（2）低合金高强度结构钢

低合金高强度结构钢是在含碳量≤0.20%的碳素结构钢的基础上，加入少量的合金元素发展起来的，强度高于碳素结构钢。添加合金元素是为了提高钢的屈服强度、抗拉强度、耐磨性、耐蚀性及耐低温性能等。低合金高强度结构钢的牌号，由代表屈服强度的拼音字母（Q）、屈服点数值、质量等级符号（A、B、C、D、E）3 个部分按顺序组成，共有 Q345、Q390、Q420、Q460、Q500、Q550、Q620、Q690 八个牌号。如 Q345A 表示屈服点不小于 345MPa 的 A 级钢。当需方要求钢板具有厚度方向性能时，则在上述规定的牌号后加上代表厚度方向（Z 向）性能级别的符号，如 Q345DZ15。

常用于建筑中低合金结构钢的主要特性及应用应用举例，见表 8-2。

表 8-2　常用低合金结构钢的主要特性及应用举例

牌号	主要特性	应用举例
Q390	综合力学性能好，焊接性，冷、热加工性能和耐蚀性能均好，C、D、E 级钢具有良好的低温韧性	船舶，锅炉，压力容器，石油储罐，桥梁，电站设备，起重运输机械及其他较高载荷的焊接结构件

牌号	主要特性	应用举例
Q420	强度高,特别是在正火或正火加回火状态有较高的综合力学性能	大型船舶,桥梁,电站设备,中、高压锅炉,高压容器,机车车辆,起重机械,矿山机械及其他大型焊接结构件
Q460	强度最高,在正火、正火加回火或淬火加回火状态有很高的综合力学性能,全部用铝补充脱氧,质量等级为 C、D、E 级,可保证钢的良好韧性	备用钢种,用于各种大型工程结构及要求强度高、载荷大的轻型结构

（3）桥梁建筑用钢

桥梁建筑用钢应符合《桥梁用结构钢》（GB/T 714—2015）规范的要求，钢的牌号由代表屈服强度的汉语拼音字母、规定最小屈服强度值、桥字的汉语拼音首位字母、质量等级符号几个部分组成。

示例：Q420qD。其中，

Q——桥梁用钢屈服强度的"屈"字汉语拼音的首位字母；

420——规定最小屈服强度数值，单位 MPa；

q——桥梁用钢的"桥"字汉语拼音的首位字母；

D——质量等级为 D 级。

公路桥梁用钢多选用 Q345、Q370 等钢种，也有使用 Q420，但供货技术条件中强度一般都是随板厚的增加而递减。钢板的规格也比较薄，需求较大。《桥梁用结构钢》（GB/T 714—2015）规范中指出，钢板厚度范围增加至 150mm，取消了 Q235q 钢级，增加了 Q420q 及以上牌号钢的质量等级 F 级技术要求。

8.3.2 混凝土结构用钢

混凝土具有较高的抗压强度，但抗拉强度较低。用钢筋增强混凝土，可以扩大混凝土的应用范围，而混凝土又对钢筋起保护作用，避免钢筋生锈腐蚀。混凝土结构用钢主要有热轧钢筋、冷加工钢筋、冷拔低碳钢丝、预应力混凝土用钢等。

（1）热轧钢筋

热轧钢筋是经热轧成型并自然冷却的成品钢筋，由低碳钢和普通合金钢在高温状态下压制而成，主要用于钢筋混凝土和预应力混凝土结构的配筋，是土木工程中使用量最大的钢材品种之一。

热轧钢筋的外形有光圆和带肋两种。带肋钢筋表面有凹凸的主槽纹，增强了与钢筋的结合力，提高了钢筋混凝土的整体性，所以被广泛地应用。热轧光圆钢筋由碳素结构钢轧制，其牌号为 HPB235，H、P、B 分别为热轧（Hot rolled）、光圆（Plain）、钢筋（Bars）3 个词的英文首位字母。热轧带肋钢筋由低合金钢轧制，其表面带有两条纵肋和沿长度方向均匀分布的横肋。纵肋是平行于钢筋轴线的均匀连续肋，横肋为与纵肋不平行的其他肋口。按照《钢筋混凝土用钢 第 2 部分：热轧带肋钢筋》（GB/T 1499.2—2018）的规定，热轧带肋钢筋的牌号由 HRB 和钢筋的屈服点最小值构成，H、R、B 分别为热轧（Hot rolled）、带肋（Ribbed）、钢筋（Bars）3 个词的英文首位字母。普通热轧带肋钢筋分为 HRB400、HRB500、HRB600、HRB400E、HRB500E 5 个牌号，后面两个由 HRB＋屈服强度特征值＋E（Earthquake，地震）构成，其力学性能和工艺性能见表 8-3。

表 8-3　热轧带肋钢筋的力学性能和工艺性能

牌号	下屈服强度 R_{eL}/MPa	抗拉强度 R_m/MPa	断后伸长率 %	最大力总延伸率%	R_m^o/R_{eL}^o	R_{eL}^o/R_{eL}	公称直径 d	弯压头直径
			≥			≤		
HRB400	400	540	16	7.5	—	—	6～25 28～40 >40～50	4d 5d 6d
HRB400E	400	540	—	9.0	1.25	1.30		
HRB500	500	630	15	7.5	—	—	6～25 28～40 >40～50	6d 7d 8d
HRB500E	500	630	—	9.0		1.25		
HRB600	600	730	14	7.5	1.25	—	6～25 28～40 >40～50	6d 7d 8d

注：R_m^o 为钢筋实测抗拉强度；R_{eL}^o 为钢筋实测下屈服强度。

（2）冷加工钢筋

冷加工钢筋是在常温下，对热轧钢筋进行机械加工（冷拉、冷拔、冷轧）而成。常见的品种有冷拉热轧钢筋、冷轧带肋钢筋和冷拔低碳钢丝。

1）冷拉钢筋

冷拉钢筋是在常温条件下，以超过原来钢筋屈服点强度的拉应力，强行拉伸钢筋，使钢筋产生塑性变形以达到提高钢筋屈服强度和节约钢材的目的。其冷拉过程应符合国家标准《优质结构钢冷拉钢材》（GB/T 3078—2019）的规定。

2）冷轧带肋钢筋

冷轧带肋钢筋用热轧圆盘条经冷轧后，在其表面带有沿长度方向均匀分布的横肋的钢筋。按照《冷轧带肋钢筋》（GB/T 13788—2017）中的规定，冷轧带肋钢筋的牌号由 CRB 和钢筋的抗拉强度构成。C、R、B 分别为冷轧（cold rolled）、带肋（ribbed）、钢筋（bars）3 个词的英文首位字母。冷轧带肋钢筋分为 CRB550、CRB650、CRB800、CRB600H（高延性，high elongation）、CRB680H、CRB800H 六个牌号，其中 CRB550、CRB600H 既可作为普通钢筋混凝土用钢筋，也可作为预应力混凝土用钢筋使用，其力学性能和工艺性能见表 8-4。

表 8-4　冷轧带肋的力学性能和工艺性能

分类	牌号	规定塑性延伸强度 $R_{p0.2} \geq$ /MPa	抗拉强度 $R_m \geq$ MPa	$R_m/R_{p0.2}$ ≥	断后伸长率 ≥/%		最大力总延伸率 ≥/%	弯曲试验[①] 180°	反复弯曲次数	应力松弛(初始应力应相当于公称抗拉强度的 70%)
					A	A_{100mm}	A_{gt}			1000h≤/%
普通钢筋混凝土用	CRB550	500	550	1.05	11.0	—	2.5	$D=3d$	—	—
	CRB600H	540	600	1.05	14.0	—	5.0	$D=3d$	—	—
	CRB680H[②]	600	680	1.05	14.0	—	5.0	$D=3d$	4	5
预应力混凝土用	CRB650	585	650	1.05	—	4.0	2.5	—	3	8
	CRB800	720	800	1.05	—	4.0	2.5	—	3	8
	CRB800H	720	800	1.05	—	7.0	4.0	—	4	5

① D 为弯心直径，d 为钢筋公称直径。

② 当该牌号钢筋作为普通钢筋混凝土用钢筋使用时，对反复弯曲和应力松弛不做要求；当该牌号钢筋作为预应力混凝土用钢筋使用时应进行反复弯曲试验代替 180° 弯曲试验，并检测松弛率。

冷轧带肋钢筋有如下优点。

① 钢材强度高，可节约建筑钢材和降低工程造价。CRB550 级冷轧带肋钢筋与热轧光圆钢筋相比，用于现浇结构（特别是楼屋盖中）可节约 35%～40% 的钢材。如考虑不用弯钩，钢材节约量还要多一些。

② 冷轧带肋钢筋与混凝土之间的黏结锚固性能良好。因此用于构件中，从根本上杜绝了构件锚固区开裂、钢丝滑移而破坏的现象，且提高了构件端部的承载能力和抗裂能力；在钢筋混凝土结构中，裂缝宽度也比光圆钢筋小，甚至比热轧螺纹钢筋还小。

③ 冷轧带肋钢筋伸长率较同类的冷加工钢材大。

（3）冷拔低碳钢丝

冷拔低碳钢丝是指低碳钢热轧圆盘条或热轧光圆钢筋经一次或多次冷拔制成的光圆钢丝。冷拔低碳钢丝宜作为构造钢筋使用，作为结构构件中纵向受力钢筋使用时应采用钢丝焊接网。钢丝焊接网是指具有相同或不同直径的纵向和横向冷拔低碳钢丝以一定间距相互垂直排列，全部交叉点均用电阻点焊制成的网片。冷拔低碳钢丝不得作为预应力钢筋使用，如作为箍筋使用时，冷拔低碳钢丝的直径不宜小于 5mm，间距不应大于 200mm，构造应符合国家现行相关标准的有关规定，具体要求可参考国家标准《冷拔低碳钢丝应用技术规程》（JGJ 19—2010）的相关规定。

采用冷拔低碳钢丝的混凝土构件，混凝土强度等级不应低于 C20。预应力混凝土桩、钢筋混凝土排水管、环形混凝土电杆中的混凝土强度等级尚应符合有关标准的规定。混凝土强度和弹性模量应按现行国家标准《混凝土结构设计规范（2015 年版）》（GB 50010—2010）的有关规定取值。

（4）预应力混凝土用钢

预应力混凝土用钢包括热处理钢筋、钢丝和钢绞线。

1）热处理钢筋

热处理钢筋是用热轧中碳低合金钢钢筋经淬火、回火调质处理工艺处理而成的钢筋。钢筋混凝土用余热处理钢筋，按屈服特征值分为 400 级、500 级，按用途分为可焊和非可焊。

钢筋牌号分为以下三个等级。

RRB400 和 RRB500（由 RRB＋规定的屈服强度特征值构成）；RRB400W（由 RRB＋规定的屈服强度特征值构成＋可焊）。

RRB——余热处理筋的英文缩写（remained-heat-treatment ribbed-steel bar）。

W——焊接的英文缩写。

预应力混凝土用热处理钢筋成盘供应，开盘后能自行伸直，不需调直和焊接，施工方便，且节约钢材。其特点是塑性降低不大，但强度提高很多，综合性能比较理想。其主要用于预应力混凝土轨枕，代替碳素钢丝。还用于预应力梁、板结构及吊车梁等。

2）钢丝

预应力混凝土用钢丝是高碳钢盘条经淬火、酸洗、冷拉加工而制成的高强度钢丝。预应力钢丝的分类及代号可参考国家标准《预应力混凝土用钢丝》（GB/T 5223—2014）。按加工状态分为冷拉钢丝和消除应力钢丝两类。按外形可分为光圆钢丝（P）、螺旋肋钢丝（H）和刻痕钢丝（I）。刻痕钢丝和螺旋肋钢丝与混凝土的黏结性好，亦即钢丝与混凝土的整体性好，低松弛钢丝的塑性比冷拉钢丝好。

预应力钢丝具有强度高、柔性好、松弛率低、耐蚀等特点，适用于各种特殊要求的预应力结构，主要用于大跨度屋架及薄腹梁、大跨度吊车梁、桥梁、电杆、轨枕等。

3）钢绞线

预应力用钢绞线是由数根优质碳素结构钢丝经绞捻和消除内应力的热处理而制成。其各项要求应符合《预应力混凝土用钢绞线》（GB/T 5224—2014）的规定。

钢绞线根据钢丝股数可分为两股、三股、七股、十九股等，用这些不同股数钢丝捻成的钢绞线结构形式有八种，其中由六根刻痕钢丝和一根光圆中心钢丝捻制的钢绞线具有强度高、与混凝土黏结好等特点，在结构中布置方便，易于锚固。

钢绞线具有强度高、与混凝土黏结性好、断面面积大、使用根数少、在结构中布置方便、易于锚固等优点，主要用于大跨度、大负荷的后张法预应力屋架、桥梁和薄腹梁等结构的预应力筋。

8.4　钢材的防护

钢材的缺点是易锈蚀和不耐火，因此钢材的防护主要从防锈和防火两方面进行介绍。

8.4.1 钢材的防锈

(1) 钢材锈蚀的机理

钢材的锈蚀是指其表面与周围介质发生化学作用或电化学作用而遭到破坏。钢材锈蚀不仅使截面积减小、性能降低甚至报废，而且因产生锈坑，可造成应力集中，加速结构破坏。尤其在冲击荷载、循环交变荷载作用下，将产生锈蚀疲劳现象，使钢材的疲劳强度大为降低，甚至出现脆性断裂。

根据锈蚀作用机理，钢材的锈蚀可分为化学锈蚀和电化学锈蚀两种。

1) 化学锈蚀

化学锈蚀是指钢材直接与周围介质发生化学反应而产生的锈蚀。

这种锈蚀多数是氧化作用，使钢材表面形成疏松的氧化物。在常温下，钢材表面形成一薄层氧化保护膜 FeO，可以起一定的防止钢材锈蚀的作用，故在干燥环境中，钢材锈蚀进展缓慢。但在温度或湿度较高的环境中，氧化形成 Fe_3O_4，化学锈蚀进展加快。

2) 电化学锈蚀

电化学锈蚀是指钢材与电解质溶液接触，形成微电池而产生的锈蚀。

潮湿环境中钢材表面会被一层电解质水膜所覆盖，而钢材本身含有铁、碳等多种成分，由于这些成分的电极电位不同，形成许多微电池。在阳极区，铁被氧化成为 Fe^{2+} 离子进入水膜；在阴极区，溶于水膜中的氧被还原为 OH^- 离子，随后两者结合生成不溶于水的 $Fe(OH)_2$，并进一步氧化成为疏松易剥落的红棕色铁锈 $Fe(OH)_3$，电化学锈蚀是钢材锈蚀的最主要形式。

(2) 钢材的防锈

钢材的腐蚀既有内因（材质），又有外因（环境介质）的作用，因此要防止或减少钢材的腐蚀可以从改变钢材本身的易腐蚀性、隔离环境中的侵蚀性介质或改变钢材表面的电化学腐蚀等入手。

1) 保护层法

保护层法通常的方法是采用在表面施加保护层，使钢材与周围介质隔离。保护层可分为金属保护层和非金属保护层两类。

① 金属保护层 金属保护层是用耐蚀性较好的金属，以电镀或喷镀的方法覆盖在钢材表面，如镀锌、镀锡、镀铬等。薄壁钢材可采用热浸镀锌或镀锌后加涂塑料涂层等措施。

② 非金属保护层 非金属保护层常用的是在钢材表面刷漆，常用底漆有红丹、环氧富锌漆、铁红环氧底漆等，面漆有调和漆、醇酸磁漆、酚醛磁漆等。该方法简单易行，但不耐久。此外，还可以采用塑料保护层、沥青保护层、搪瓷保护层等。

2) 合金保护法

在碳素钢中加入能提高抗腐蚀能力的合金元素，如铬、镍、锡、钛和铜等，制成耐候钢。这种钢在大气作用下，能在表面形成一种致密的防腐保护层，起到耐腐蚀作用。耐候钢的强度级别与常用碳素钢和低合金钢一致，技术指标也相近，但其耐腐蚀能力却高出数倍。

3）电化学保护法

电化学保护法是在钢铁结构上接一块较钢铁更为活泼的金属，如锌、镁，因为锌、镁比钢铁的电位低，所以锌、镁成为腐蚀电池的阳极遭到破坏（牺牲阳极），而钢铁结构得到保护。这种方法主要用于那些不容易或不能覆盖保护层的地方，如蒸汽锅炉、轮船外壳、地下管道、港口结构、道桥建筑等。

4）混凝土保护层法

防止混凝土中钢筋的腐蚀可以采用上述方法，但最经济有效的方法是提高混凝土的密实度和碱度，并保证钢筋有足够的保护层厚度。在水泥水化产物中，有 1/5 左右的氢氧化钙产生，混凝土中 pH 值约为 12，这时钢材表面能形成碱性氧化膜（钝化膜），对钢筋起保护作用。若混凝土碳化后，由于碱度降低，pH 到 11.5 以下时，会失去对钢筋的保护作用。此外，混凝土中氯离子达到一定浓度，也会严重破坏钢筋表面的钝化膜，使钢材表面呈活化状态，此时若具备潮湿和供氧条件，钢筋表面积开始发生电化学腐蚀作用，由于铁锈的体积比钢材大 2～4 倍，可导致混凝土顺筋开裂。为防止钢筋锈蚀，应保证混凝土的密实度以及钢筋外侧混凝土保护层的厚度，在二氧化碳浓度高的工业区采用硅酸盐水泥或普通硅酸盐水泥，限制含氯盐外加剂掺量并使用混凝土用钢筋防锈剂。预应力混凝土应禁止使用含氯盐的集料和外加剂。钢筋涂覆环氧树脂或镀锌也是一种有效的防锈措施。

8.4.2　钢材的防火

钢材有一个致命弱点就是抗火性能差。为了使钢材在火灾中较长时间地保持强度和刚度，保障人们的生命和财产安全，在实际工程中需要采取防火保护措施。不同的防火原理采用的防火措施也有差异，需要掌握防火相关原理，有针对性地采用防火措施。

（1）钢在火灾中的表现

钢是不燃性材料，但这并不表明钢材能够抵抗火灾。耐火试验与火灾案例调查表明，以失去支持能力为标准，无保护层时钢柱和钢屋架的耐火极限仅为 0.25h，而裸露钢梁的耐火极限仅为 0.15h。温度在 200℃ 以内，可以认为钢材的性能基本不变；超过 300℃ 以后，弹性模量、屈服点和极限强度均开始下降，应变急剧增大；到达 600℃ 时已失去承载能力。实际火灾下，荷载情况不变，钢结构失去静态平衡稳定性的临界温度为 500℃ 左右，而一般火场温度达到 800～1000℃。因此，火灾高温下钢结构很快地会出现塑性变形，产生局部破坏，最终造成钢结构整体倒塌失效。钢结构建筑必须采取防火措施，以使得建筑具有足够的耐火极限，防止钢结构在火灾中迅速升温到临界温度，防止产生过大变形以致建筑物倒塌，从而为灭火和人员安全疏散赢得宝贵时间，避免或减少火灾带来的损失。

（2）防火原理

钢材防火保护的基本原理是采用阻热和水冷却法。主要目的是使构件在规定的时间，温度升高不超过其临界温度。不同的是阻热法是阻止热量向构件传输，而水冷却法允许热量传到构件上，再把热量导走以实现防火保护的目的。

1）阻热法

阻热法根据防火涂料阻热和包封材料阻热，分为喷涂法和包封法。喷涂法通过涂覆或喷洒防火涂料把构建保护起来。包封法又可分为空心包封法和实心包封法。

① 喷涂法　一般采用防火涂料涂覆或喷洒于钢材表面，形成耐火隔热保护层，提高钢结构的耐火极限，这种方法施工简便，重量轻，耐火时间较长，而且不受钢构件几何形状限制，具有较好的经济性和实用性，应用广泛。钢结构防火涂料的品种较多，大体分为两类：一类是薄涂型防火涂料（B 类），亦即钢结构膨胀防火涂料；另一类是厚涂型涂料（H 类）。

② 包封法　空心包封法一般采用防火板或耐火砖，沿钢构件的外围边界，将钢构件包裹起来。国内石化工业钢结构厂房大多采用砌筑耐火砖包裹钢构件的方法对钢结构加以保护。该方法的优点是强度高、耐冲击，但缺点是占用的空间较大、施工较麻烦。可采用耐火轻质板材如纤维增强水泥板、石膏板、蛭石板等作防火外包层。对大型钢构件进行箱式包裹的方法具有装修面平整光滑、成本低、损耗小、无环境污染、耐老化等优点，推广前景良好。

实心包封法一般通过浇筑混凝土，将钢构件包裹起来，完全封闭钢构件。如上海浦东世界金融大厦的钢柱就采用该方法。其优点是强度高、耐冲击，但缺点是混凝土保护层占用的空间大，施工比较麻烦，特别是在钢梁和斜撑上施工十分困难。

2）水冷却法

水冷却法包括水淋冷却法和充水冷却法。

① 水淋冷却法　水淋冷却法是在钢结构上部布置自动或手动喷淋系统。发生火灾时，启动喷淋系统，在钢结构表面形成一层连续的水膜，火焰蔓延到钢结构表面时，水分蒸发带走热量，延缓钢结构建筑达到其界限温度。水淋冷却法在同济大学土木工程学院大楼得到使用。

② 充水冷却法　充水冷却法是在空心钢构件内充水，通过水在钢结构内的循环，吸收钢材本身受热的热量，从而使钢结构在火灾中能保持较低的温度，不会因升温过高而丧失承载能力。为防止锈蚀和结冰，水中要加阻锈剂和防冻剂。美国匹兹堡 64 层的美国钢铁公司大厦的钢柱就采用了充水冷却法。

（3）防火措施

综合上述防火原理，对两种方式中的喷涂法与包封法对比分析，见表 8-5。

表 8-5　喷涂法与包封法防火保护的优缺点

项目	分析	结论
耐火性	混凝土、耐火砖等包封材料耐火性比一般的防火涂料好。另外，新型防火板的耐火性能也优于防火涂料。其耐火极限明显高于同厚度的钢结构防火隔热材料,更高于膨胀型防火涂料	包封法优于喷涂法

续表

项目	分析	结论
耐久性	由于包封材料如混凝土耐久性比较好,不易随时间推移发生性能劣化,而耐久性一直是钢结构防火涂料未能解决好的问题	包封法优于喷涂法
施工性	钢结构防火的喷涂法施工简便,无须复杂的工具即可施工,但喷涂法防火涂料施工质量可控性差;包封法施工比较复杂,对于斜撑、钢梁尤为明显,不过施工可控性较强,质量容易保证	施工便利方面喷涂法优于包封法;施工质量方面包封法由于喷涂法
环保性	喷涂法在施工时污染环境,特别是在高温作用下能挥发出有害气体。包封法在施工、正常使用环境和火灾高温下均无有毒释放物,有利于环境保护和火灾时的人员安全	包封法优于喷涂法
经济性	喷涂法施工简单,工期短,施工费用低。但防火涂料价格高,而且由于涂料存在老化等缺点,其维护费用较高。包封法施工费用高,但所用材料价格便宜,且维修费用低	包封法经济效应较好
适用性	喷涂法不受构件的几何限制,多用于梁、柱、楼板、屋盖等各构件的保护,范围广泛;包封法施工复杂,特别是钢梁、斜撑等构件,包封法一般较多用于柱子,适用范围没喷涂法广泛	喷涂法优于包封法
占用空间	喷涂法所使用的防火涂料体积较小,而包封法使用的包封材料如混凝土、防火砖,会占用空间,减小使用空间。而且包封材料质量也较大	包封法较为占用空间

8.5 建筑钢材试验

建筑钢材是指钢筋混凝土结构的钢筋、钢丝和用于钢结构的各种型钢,以及用于维护结构的装修工程的各种深加工钢板和复合板等。由于建筑钢材主要用作结构材料,钢材的性能往往对结构的安全起着决定性的作用,因此,我们应对各种钢材的性能有充分的了解,以便在设计和施工中合理地选择和使用。这里主要介绍力学性能试验和工艺性能试验两部分。

8.5.1 力学试验

结合建筑钢材力学性能主要进行拉伸试验。

(1) 试验目的及依据

试验测定钢材的屈服强度 σ_s、抗拉强度 σ_b 和伸长率 δ 等,是为了评定钢材的质量。

主要依据《金属材料 拉伸试验 第1部分:室温试验方法》(GB/T 228.1—2010)。

(2) 仪器设备

万能材料试验机 (示值误差在±1%):使用时,刻度盘的选择应是试件预期破坏荷载落在刻度盘全量程的 20%～80% 之间。

　　钢板尺（精度小于 1mm）、游标卡尺（分辨力不大于 0.05mm）。

　　（3）试件制备

　　① 钢筋截取后，8～40mm 的钢筋可直接作为试件，若受量程限制，22～40mm 的钢筋经车削加工后作为试件，其形状和尺寸见图 8-5。

　　② 在试件表面平行轴向方向划直线，在直线上冲击两标距端点，两端点间划分 10 等分标点。

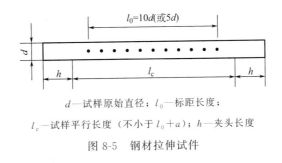

d—试样原始直径；l_0—标距长度；

l_c—试样平行长度（不小于 $l_0 + a$）；h—夹头长度

图 8-5　钢材拉伸试件

　　（4）试验步骤

　　① 测量标距长度 l_0，精确至 0.1mm。

　　② 原始横截面积（A_0）测定。

　　原始横截面积测定应精确到 ±1%。应在试样标距的两端及中间三处用游标卡尺测量。取三处测得的最小横截面积。对圆形截面积的产品应在两个相互垂直方向测量试件的直径。取算术平均值计算横截面积。公称直径为 8～10mm，精确至 0.01mm^2，公称直径为 12～32mm，精确至 0.1mm；公称直径 32mm 以上者，取整数。

　　③ 将试件固定在试验机夹头内，开动试验机加荷。试件屈服前，加荷速度为 10MPa/s，屈服后，夹头移动速度为不大于 $0.5l_0$/min。

　　④ 加荷拉伸时，当试验机刻度盘指针停止在恒定荷载，或不计初始效应指针回转时的最小荷载，就是屈服点荷载 F_s。

　　⑤ 继续加荷至试件拉断，记录刻度盘指针的最大荷载 F_b。

　　⑥ 将拉断试件在断裂处对接，并保持在同一轴线上。测量拉伸后标距两端点间的长度 l_1，精确至 0.1mm。如试件拉断处到邻近的标距端点距离小于或等于 $l_0/3$，应按位移法确定 l_1（见图 8-6）：在长段上，从拉断处 O 点取基本等于短段格数，得 B 点。当长段所余格数为奇数时 [图 8-6(a)]，所余格数减 1 和加 1 之半，得 C、C_1 点，得 $AO + OB + BC + BC_1$ 为位移后的 l_1；当长段所余格数为偶时，[图 8-6(b)]，所余格数之半，得 C 点，得 $AO + OB + 2BC$ 为位移后的 l_1。

　　（5）试验结果

　　① 屈服强度 σ_s 计算公式为 $\sigma_s = F_s/A_0$（精确至 10MPa）。

　　② 抗拉强度 σ_b，计算公式为 $\sigma_b = F_b/A_0$（精确至 10MPa）。

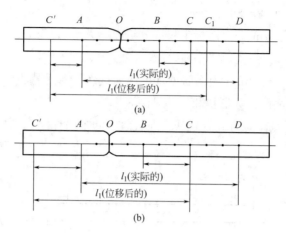

图 8-6　用位移法测标距

③ 伸长率 δ 计算公式为 $\delta_{10}(\delta_5)=(l_1-l_0)\times100\%/l_0$（精确至 1%）。

（6）试验结果评定

① 屈服点、抗拉强度、伸长率均应符合相应标准中规定的指标。

② 作拉伸检验的 2 根试件中，如有一根试件的屈服点、抗拉强度、伸长率三个指标中有一个指标不符合标准时，即为拉伸试验不合格，应取双倍试件重新测定；在第二次拉伸试验中，如仍有一个指标不符合规定，不论这个指标在第一次试验中是否合格，拉伸试验项目定为不合格，表示该批钢筋为不合格品。

③ 试验出现下列情况之一者，试验结果无效。

a. 试件断在标距外或断在机械刻划的标距标记上，而且断后伸长率小于规定最小值；

b. 操作不当，影响试验结果；

c. 试验记录有误或设备发生故障。

8.5.2　工艺试验

根据建筑钢材的工艺性能，进行钢材冷弯试验的介绍。

（1）试验目的

通过冷弯试验，对钢筋塑性进行严格检验，也间接测定钢筋内部的缺陷及可焊性。

（2）试验原理及仪器设备

冷弯试验是以圆形、方形、长方形或多边形横截面试样经受弯曲塑性变形，不改变加力方向，直至达到规定的弯曲角度，然后卸除试验力，检查试样承受变形性能。通常检查试样弯曲部分的外面、里面和侧面。若弯曲处无裂纹、起层或断裂现象，即可认为冷弯性能合格。

弯曲试验可在压力机或万能试验机上进行。压力机或万能试验机上应配备弯曲装置。常用弯曲装置有支辊式、V 形模具式、虎钳式、翻板式等四种。上述四种弯曲装置的弯曲压头（或弯心）应具有足够的硬度，支辊式的支辊和翻板式的滑块也应具有足够的硬度。

（3）试验步骤

① 按图 8-7(a) 调整试验机各种平台上支辊距离 L'。d 为冷弯冲头直径，$d=na$，n 为自然数，其值大小根据钢筋级别确定，a 为钢筋直径。

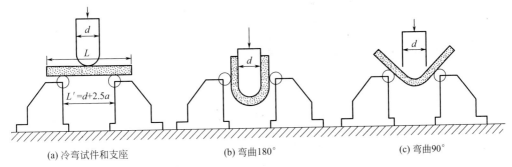

(a) 冷弯试件和支座   (b) 弯曲180°   (c) 弯曲90°

图 8-7   钢筋冷弯试验装置示意

② 试样在两个支点上按一定弯心直径弯曲至两臂平行时，可一次完成试验 ［图 8-7(b)］，也可先按图 8-7(c) 弯曲至 90°，然后放置在试验机平板之间继续施加压力，压至试样两臂平行。

③ 试验时应在平稳压力作用下，缓慢施加试验力。

④ 试验应在 10～35℃ 下进行。

⑤ 卸除试验力以后，按有关规定进行检查并进行结果评定。

（4）试验结果评定

在常温下，在规定的弯心直径和弯曲角度下对钢筋进行弯曲，检测两根弯曲钢筋的外表面，若无裂纹、断裂或起层，即判定钢筋的冷弯合格，否则冷弯不合格。

弯曲后，按有关标准规定检查试样弯曲外表面，钢筋受弯曲部位表面不得产生裂纹。

有关标准未作具体规定时，检查试样弯曲外表面，按下列评定，若无裂纹、裂缝或裂断，则评定试样合格。

① 完好：试样弯曲处的外表面金属基体上无肉眼可见因弯曲变形产生的缺陷时称为完好。

② 微裂纹：试样弯曲外表面金属基体上出现的细小裂纹，其长度不大于 2mm、宽度不大于 0.2mm 时称微裂纹。

③ 裂纹：试样弯曲外表面金属基体上出现开裂，其长度大于 2mm 而小于等于 5mm、宽度大于 0.2mm 而小于等于 0.5mm 时称为裂纹。

④ 裂缝：试样弯曲外表面金属基体上出现明显开裂，其长度大于 5mm、宽度大于 0.5mm 时称为裂缝。

⑤ 裂断：试样弯曲外表面出现沿宽度贯裂的开裂，其深度超过试样厚度的三分之一时称为裂断。

注：在微裂纹、裂纹、裂缝中规定的长度和宽度，只要有一项达到其规定范围，即应按该级评定。

小　结

本章重点介绍建筑钢材应用的相关技术性质以及建筑钢材及制品，为工作实践奠定理论基础。从钢材的特点出发，介绍钢材的主要性质、防护原理、试验等方法。结合建筑钢材的主要技术性质介绍钢材的力学和工艺性能试验，在掌握钢材使用的要求同时，更好地对其进行检验。

复习思考题

8-1. 简述钢材主要化学成分中有益的元素。

8-2. 简述钢材拉伸试验过程中经历的几个阶段，各个阶段应力和变形特点。

8-3. 钢材的伸长率如何确定？简述试验流程。

8-4. 简述钢材的冷加工和时效对钢材性能的影响。

8-5. 简述钢材的防腐措施。

8-6. 简述钢材的拉伸性能试验。

8-7. 直径为 12mm 的钢筋进行拉伸试验，测得屈服荷载为 42.4kN，断裂荷载为 63.1kN。试件标距为 60mm，断裂后的标距长度为 71.8mm，求钢筋的屈服强度、抗拉强度、屈强比及伸长率。

第9章

木材

9.1　木材的分类

　　木材泛指用于工程建设中的木制材料，通常被分为软材和硬材两种。工程中所用的木材主要取自树木的树干部分。木材因取得和加工容易，自古以来就是一种主要的建筑材料。木材是能够次级生长的植物，如乔木和灌木，所形成的木质化组织。这些植物在初生生长结束后，根茎中的维管形成层开始活动，向外发展出韧皮，向内发展出木材。

　　(1) 按树种的分类

　　木材按树种进行分类，一般分为针叶材和阔叶材。

　　1) 针叶材

　　材质一般较软，又称软木。软木是裸子植物。这些植物的种子没有包被，直接落向地面。裸子植物门的树木则终年枝繁叶茂。

　　特点是材质较轻，相对结构强度比较大，抗弯性比较强，耐腐蚀性能比较好，但是多数木材的花纹和材色不理想，有的树种体积质量较轻，因此承受荷载能力较差。

　　树种包括樟子松、杉木、杨木、柳木、椴木、色木、桦木等。有些针叶材如落叶松、榉木、楠木等，材质还是坚硬的。其中榉木称为软木中的硬木。

　　2) 阔叶材

　　由于阔叶材一般材质较硬重，又称硬木或杂木。硬木树木是被子植物，这类植物产生的种子具有某种包被。这种包被可能是苹果这样的水果，也可能是橡子这样的坚果。绝大多数时候，被子植物门的树木在天气寒冷时会落叶。

　　特点是大都质地致密坚实，色泽雅静，花纹生动华丽。因为木性稳定，所制成的家具流传时间也很长。

　　阔叶材的树种有硬木和软杂木。

　　硬木：常见有红木、紫檀、黄花梨、鸡翅木、酸枝、麻栎、青刚栎、木荷、枫香、柞木、水曲柳、柳桉等。考究的古家具多采用硬木。

软杂木：杨木、泡桐、轻木等。

（2）按用途和加工方式的分类

分为原条、原木、板枋材三类。

1）原条

原条是指已经去皮、根、树梢的、但尚未按一定尺寸加工成规定的材类。

主要用途：建筑工程的脚手架，建筑用材，家具装潢等。

2）原木

原木是由原条按一定尺寸加工成规定直径和长度的木材。又分为直接使用原木和加工用原木。直接使用原木用于屋架、檩条、椽木、木桩、电杆等；加工用原木用于锯制普通锯材、制作胶合板等。

主要用途：①直接使用的原木：用于建筑工程（如屋梁、檩、椽等）、桩木、电杆、坑木等；②加工原木：用于胶合板、造船、车辆、机械模型及一般加工用材等。

3）板枋材

板枋材是指已经加工锯解成材的木料。凡宽度为厚度 3 倍或 3 倍以上的，称为板材；不足 3 倍的称为枋材。普通锯材的长度：针叶树 1～8m，阔叶树 1～6m。长度进级：东北地区 2m 以上按 0.5m 进级，不足 2m 的按 0.2m 进级；其他地区按 0.2m 进级。

主要用途：建筑工程、桥梁、木制包装、家具、装饰等。

（3）按成型方式的分类

分为密度板、刨花板、胶合板、细木工板、实木板、装饰面板、防火板等。

1）密度板

密度板，也称纤维板，是以木质纤维或其他植物纤维为原料，施加脲醛树脂或其他适用的胶黏剂制成的人造板材，按其密度的不同，分为高密度板、中密度板、低密度板。密度板由于质软耐冲击，也容易再加工。

2）刨花板

刨花板是用木材碎料为主要原料，再掺加胶水和添加剂经压制而成的薄型板材。按压制方法可分为挤压刨花板、平压刨花板二类。此类板材主要优点是价格极其便宜。其缺点也很明显：强度极差。一般不适宜制作较大型或者有力学要求的家具。

3）胶合板

胶合板，俗称细芯板，是由三层或多层 1mm 厚的单板或薄板胶贴热压制而成，是目前手工制作家具最为常用的材料。夹板一般分为 3 厘板、5 厘板、9 厘板、12 厘板四种规格（1 厘即为 1mm）。

4）细木工板

细木工板，俗称大芯板，是由两片单板中间粘压拼接木板而成。大芯板的价格比细芯板要便宜，其竖向（以芯材走向区分）抗弯压强度差，但横向抗弯压强度较高。

5）实木板

实木板就是采用完整的木材制成的木板材。这些板材坚固耐用、纹路自然，是装修中优中之选。但由于此类板材造价高，而且施工工艺要求高，在装修中使用反而并不多。实木板一般按照板材实质名称分类，没有统一的标准规格。

6）装饰面板

装饰面板，俗称面板，是将实木板精密刨切成厚度为 0.2mm 左右的微薄木皮，以夹板为基材，经过胶粘工艺制作而成的具有单面装饰作用的装饰板材。它是夹板存在的特殊方式，厚度为 3cm。装饰面板是目前有别于混油做法的一种高级装修材料。

7）防火板

防火板是采用硅质材料或钙质材料为主要原料，与一定比例的纤维材料、轻质骨料、黏合剂和化学添加剂混合，经蒸压技术制成的装饰板材。它是目前使用越来越多的一种新型材料，其使用不仅仅是因为防火的因素。防火板的施工对于粘贴胶水的要求比较高，质量较好的防火板价格比装饰面板也要贵。防火板的厚度一般为 0.8mm、1mm和 1.2mm。

9.2　木材的构造

木材的构造是决定木材性质的主要因素。一般对木材构造的研究可以从宏观和微观两方面进行。

（1）宏观构造

用肉眼或低倍放大镜所看到的木材组织成为宏观构造。为便于了解木材的构造，将木材切成三个不同的切面，见图 9-1。

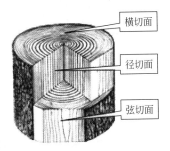

图 9-1　木材的三切面

从图 9-1 可知，木材的三切面指的是横切面、径切面和弦切面。通过对木材横切面、径切面和弦切面的比较观察，可以全面、充分地了解木材结构。

横切面是指与树干主轴相垂直的切面，即树干的端面，在这个切面上，可以见到木材的生长轮、心材和边材、早材和晚材、木射线、薄壁组织、管孔（或管胞）、胞间道等，是木材识别的重要切面。

径切面是顺着树干长轴方向，通过髓心与木射线平行或与生长轮相垂直的纵切面。在这个切面上可以看到相互平行的生长轮或生长轮线、边材和心材的颜色、导管或管胞线沿纹理方向的排列、木射线等。

弦切面是顺着树干长轴方向，与木射线垂直或与生长轮相平行的纵切面。弦切面和径切面同为纵切面，但它们相互垂直。在弦切面上生长轮呈抛物线状，可以测量木射线的高度和宽度。这个切面的木射线呈现细线状或纺锤形；在生产过程中，把板面与树干同心圆切线之间夹角在 45～90°之间的称为径切板，夹角在 0～45°之间的称为弦切板。

在宏观下，木材可分为树皮、木质部、髓心和髓线三个部分，见图 9-2。

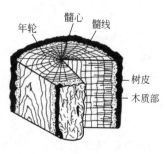

图 9-2　木材宏观构造

1）树皮

树皮是树干的最外层，即形成层以外的一切组织均称为树皮。树皮通常分为外皮、周皮和内皮。外皮和内皮中间有一层薄皮，称为周皮（肉眼看不见）。周皮以外称为外皮，又称死皮，通常颜色较深，起着保护树木不受外界因素影响及削弱机械损伤的作用；周皮以内称为内皮，即韧皮部，是生活的组织，在树木生长过程中具有向下输送营养物质的作用。

2）木质部

木质部包括边材和心材、年轮等构造内容。

① 边材、心材　在木质部中，靠近髓心的部分颜色较深，称为心材。心材含水量较少，不易翘曲变形，抗蚀性较强；外面部分颜色较浅，称为边材。边材含水量高，易干燥，也易被湿润，所以容易翘曲变形，抗蚀性也不如心材。

② 年轮、春材、夏材　横切面上可以看到深浅相间的同心圆，称为年轮，见图 9-2。年轮中浅色部分是树木在春季生长的，由于生长快，细胞大而排列疏松，细胞壁较薄，颜色较浅，称为春材（早材）；深色部分是树木在夏季生长的，由于生长迟缓，细胞小、细胞壁较厚，组织紧密坚实，颜色较深，称为夏材（晚材）。每一年轮内就是树木一年的生长部分，年轮中夏材所占的比例越大，木材的强度越高。

3）髓心、髓线

第一年轮组成的初生木质部分称为髓心（树心）。从髓心呈放射状横穿过年轮的条纹，称为髓线，见图 9-2。髓心材质松软，强度低，易腐朽开裂。髓线与周围细胞联结软弱，在干燥过程中，木材易沿髓线开裂。由于木材在各个切面上的构造不同，因此，木材具有各向异性。

（2）微观构造

在显微镜下所看到的木材组织，称为木材的微观构造，见图 9-3。

在显微镜下观察，可以看到木材是由无数管状细胞紧密结合而成，它们大部分为纵向排列，少数横向排列（如髓线）。每个细胞又由细胞壁和细胞腔两部分组成，细胞壁又是由细纤维组成，所以木材的细胞壁越厚，细胞腔越小，木材越密实，其表观密度和强度也越大，但胀缩变形也大。

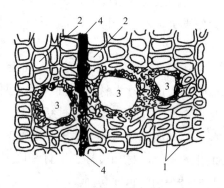

1—细胞壁；2—细胞腔；
3—树脂流出孔；4—木髓线

图 9-3　木材微观构造
（显微镜下松木的横切片）

9.3　木材的主要性质

9.3.1　木材的物理性质

木材的物理性质主要有密度、含水率等，其中含水率对木材的物理力学性质影响很大。

（1）密度和表观密度

各树种木材的密度相差不大，一般在 $1.48\sim1.56g/cm^3$，平均约为 $1.55g/cm^3$。由于木材的分子结构基本相同，因此木材的密度基本相同。

木材表观密度平均约为 $500kg/m^3$，表观密度随木材孔隙率、含水量及其他一些因素的变化而不同，一般有气干表观密度、绝对表观密度和饱水表观密度之分。木材的表观密度越大，其湿胀干缩率也越大。

（2）含水率

木材的含水率是指木材所含水的质量占干燥木材质量的百分数。

木材中的水分主要有自由水、吸附水和结合水三种。

① 自由水指存在于木材细胞腔和细胞间隙中的水分，自由水的变化只影响木材的表观密度。

② 吸附水指被吸附在细胞壁内细纤维之间的水分，吸附水的变化是影响木材强度和胀缩变形的主要原因。

③ 结合水指木材化学组成中的水分，结合水常温下不发生变化，对木材的性质一般没有影响。

当细胞壁中的吸附水达到饱和，而细胞腔和细胞间隙中无自由水时，木材的含水率称为纤维饱和点。它是木材物理力学性质变化的转折点，一般为 25％～35％，平均值约为30％。木材具有很强的吸湿性，随环境中温度、湿度的变化，木材的含水率也会随之而变化。当木材中的水分与环境湿度相平衡时的含水率，称为平衡含水率，它是选用木材的一个重要指标。木材平衡含水率平均为 15％（北方约为 12％，南方约为 18％），不同树种木材的平衡含水率也有所差异。

9.3.2　木材的力学性质

（1）木材的强度

木材根据不同受力状态可分为抗压、抗拉、抗剪和抗弯强度四个方面来考虑。

1）抗压强度

木材的顺纹抗压强度是指压力作用方向与木材纤维方向平行时的强度；横纹抗压强度是指压力作用方向与木材纤维垂直时的强度。顺纹抗压强度大大高于横纹抗压强度。

2）抗拉强度

顺纹抗拉强度是指拉力方向与木材纤维方向一致时的强度，也是木材所有强度中最高的。木材横纹抗拉强度很低，工程中一般只利用木材的顺纹抗拉强度。

3）抗剪强度

木材受剪时分为顺纹剪切、横纹剪切和横纹切断三种，如图9-4所示。其中横纹切断强度最高，顺纹剪切强度次之，横纹剪切强度最低。

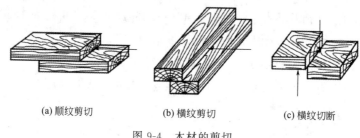

(a) 顺纹剪切　　　　　　(b) 横纹剪切　　　　　　(c) 横纹切断

图 9-4　木材的剪切

4）抗弯强度

木材受弯破坏时，首先是受压区达到强度极限，产生大量变形，但构件仍能继续承载，随后抗拉区也达到强度极限，纤维间的连接被撕裂及纤维的断裂导致最终破坏。

抗压强度、抗拉强度、抗剪强度有顺纹、横纹之分，而抗弯强度无顺纹、横纹之分。其中，顺纹抗拉强度最大，可达50～150MPa，横纹抗拉强度最小。当顺纹抗压强度为1时，理论上木材的不同纹理的强度间关系见表9-1。

表 9-1　木材不同纹理强度间的关系

项目		抗压	抗拉	抗剪	抗弯
纹理	顺纹	1	2～3	1/7～1/3	1.5～2.0
	横纹	1/10～1/3	1/20～1/3	1/2～1	

（2）影响木材强度的因素

木材的强度除与自身的树种构造有关外，还与含水率、疵病、荷载作用时间、环境温度等因素有关。当含水率在纤维饱和点以下时，木材的强度随含水率的增加而降低；木材的天然疵病，如节子、构造缺陷、裂纹、腐朽、虫蛀等都会明显降低木材强度；木材在长期荷载作用下的强度会降低50％～60％（称为持久强度）；木材使用环境的温度超过50℃或者受冻融作用后也会降低强度。

1）含水率

当木材含水率在纤维饱和点以下变化时，随木材含水率增加，吸附水增多，细胞壁软化，组织松软，强度下降；反之，强度增大。当木材含水率在纤维饱和点以上变化时，只是自由水的增减，木材强度不变。木材含水率对各种强度的影响程度也有所不同，一般对抗弯和顺纹抗压强度影响较大，对顺纹抗剪强度影响较小，而对顺纹抗拉强度几乎没有影响。

根据现行国家标准《木材顺纹抗拉强度试验方法》（GB/T 1938—2009）的规定，木材含水率为12%时的强度，应按式（9-1）计算：

$$\sigma_{12} = \sigma_w[1 + \alpha(W - 12)] \tag{9-1}$$

式中，σ_{12} 为含水率为12%时的木材强度，MPa；W 为木材含水率，%；σ_w 为含水率为 W 时的木材强度，MPa；

α 为木材含水率校正系数，与数种和作用力情况有关。顺纹抗压时所有数种校正系数为0.05；顺纹抗拉时，阔叶树校正系数为0.015，针叶树为0；抗弯时所有数种校正系数为0.04；顺纹抗剪时所有数种的校正系数为0.03；径向或弦向横纹局部抗压校正系数为0.045。

2）疵病

木材在生长、采伐、保存过程中，所产生的内部和外部的缺陷，统称为疵病。木材的疵病主要有木节、斜纹、裂纹、腐朽和虫害等。一般木材或多或少都存在一些疵病，致使木材的物理力学性质受到影响。木节可分为活节、死节、松软节、腐朽节等。活节影响较小。木节使木材顺纹抗拉强度显著降低，对顺纹抗压强度影响较小。在木材受横纹抗压和剪切时，木节反而增加其强度。斜纹为木纤维与树轴成一定夹角。斜纹木材严重降低其顺纹抗拉强度，抗弯次之，对顺纹抗压影响较小。裂纹、腐朽、虫害等疵病，会造成木材构造的不连续性或破坏其组织，因此严重影响木材的力学性质，有时甚至能使木材完全失去使用价值。

3）荷载作用时间

荷载作用时间也称负荷时间。荷载作用持续时间越长，木材抵抗破坏的强度越低。木材在长期荷载作用下不致引起破坏的最高强度称为持久强度。木材的持久强度（长期荷载作用下不引起破坏的最大强度）一般仅为短期极限强度的50%～60%。当应力不超过持久强度时，变形到一定限度后趋于稳定；若应力超过持久强度时，经过一定时间后，变形急剧增加，从而导致木材破坏。因此，在设计木结构时，应考虑负荷时间对木材强度的影响，一般应以持久强度为依据。

4）环境温度

环境温度对木材强度有直接影响，随温度升高，木材中的有机胶质会软化。试验表明，当温度从25℃升至50℃时，因细胞壁胶结物质软化等原因，木材抗压强度降低20%～40%，抗拉和抗剪强度下降12%～20%。当温度高于140℃时，木材会逐渐炭化甚至燃烧，因此，长期处于高温作用下的建筑物（>60℃）不宜使用木材。

9.4 木材的防护

木材的防护就是预防木材被各种生物或非生物因素败坏的技术。木材是由各种植物细胞所组成，主要成分是碳水化合物，特别在活细胞中含有丰富的糖类、淀粉、有机物和矿物质等成分，成为细菌、真菌、昆虫（包括白蚁）和海生钻孔动物的营养源或栖息场所；在使用过程中还受到多种气候因素引起的风化、机械性损伤和接触酸碱等化学物质引起的腐蚀。以上这些因素最终都能导致木材变质败坏，直接影响木材品质及其使用，造成经济上巨大损失。因此林木从采伐后的贮运、加工和使用期间的各个环节都应重视保护工作。木材保护按其特点可分两部分：①木材保管。即原木和锯材（板方材等）在贮存期的保存。②木材防腐（防虫）及阻燃。针对各种用途的木材，如建筑材、枕木、电杆、坑木和桩材等进行防腐及阻燃。木材保护还可包括木材涂饰和改性，但这是以提高其外观装饰和增强木材特定性质为目的。

9.4.1 木材的保管

木材储存保管应以防止变质、不降低使用性能等为目的。采用物理或化学的方法，防止木材在贮存期间发生腐烂、虫蛀和开裂等变质降等的保护措施称为木材保管。

如果没有采取科学的保管措施或对保管重要性认识不足，不仅会造成木材资源的巨大浪费，同时也会影响终端产品的质量，造成重大的经济损失。因此，木材保管是节约木材资源、保证木材质量的最重要的环节之一。

以原木和锯材为例，介绍木材具体保管的方式。

（1）原木保管

1）原木的物理保管

控制原木的含水率，使原木不适合败坏木材的微生物和害虫生长繁殖，以达到原木不受败坏的目的，称为原木的物理保管。原木的物理保管可分为干存法、湿存法和水存法三种。

① 原木干存法　原木干存法是以最快的速度将原木的含水率降低到 20％～25％以下的一种方法。原木干存时，剥皮是一种重要措施。剥皮既能促使原木干燥，又能杜绝害虫在树皮缝隙中产卵、滋生繁殖，继之蛀食木材。但对于有些特耐腐抗蛀树种，有些需保留树皮有利于树种识别，有些需要保留树皮减少开裂时，可以允许不剥皮。

干存法场地应选地势高亢干燥、不积水和通风良好的开阔地。整个场地应合理规划出若干垛区，以运材道为主车道，场内要设有消防水管网和照明动力电缆。楞垛安置在主风向下，风向与材长垂直，以减轻木材端裂。

需干存的原木堆放成垛，材垛底部应设有垛基和垫木。垛基一般是高为 45cm 的石墩或水泥砌成的墩，安置在坚实的地面上。在垛基上铺垫木，垫木应经防腐防虫药剂处理。

然后原木按树种、规格和等级堆垛。须注意的是已遭虫蛀或腐烂的木材应挑出另行堆放。垛间距离保持1~2m左右，垛大的可以增加间距，以便搬运和堆垛作业。垛高一般可达3.5m，材身长的垛可以适当增高。

楞垛形式可有多种，但主要的有通风垛（图9-5）和密堆垛。密堆垛又可分为顺式垛（图9-6）和交叉垛（图9-7）。通风垛在层与层之间有与之垂直的隔条，有利于空气的流通，加速干燥。密堆垛无隔条，各层可按同样的方向排列，或交叉排列。杆材可堆成翘头垛，或竖立堆放或靠堆等。

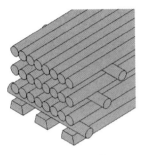
图9-5 通风垛

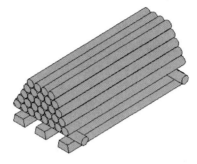
图9-6 顺式垛

图9-7 交叉垛

新采伐的原木，在暖季来临之前应用防霉、防腐或杀虫剂喷淋。为了防止端头开裂，可涂刷保护涂料，或用防裂钉或防裂组合钉板进行机械防裂。

② 原木湿存法　湿原木边材保持100%~200%以上的高含水率，使木材中氧气的含量减少到生物生长繁殖所需的量以下，以阻止木腐菌的生长繁殖，也抑制害虫在树皮上产卵和孵化，达到保管的目的。

保管场地应靠近水源，地势平坦。新采伐或新出河的原木，挑选尚未发现腐朽或虫蛀的原木，自由密集堆积，楞堆高度应在5m以上，楞基高度20~30cm。楞垛的顶部可用草帘、塑料膜或树皮覆盖，楞垛四周应有喷水管，第一次喷水时，要喷足水量，使材垛每一根原木都能湿透，全垛的平均边材含水率保持在100%~120%以上（针叶材）。

此后在规定喷水期内每日分三次（早、中、晚）按时喷水10~20min，喷水量为5~10L/m²。喷水湿存法的保管期一般不超过一年。若在喷水期间发现材身有菌丝体出现，或发现有害虫出没，应停止喷水，拆垛，将原木锯解成板材，经干燥后贮存。

③ 原木水存法　水存法的原理和湿存法一样。该法多适用于水运材，充分利用江河湖泊或人工水池，原木在江河水湾处或水池中扎排固定，也可采用多层木排和鱼鳞式木排水浸法在水里贮存。但上层木材往往会露出水面容易引起腐烂，因此在温暖季节应定期喷水。

2）原木的化学保管

在温暖潮湿的季节里，要将原木气干到20%~25%的含水率需要很长的时间，可能在这段时间内原木已经发生腐烂和虫蛀，这时就需要用防腐防虫剂来进行化学保护。常用的方法有涂刷法和喷雾法。

（2）锯材保管

锯材的保管主要是气干贮存。原木经过锯解成不同规格的板方材后，根据需要或直接运至板院贮存，或先经浸渍法、喷雾法防护处理后，再运至板院堆垛气干。

堆垛时，材堆应有堆基，堆基高度一般为 0.4～0.7m。材堆堆置时层与层之间应有隔条，隔条断面尺寸为 35mm×50mm 或 25mm×40mm，隔条间距离视锯材的厚度而定，一般可按隔条间距＝0.5(m)×板厚度(mm)/25 来计算。材堆的宽度不应大于 4～4.5m。高度为小堆 2～3m，大堆 3～5m。材堆的顶部设置顶盖，硬阔叶材最好堆在棚舍内进行气干，并进行端封处理。材堆间的距离依气候条件、板院位置和材料特性而异。堆积时木料间须留上下对应的垂直气道。堆积的方法有平堆法、斜堆法、叉型堆法、埋头法、深埋头法、端面遮盖法、三角形堆法、井字型堆法、纵横交替堆法、交搭堆积法等，酌情选用。不同树种、规格的锯材分类堆垛。每个材堆应挂牌，标明树种、厚度、堆垛日期等，以便定期检查翻堆。

9.4.2　木材的防腐

木材的腐朽为真菌侵害所致。真菌分为霉菌、变色菌和腐朽菌三种。前两种真菌对木材质量影响较小，但腐朽菌影响很大。腐朽菌寄生在木材的细胞壁中，它能分泌出一种酵素，把细胞壁物质分解成简单的养分，供自身摄取生存，从而致使木材产生腐朽，并遭彻底破坏。但真菌在木材中生存和繁殖需具备以下三个条件。

一是水分。真菌繁殖生存时适宜的木材含水率是 35%～50%，木材含水率在稍超过纤维饱和点时易产生腐朽，而对含水率 20% 以下的气干木材不会发生腐朽。

二是温度。真菌繁殖的适宜温度为 25～35℃，温度低于 5℃时，真菌停止繁殖，而高于 60℃时，真菌则死亡。

三是空气。真菌繁殖和生存需要一定氧气存在，所以完全浸入水中的木材，则因缺氧而不易腐朽。

因此在对木材进行防腐时需要从这三个方面进行考虑，常见的木材防腐处理方法如下。

（1）浸泡法

在常温常压下，将木材浸泡在盛防腐剂溶液的槽或池中，木材始终处于液面以下部位。浸泡时间视树种、木材规格、含水率和药剂类型而定，具体以达到规定的药剂保持量和透入度为准。为了改善处理效果，在浸泡液中可设置超声波、加热装置以及添加表面活性剂，改进木材的渗透性。视浸泡时间的长短，浸泡法可分瞬间浸渍（时间数秒至数分钟）、短期浸泡（时间数分钟至数小时）和长期浸泡（时间数小时至 1 个月）。适用于单板和补救性防腐处理以及临时性的木材。

（2）扩散法

根据分子扩散原理，借助于木材中的水分作为药剂扩散的载体，药剂由高浓度向低浓